"海洋强国"科普教育重点出版物

海洋强国之路

康建军　侯　丽　著

·北京·

图书在版编目（CIP）数据

海洋强国之路 / 康建军，侯丽著. -- 北京 : 群言出版社，2024. 12. -- ISBN 978-7-5193-1034-9
Ⅰ. P74
中国国家版本馆 CIP 数据核字第 202494U5S3 号

责任编辑：胡　明
装帧设计：韩静茹

出版发行：群言出版社
地　　址：北京市东城区东厂胡同北巷1号（100006）
网　　址：www.qypublish.com（官网书城）
电子信箱：qunyancbs@126.com
联系电话：010-65267783　65263836
法律顾问：北京法政安邦律师事务所
经　　销：全国新华书店

印　　刷：定州启航印刷有限公司
版　　次：2024年12月第1版
印　　次：2024年12月第1次印刷
开　　本：710mm×1000mm　1/16
印　　张：19.25
字　　数：260千字
书　　号：ISBN 978-7-5193-1034-9
定　　价：98.00元

致　谢

谨以本书向以下课题给予团队研究的学术支持而致谢：

2024 年度山东省青年自然科学研究课题“科技史视阈下海洋强国的民族精神培育”（24ZRK001）；

2024 年度山东省青少年教育科学规划项目“蓝色国土爱国主义国情教育实施路径研究”（24AJY080）；

2024 年度山东省大学生学术课题“美洲文学传统的地缘特征与现代转向”（24BSH275）、“太平洋岛国民族文学的地缘书写与景观叙事”（24BSH276）；

2024 年度聊城市哲学社会科学规划课题“妇女儿童事业高质量发展研究”专项“内陆区域学生海洋意识培养路径研究”（ZXKT2024240）；

2024 年山东省艺术重点课题“蓝色国土”理念培育：从“墨中巨浪”到“纸上波涛”（L2024Z05100400）。

前言 preface

这一片深蓝的海洋，蕴藏着无限的梦想。

梦随着海面浮沉，梦总会在心头荡漾。

千百年来，人类世世代代不断编织着远航之梦、大海之梦，流泪、流汗、流血，艰苦卓绝、矢志不渝，从未动摇。从陌生到熟悉，从抗拒到亲近，从畏惧大海到走向深海，人类的发展伴随着对海洋的探索不断拓宽着广度和深度。

中国是一个有着悠久航海历史的大国，有着漫长的海岸线，有着高度发达的文明，是世界上最先掌握航海技术的国家之一。中国文化经海洋传播到海外，对东亚、东南亚的古代国家产生了深远的影响。

当伏羲的独木小舟从桨沟河划过了唐白河，一直划到鱼梁洲的时候，一个美丽的传说开启了中国古人的造船之梦；当吴王夫差指挥着他的大翼舰队在胶东半岛登陆的时候，中国的造船技术远远领先于世界；当汉武大帝的楼船军经过半个地球的航行，开通“海上丝绸之路”的时候……世世代代，征服海洋的梦想实实在在地融进了中国人的血液。于是，一个了不起的“下西洋总兵正使”郑和，以实际行动向世界宣告，中国人能驾驭大海，中国人能驶向“深蓝”。你看两百多艘海船、两万七千人的浩荡队伍，从太仓的刘家港（今江苏太仓市浏河镇）起锚，远航南海和印度洋，经过30多个国家，最远曾到达东非、红海。

这是中国历史上辉煌灿烂的一页，但是后来的鸦片战争、甲午风云、

庚子赔款，帝国主义的坚船利炮打开了清政府“海禁”之门，强迫清政府签订了一系列不平等条约；一直到抗日战争胜利，我国海军一直未得到很好的建设与发展。“落后就要挨打！”这是历史的教训。

1949 年，当天安门广场升起第一面五星红旗的时候，中华人民共和国的海洋之梦，也随着国歌的奏响飞向远方。半个多世纪以来，中国远洋在艰难中逐步发展，在落后于西方大国的情况下，我国砥砺前行，走出了一条“深蓝之路”。中国的海洋之梦，继续沿着海上丝绸之路的新方向，打通南北航线，与世界接轨，走向远洋，冲向第一方阵。伴随着海洋科技的发展，我国开展了南极科考、深海科考、远洋遥感，建立了令世界瞩目的海底隧道，带着海洋之梦驶入 WTO 航道，创造着一个个海洋神话——海洋卫星、大洋一号、钻井平台、蓝鲸入海、北斗导航，这些都是海洋科技和海洋经济发达的真实见证。

我国的人民海军，告别了“帆船木桨”的时代，此刻，“福建号”“山东号”“辽宁号”航母正率领着它们的“带刀护卫”——核潜艇和大型两栖攻击舰，警惕地游弋在祖国海疆边陲。2008 年 12 月 26 日，头颅高昂的中国海军南海舰队“武汉号”“海口号”驱逐舰以及“微山湖号”综合补给舰，组成远洋护航舰队，沿着郑和下西洋的航路驶向亚丁湾，打击索马里沿海的海盗活动，保护中国和世界远洋巨轮的正常航行。这象征着现代中国全新“海权意识”的形成，见证着中国向海洋大国标志的“蓝水海军”迈出了决定性的一步。2023 年 2 月 15 日，满载着中国人民深情厚谊的援助汤加火山爆发灾后重建的物资抵达汤加王国努库阿洛法码头，中国海军舰艇编组连续航行 5 200 海里（1 海里 =1.852 千米），满载移动板房、拖拉机、发电机、水泵、净水器及应急食品、医疗防疫器材等救灾物资，展示了大国担当。

今日之中国，海洋经济强劲恢复、海洋科技显著创新、海洋生态持续提升、海洋环境不断改善、海洋资源开发能力不断增强，海洋管理合作水平空前提高。在深刻认识了海洋历史文化遗产后，如何向中小学生展示光辉灿烂的航海历史和海洋故事，如何打造精良的海洋研学内容，就是编写本书的初衷。

全书追溯历史，从古今中外的“航海梦”说起，到大航海时代的辉煌与成就，介绍了海洋历史、海洋文化和海军发展，讲述了“勇者乐海”“海洋开发”“海洋科技”“海港城市”“向海洋进军”等故事。全书语言生动、深入浅出、图文并茂，将专业的知识通俗化，引领读者了解和认识中国“海洋强国之路”的历程，在科普的同时，激发读者强烈的爱国主义情感。海洋资源富足，海洋知识体系宏大，本书难免存在不足之处，恳请广大读者不吝赐教。

为了让世人有一个更便于把握的海洋读本，笔者不揣谫陋，以这本《海洋强国之路》抛砖引玉，希望更多的有识之士参与到海洋历史和文化的科普工作中来，引领世人更多了解这片蔚蓝的国土，让“蓝色国土意识”深深扎根于每一个人内心深处。强国有我，筑梦未来，迈向海洋强国之路，是中华儿女共同的心声。

著者

2024 年 6 月 6 日

目录

contents

第一章

认识海洋历史，倾听远古跫音

中国人自古就对海洋有一种浪漫的执着，从“精卫填海”到“海上生明月”，从“黄河入海流”到“春江潮水连海平”，浩瀚无垠的海洋无不寄托着古人美好的遐想。中国作为最早涉足海上航行的国家之一，其悠久的航海历史可远溯至夏商周时期。勤劳智慧的中国人民发明木板船的创举被誉为人类造船史上的一次革命性飞跃。木板船的出现，使得人们能够利用随处可用的木料，造出容量数倍于前的舟船，为人类探索浩渺无垠的海洋提供了前所未有的可能。

自秦统一六国，建立了中国历史上首个中央集权的专制国家后，国家实力的显著增强为中国航海事业的进一步发展注入了强大的动力。秦始皇在巩固政权、恢复经济、加强边防的同时，也对航海事业予以了高度重视和大力支持。他登基后不久，便以咸阳为中心，着手修建了四通八达的海（河）陆交通网络，“东穷燕齐、南极吴楚”，不仅极大地便利了全国的陆路交通，更为后来的海上航行奠定了坚实的基础。

为了军事所需，秦始皇还以鸿沟为中心，大力疏通了济、汝、淮、泗等水系，形成了连接南北、贯通东西的水上交通大动脉。在吴、楚、齐、蜀等地，他大兴水利，跋山涉水开凿灵渠，成功沟通了珠江、湘江与长江三大水系，不仅极大地促进了通航和灌溉事业的发展，更为中国内陆与沿海地区的经济文化交流开辟了新的通道。

为了长生不老，秦始皇还积极派人出海寻访，探索未知的海外世界。这些勇敢的航海家们，驾驶着当时世界上最先进的舟船，沿着航道一路南下或东进，不仅拓宽了中国的海疆视野，更为后来海上丝绸之路的开辟奠定了坚实的基础。在其努力下，陆路交通要道与江河湖海的航路连接，构成全国一体的水陆交通网络。

唐宋时期我国古代的航海事业迎来了辉煌的篇章。其间中国与日本的经济文化交流日益频繁，南洋贸易也继续保持着繁荣的态势。与此同时，中国与阿拉伯帝国在航海领域的合作更是将亚非地区的航海事业推向了巅峰。唐代高僧鉴真大师，以其坚定的信念和卓越的勇气，历经6次东渡日本的艰辛历程，不仅传播了佛教文化，也为中国远洋事业的发展奠定了坚实的基础。他的东渡壮举，不仅促进了中日文化的交流，更在航海技术、造船工艺等方面积累了丰富的经验。

进入宋代，我国的造船技术取得了长足的进步。船体不断增大，结构更加合理，使得船舶在航行中更加稳定、安全。同时，造船数量的大幅增加和造船工艺的日益精湛，都标志着我国航海事业的蓬勃发展。值得一提的是，宋朝在造船、修船方面已经开始使用船坞，这一创新技术比欧洲早了整整500年，充分展现了我国在航海领域的领先地位。在唐宋时期，中国的航海事业不仅在规模上实现了跨越式发展，更在技术创新、文化交流等方面取得了举世瞩目的成就。这一时期的繁荣景象，不仅为后来海上丝绸之路的开辟奠定了坚实的基础，也为世界航海事业的发展做出了重要贡献。

随着指南针技术应用于航海，远洋事业也进一步得到发展，人类远航的足迹也得以延伸到了海洋的更深处。到了明代，随着各项技术的进一步发展，明代造船作坊分布广泛，规模巨大，配套齐全，在历史上前所未有，达到了当时造船史上的最高水平。其中郑和下西洋时所驾驶的宝船长度超过100米，分为8层，排水量超过万吨，可容纳数千名士兵

水手生活训练，装备精良，是当时世界上最大的木制帆船，可谓当时海上的“航空母舰”。郑和七下西洋是中国航海史上的一个创举，郑和的船队沿着“海上丝绸之路”远航，作为一支庞大的海上外交使团，不仅展示了明朝的繁荣与实力，更在中国与亚、非各国人民之间搭建起了一座座坚不可摧的友谊之桥。他们不仅带去了中国的丝绸、瓷器、茶叶等珍贵礼物，也带回了各国的奇珍异宝和文化精粹，促进了中国与亚、非各国之间的经济和文化交流。其航行不仅是中国古代航海事业的巅峰之作，更是人类航海史上的壮丽篇章。他们用实际行动诠释了“和平、友好、交流、合作”的精神，为世界各国人民之间的交流与合作树立了典范，与沿线国家地区进行了贸易文化的交流，大大促进了中国和世界远洋事业的发展进步。

第一节　先秦时期的航海生活

随波逐流的远古人类

在“随波逐流”的远古时代，人类用葫芦、浮囊、筏子、独木舟来抵达彼岸。虽然有“一苇杭之”的故事，但是质地结实、中空漂浮的器具，才是人们涉水的首选。远古时期，先民们渡水、过江、出洋甚是不易，于是，他们在猎取食物以及与洪水搏斗中，学会了选择漂浮性好的自然物体（如枯木、葫芦等）作为泅渡浮具。这些浮具就是舟船的雏形。

葫芦是人们生产和生活中常用的物品。根据苗族古歌记载，女娲、伏羲与他们的哥哥雷公斗法，雷公放水淹天下，女娲与伏羲曾借助葫芦的庇护，艰难地逃过大洪水一劫。葫芦因其拥有体轻、防湿性强、浮力大等诸多优点，很早就被人类认识并利用。特别是在需要穿越河流时，人们会将数个葫芦巧妙地拴在腰间，这样的装备被形象地称为“腰舟”。这种古老而智慧的渡河方式，在一些兄弟民族地区的历史长河中留下了深刻的烙印，甚至在今天还能窥其遗风。

除了葫芦，浮囊也是古代人们水上活动的重要工具。浮囊是一种能够帮助人们在水面漂浮的装备，主要由皮革精心制作而成。在制作过程中，人们会将整个牲畜的皮完整且熟练地翻剥下来，经过一系列的加工处理后，人们会将颈部和三个蹄部的孔口牢固地系紧，仅留下一个蹄孔作为充气孔道。在使用时只需将浮囊吹鼓，然后迅速将充气孔打结，这样一个简易而实用的浮具便大功告成了。这种浮囊不但制作简便，而且在古代的水上活动中发挥了不可或缺的作用。它还有另外一个名称，叫作“浑脱”，原是指翻剥羊皮用作浮囊，久而久之，人们把浮囊也称作“浑脱”了。

筏，指的是筏子，用竹、木等编扎成的水上交通工具，如竹筏、木筏。有些地方有用牛羊皮制成的，叫皮筏，图 1–1 即为民国时期黄河兰州段两岸运输所用的羊皮筏子和牛皮筏子。当多个浮囊被巧妙地编扎在一起时，它们便组成了一种稳定而实用的水上交通工具——皮筏。这些皮筏的大小可以根据需要进行调整，小型的皮筏可由 6—12 个浮囊构成，而大型的皮筏则可由 400—500 个浮囊构成。这种灵活多变的设计使得皮筏能够适应各种水域环境，无论是平静的湖面还是湍急的河流，都能展现出其卓越的稳定性和承载能力。而中国南方地区的竹筏是另一种被广泛使用的水上交通工具。制作竹筏时，人们会用火烧烤竹子的两端，使其向上翘起，形成一定的弧度。然后，他们使用藤条、野麻等天然材料将竹子编缚在一起，形成一个坚固而轻便的筏体。这种竹筏在水中划动时阻力较小，顺流而下时更是漂浮如飞，给人一种轻盈而畅快的感觉。值得一提的是，台湾海峡地区使用的竹筏还配备了篷帆。这种设

计不仅增加了竹筏的航行速度，还使其能够在海上进行更远距离的航行。篷帆的巧妙运用充分展现了古代劳动人民的智慧和创造力，也为台湾海峡地区的水上交通和渔业生产提供了重要的支持，图 1-2 就是晚清时期台湾海峡地区的竹筏。

图 1-1　黄河兰州段的羊皮筏子和牛皮筏子

图 1-2　竹筏

说到舟船，显然船是早于桨出现的，而在河姆渡史前文明遗址中出现的木桨，经 C^{14} 检测为距今 7 000 年前的木桨，可谓中国人最早航海的实证。中国古代书籍文献中关于航海的记载数不胜数，《竹书纪年》也记载过夏帝后芒“东狩于海，获大鱼”的故事。那么，第一艘独木舟是什么时候出现的？又是谁发明的呢？

《山海经·海内经》说是番禺，《易经》说是黄帝、尧、舜，《世本》说是共鼓、货狄，《墨子》说是巧垂、后稷，《吕氏春秋》说是虞姁，《发蒙记》说是伯益，《舟赋》说是道叶，《拾遗记》说是黄帝，这 8 种古书提出了 11 个发明人，众说纷纭，谁是第一，难以定论。后来罗欣在《物原》中总结说，“燧人以匏济水，伏羲始乘桴，轩辕作舟，颛顼作篙桨，帝喾作柁橹，尧作维牵，夏禹作舵，加以帆樯，伍员作楼船”，虽将神话故事和现实混为一谈，但也从一定程度上反映了古代劳动人民制作舟船过程的演进。

不过，古代治学者所反映的人类文化的进化观，还是值得珍视的。从“以匏（葫芦）济（渡）水”到“始乘桴（船筏子）”，再变乘桴以造舟楫（桨），准确地说明了舟船发展的历史脉络，有着明显的层次性和规律性。

独木舟不是中国独有的，在苏格兰、瑞士、印度邻近海洋地区，考古学家都发现了新石器时代的独木舟遗存。英国约克郡发现了公元前 7500 年的船桨，在荷兰也发现了年代约为公元前 6300 年的独木舟。在浙江余姚河姆渡、杭州水田畈、吴兴（今湖州）钱山漾等新石器时代遗址中，均发现了木质船桨的实物遗存。可以推断，独木舟应是新石器时代的产物，比传说中黄帝时代要早得多，至于发明权的确切归属，还需要史料的进一步考证。

后来的人们“刳木为舟”，首先需要精选一根完整的松木，并仔细去除其枝丫，以确保木料的纯净与坚固。接下来将这根松木对剖成两半，选择其中一半作为独木舟的基材。为了挖空舟体内部，采用火焦法

进行处理。在实施火焦法之前，必须预先设计好独木舟的形状，这样才能准确地确定哪些部分需要保留，哪些部分需要挖空。确定好舟形后，将需要保留的舟体部分用湿泥精心包裹起来，以起到保护作用。随后用火灼烧需要挖空的部位，使其逐渐焦炭化。这个过程需要经验丰富的工匠来控制火候和时间，以确保焦化的程度恰到好处。一旦部位焦化，便可以使用石器工具轻松地刳除焦炭，逐渐挖空舟体内部。最后，工匠会对刳除处进行细致的打磨，直至表面光滑平整，这样一艘精美的独木舟便大功告成了。这种独木舟不但坚固耐用，而且造型独特，充分展现了古代工匠的精湛技艺和无限创意。

伏羲、轩辕与共鼓、货狄

伏羲，中华民族人文先始、三皇之一，是福佑社稷之正神，也是我国文献记载最早的创世神。女娲，中国上古神话中的创世女神，是中华民族人文先始，福佑社稷之正神，《易经》有“伏羲氏刳木为舟，剡木为楫”的说法，有大洪水神话中乘船避险的创世故事。

轩辕黄帝，中国古代部落联盟首领，五帝之首。黄帝被尊祀为“人文初祖”。在《山海经》里“黄帝”只是诸帝之一，直到春秋战国时期才被定于一尊。据说他是少典与附宝之子，本姓公孙，后改姬姓，也有说巳姓。名轩辕，一说名轩。建都于有熊，亦称有熊氏。也有人称之为“帝鸿氏”。古人面临着江河的阻隔，交通极为不便。轩辕黄帝深感此苦，决心要造出一种能够浮于水面、载人渡河的工具。他观察自然，从落叶浮水、树木漂流中得到启示，开始着手制作舟楫。

共鼓、货狄一般被认为是黄帝手下的名臣和能人。他们不仅擅长制造各种生产工具，还教民造屋，深受黄帝的赏识。然而更为人称道的是他们在造船技术上的创新和发明。共鼓、货狄决心要造出一种能够载人渡河并且稳定安全的船只。他们经过无数次的观察、尝试和改进，最终造出了坚固耐用、浮力充足的船只，极大地改善了人们的交通条件。共鼓和货狄的造船技艺不仅在当时广为传颂，更为后世的水上交通和航运事业提供了宝贵的经验。他们的贡献不仅在于技术层面，更在于他们勇于创新、不断探索的精神。这种精神激励着后人不断追求进步和发展。

商朝石锚和吴国战船

1973 年，美国加利福尼亚州海岸浅海区被发现多块奇怪的人工石制品，总数多达 11 块，形状包括圆柱形、正三角形、中间有空的圆形等。其中一块人工石制品是一个来自亚洲的早期石锚，根据石块上锰积聚率（锰积聚率为千年 1 毫米）计算，距今有 2 000—3 000 年历史，石锚岩质不存在于北美太平洋沿岸，而与南海沿岸地区所产灰岩一样。中外不少学者认为加州发现的 11 块大石头，是中国古代航海船只遗留下的五只石锚和附具。

这些石锚见证了殷人东渡这一伟大历史事件，证明了距今 2 000—3 000 年前，中国人就有能力乘船来到美洲。在新墨西哥州、加利福尼亚州、亚利桑那州、犹他州、俄克拉荷马州多个岩壁上发现了甲骨文，经测定这些文字刻于公元前 1300 年，比哥伦布“发现美洲”的时间早 2 800 多年！

春秋战国时期，临近大海的吴国、齐国、燕国、鲁国、越国等诸侯国，航海技术较为发达。吴国和齐国都能制造出长 10 丈（1 丈≈ 3.3 米）、宽 1.5 丈的大船——“翼船”，这是一种有两层甲板的战船，完全可以胜任海上航行。齐国的齐景公曾经乘坐翼船在海上游玩，半年都不用上岸，就连孔夫子都艳羡不已，心心念念“乘桴浮于海上”。

吴国的战船种类繁多，包括大翼、中翼、小翼、突冒、楼船和桥船等几种类型。在这些战船中，大翼是最具震撼力的一种，其宽度达到 1 丈 5 尺 2 寸，长度更是达到了惊人的 12 丈，大翼战船体积庞大，能够搭载近百名战士和船员。其船型瘦长，桨手众多，因此速度极快，成为

吴国内河水战中的利器之首。除了大翼战船之外，中翼和小翼也是吴国的重要战船类型，它们虽然规模较小，但同样具备快速灵活的特点，是水战中不可或缺的力量。突冒则是一种攻击型的战船，其船首装有锋利的冲角，能够在战斗中发起猛烈的冲锋。楼船则是吴国水战中的主力舰，体型高大雄伟，具备强大的战斗力和威慑力。桥船则是一种小型战船，灵活轻快，在水战中常常打头阵，发挥着重要的作用。此外，吴国还有专门为君王打造的装饰华丽的楼船，这些楼船不仅是水战中的旗舰，更是展现吴国威仪和实力的重要象征。与此同时，北方的秦、晋、燕等国也拥有自己的舟船部队，与吴国在水战中展开激烈的较量，都想争夺水上霸权地位。

后来吴王夫差攻齐，从东海出发，跨越东海、黄海，来到位于渤海湾的齐国胶州地区。而北方的燕国则利用海军征服了朝鲜半岛，并派人到达日本，开辟了辽东到日本的新航线，开启了中日之间的海上航路。

第二节　秦汉时期的海上探索

开疆拓土、徐福东渡

公元前 221 年，秦王嬴政扫平六合，一统江山，自称始皇帝。这位雄心勃勃的始皇帝有三个梦想：一是统一六国，二是江山永固，三是长生不老。

秦始皇在统一中国南方的战争中，曾经精心组织了一支规模空前的船队，其运输能力高达 50 万石粮食，这无疑是当时水运力量的一次巨大展现。统一全国后，他的雄心壮志并未因此而止息，反而更加热衷于乘船在内河漫游，甚至多次扬帆远航至海上，进行了数次大规模的巡行。秦朝的造船技术，不仅继承了巴蜀地区和原各诸侯国家的造船传统，还在此基础上进行了创新和发展。秦始皇本人对航运业的重视程度非同一般，统一全国后的第二年，他即下令修建驰道，同时对全国范围内的江河水道进行了全面整治。整治范围之广，“东穷燕齐，南极吴楚”，使得当时的水上交通网络达到了前所未有的四通八达。特别值得一提的是，他还主持开凿了连接湘江和漓江的人工运河——灵渠，其规模虽然不大，但宽度足以容纳千斛之大舟通行。古代的斛是容量单位，最初设定 10 斗为 1 斛，后来改为 5 斗为 1 斛，1 斗大约相当于现代的 6 千克。换算下来，秦朝时期已经有能力建造载重约 60 吨的大型船只了，这无疑是一项了不起的成就。

公元前 219 年，秦始皇开始了他的第 5 次巡游之旅。他从都城咸阳出发，经过长途跋涉后到达云梦泽换乘船只顺流而下，然后一路扬帆北上，再次巡视了重要的海港芝罘（fú）。整个巡游过程历时数月之久，其间他得以亲身体验并检视了自己庞大且设备齐全的御用船队。可以想象，如果没有种类繁多、装备精良、性能卓越的船队作为支撑，秦始皇要想在广袤的江河湖海中进行如此长时间且大范围的巡游几乎是不可能的。他的船队无疑是当时造船和航海技术最高水平的集中体现。

说到秦始皇，就不得不说“徐福求仙”的故事。公元前 219 年，秦始皇携扫灭六国的余威，从咸阳出发，东巡泰山举行封禅大典并刻石记功。当这位雄心勃勃的帝王御驾出现时，多年来痴迷于仙术的方士徐福知道自己实现梦想的机会来了。《史记》载，徐福上书始皇帝，称东方海中有仙山，山中藏有长生药。希望秦始皇能够沐浴斋戒，派出百工携带五谷并童男童女，由自己率领出海，只有足够的诚意方能打动仙人，求得长生不老之药。急切想要长生不老的秦始皇自然听信了徐福的一派胡言，立即调拨人员、物资和钱财，命徐福率领 80 艘大船，浩浩荡荡，

从山东登州乘风出港向东，开启了一场波澜壮阔的海外寻仙之旅。

自然“仙”是寻不到的。历经 10 年寻仙之旅，徐福带领众人来到了临海一带，选择在象山附近隐居，过起了“桃花源”一般的生活。秦始皇拖着沉重的病体，南下云梦，沿长江东至会稽，得知徐福身在浙东，又是气又是急，急匆匆地从大禹陵赶到了浙东。徐福却主动前往觐见秦始皇，向他汇报了最近几年的寻仙进展，谎称在出海时遇到了神仙，神仙嫌弃秦始皇带来的礼物过于轻薄。徐福还给他描绘了仙山的景象，邀请他一起登上达蓬山，在山巅遥望天边的奇异景象，花言巧语再次骗取了始皇帝的信任。其实，始皇帝自觉时日无多，要想把皇位坐到天荒地老，只能紧紧抓住徐福这根救命稻草，他拨给徐福比上次多几倍的礼物、人员和船只，催促他尽快出海。

徐福为这次最后的出逃做了充足的准备，他带足粮食、淡水等航海必需品以及五谷种子和大量的文化典籍，最终出逃到了扶桑，也就是现在的日本。那时日本还没有文字，也没有农耕。徐福给日本带去了文字、农耕和医药技术，使整个日本社会向着文明跨越了一大步。

秦汉时期的“楼船军”

1974 年，在广州的一处工地上，考古学家意外地发现了一处古老的造船工场遗址。这个遗址的核心区域由三个平行排列的船台和一个宽敞的木料加工场地组成，显示出了古代工匠的精湛技艺和卓越智慧。这些船台的设计独具匠心，它们与滑道巧妙地结合在一起，由坚实的枕木、平滑的滑板和稳固的木墩共同构成。值得一提的是，木墩与滑板之间并不是固定不变的，而是可以根据不同的造船需求进行调整的。滑道的宽度也可以灵活变化，或宽或窄，以适应不同尺寸的船只建造。在滑板上，两行木墩平置其上，共计有 13 对，它们两两相对排列，高度约 1 米。这样的设计使得工匠可以在船底方便地进行钻孔、打钉、捻缝等一系列细致的工作，从而确保船只的坚固与耐用。令人惊讶的是，这种采用船台与滑道下水相结合的原理，竟然与现代船厂的船台、滑道下水的原理不谋而合。这足以证明，当时的造船技术已经达到了相当高的水平。

从遗址中较大的二号船台来推算，古代工匠有能力建造宽度在 6—8 米，长度达 30 米，载重量为 50—60 吨的大型木船。这样的规模在当时无疑是相当可观的。在木料加工场地上，考古学家还发现了用于烤弯木料的“弯木地牛”结构。这种结构巧妙地利用火烤的方式使木料弯曲，以满足船体不同部位的需求。经过 C^{14} 测定，这个造船工场遗址的年代被确定为公元前 240 年左右。此外，根据历史记载和考古发现，秦代还在陕西、四川、安徽、浙江、江西等地设立了类似的造船工场。这些工场不仅为当时的军事和民用需求提供了大量的船只，也推动了古代造船技术的蓬勃发展。

秦朝结束征讨岭南地区百越各部的战争后，相继设立闽中郡、桂林郡、南海郡和象郡，又将北方数十万农民迁往该地戍边杂居，这一措施为西汉开通东南沿海地区的航海贸易和航路提供了先决条件。秦朝南海龙川令、南越国创建者、后来的“南越武帝”赵佗，对中国历史乃至于世界历史贡献甚巨，是因为他在汉武帝通西域之前，率先从海路凿通了这一区域。

随着航海技术的发展，特别是远航航线的开发，秦汉时期人们在面对漫长的航线和复杂的海域情况时，也对航海技术做出了相应的革新，其目的是扩大同东南亚、南亚以及阿拉伯地区的贸易往来。

公元前 109 年秋，为扫清渤海巷道，开通赴日和朝鲜半岛的航线，汉武帝消灭了卫满朝鲜，在此处设立了 4 个郡。此前西汉帝国就已经建立了一支拥有 4 000 余艘战船、20 多万水兵的楼船军。据史料记载，楼船高 10 余丈，分三层：第一层称庐；第二层称飞庐；第三层称雀室，是船上的望台。庐、飞庐和雀室这三层每层都设有防御敌人弓箭矢石进攻的女墙，女墙上还开有射击的窗口等。楼船的广泛使用表明，西汉时

期中国造船业的发达程度和造船技术的先进性。西汉楼船军战船如图 1–3 所示。

图 1–3　西汉楼船军战船示意图

汉代的海上丝绸之路

西汉中期，汉武帝在中国西北打通“陆上丝绸之路”，在东南沿海开辟了“海上丝绸之路”。汉代用了 30 年时间，征服东瓯、闽越、东越和南越等地，使中国南北近海航线得到畅通，并且开通了朝鲜半岛、日本和印度洋的海外航线，为中国古代远洋航海事业奠定了基础。

随着航海技术的发展，摆脱沿岸或逐岛航行，扩大同东南亚、南亚以及阿拉伯地区的贸易往来，是当时中国远航航线开发的目标。当时天文导航技术开始大量出现在导航占星书籍中，《海中星占验》《海中五星经杂事》《海中五星顺逆》《海中二十八宿国分》等“海中”占星书籍对海洋空中星座的判别和验证、对海洋空中五大行星的运行轨迹和规律的认识、对海洋中二十八星宿具体位置和相互关系的记载、对航行中日月风雨的预测，都成了当时海员在航海实践中应用的天文手册。

季风航海技术已经开始被渔民所掌握。秦汉时期的船只已经广泛应用了风帆，并且已经对季风的变化有了较深的认识。例如，随季节而变化，定期而至的季风被称为“信风”；航海所借以驱动船舶的恒向风叫“舶风”。这表明，在汉代中国人已经可以利用季风和舶风来进行航海了。外国航海界称之为“贸易风”，足见它的重要程度。

地文航海技术用于对船只的定位和引航，稍有偏差就可能会触礁、搁浅甚至船毁人亡。据《汉书》中对汉使航程的记载，汉代已形成由中国雷州半岛出发，经过南海到达黄支（今印度甘吉布勒姆）以及已程不国（古国名，故地可能位于今斯里兰卡或印度半岛南部）的专门航线，当时的人们不仅对海中的岛屿、暗礁、沙洲等有所了解，并且已经掌握了潮涨潮落的规律。这也从另一个侧面反映出当时南海航线的繁忙程度。利用矩和表，通过两次观测，求得海岛的高度和远近，这种“重差法”在汉代就已经广泛使用，对于后世航海地图的绘制和航程的测算，具有深远的意义。

秦汉时期开始了中国历史上重要的海洋开拓时代。最重要的航线有两条：一条是“东洋航线”，这是中国最早开通的远洋航线——连接日本的东方航线。据《山海经》记载“盖国在钜燕（此处泛指中国）南，倭北，倭属燕”，这个“倭”就是指当时的日本。汉武帝平定朝鲜设立汉四郡之后，日本境内有 30 多个国家都与汉朝进行商贸往来。《后汉书·东夷列传》载“倭在韩东南大海中，依山岛为居，凡百余国。自武帝灭朝鲜，使驿通于汉者三十许国”，此时的航线大多是经由朝鲜半岛的海岸航线。另一条是“南洋航线”，这是从汉武帝时代起打通的东南海上航路，推动了南洋海运的发展，并且进一步开通了前往印度、斯里兰卡的航线。

秦汉时期，我国的造船技术和航海技术迈入突破阶段，是航海事业第一个大发展时期，经过这一阶段的发展，我国的航海事业迈入世界先进行列，而连接亚欧大陆的“海上丝绸之路”更是将秦汉航海事业推向

了历史的高峰。

汉武帝时，汉朝的远洋航行路线已可以从广东出发，经南海进入马来半岛、暹罗（泰国）湾、孟加拉湾，到达印度半岛南部的斯里兰卡，然后经红海到达埃及的开罗，再由波斯湾进入两河流域，之后由希腊、罗马经地中海到达罗马帝国。这条航线长 8 000 海里以上，是世界海上交通史的一大创举。

秦汉作为中国航海事业第一个大发展时期，起到了承前启后的关键作用，以秦始皇和汉武帝为代表的历史人物，更是积极地推动了中国早期航海事业的发展，并为后世航海事业的更大进步创造了基础条件。

第三节　魏晋南北朝时期的海上航道

魏晋南北朝时期的航海事业总体来说，发展势头较汉代有所减弱，更多的是在前代积累的基础上缓慢演进，既有衰微，也有局部创新突破，更多的则是对秦代、汉代成果的延续。魏晋南北朝时期政权更迭频繁、社会动荡不安，这种整体纷乱的大环境对于社会发展是极为不利的，尤其是在古代中国生产力极为有限的情况下，航海这种需要集全国之力才能顺利开展的事业，不可避免地遭受了严重冲击。受到严重压制和破坏的是北方地区，在这一时期诸多鼎盛一时的海港走向衰败消亡，与海外的海上交流与贸易也遇到阻隔。反观南方地区，因这一时期政治经济文化中心逐渐南移，南方地区的政局相对稳定，因此南方地区的航海事业有幸在此乱世绽放光芒。

造船事业持续发展

南方地区的地方政权出于发展经济、增强国力的考虑，十分重视海洋经济，因此不断推动造船、航海技术等的发展。北民南迁一方面为南方带来了较为先进的生产技术，致使沿海地区的普通民众可以自发地进行技术革新；另一方面大量的移民涌入，使得南方地区得到了极大开发，经济逐渐发展起来，为南方地区日后的瓷器、丝绸、茶叶等农产品的出口以及船舶制造奠定了基础，这些努力共同推动了造船、航海技术、海外贸易等航海事业的发展。例如，“大规模航海的提倡者”孙权，曾大力推动海上航行和海外殖民开拓；战争中的大规模水战，促使各类船只改进创新；而南朝各政权都较为重视海外贸易，曾出现过繁荣的海上贸易景象。整体来看，这一时期的造船事业上承汉代的成果，并未出现突破性的、飞跃性的进展。

魏晋南北朝时期，造船业的发展为航海事业的发展提供了技术支持。三国时期的吴国地处东南沿海地区，十分重视造船和航海事业的发展，因此拥有发达的造船业。孙权曾在鄱阳湖、洞庭湖区域建立造船厂，大力发展军事造船。为了做好对大型船舰的维修，吕蒙在位于安徽巢湖畔的濡须口水师基地，精心设计并建造了一座形状独特的船坞，其外观犹如一轮偃月静卧水面。当需要修理的船只由江河驶入这座船坞时，工匠会在入口处迅速筑起一道坚实的堤坝，以阻挡湖水的涌入。接着，他们会将船坞内的水逐渐排干，使船只稳稳地坐落在预先铺设的墩木之上。这样，修船工作便能在干燥无障碍的环境中有序展开。等船只修缮完毕，工匠会再次启动水闸，将船坞内重新灌满水。随后，只需挖开先前筑造的堤坝，船只便能顺利地驶回江河之中，继续它的航行使命。值得一提的是，这座船坞不仅用于修船，还具备建造新船的功能。

这座由吕蒙设计并建造的船坞，被公认为是有史料记载的世界上最

早的船坞之一。其工作原理与现代船坞相差无几，展现了我国古代在造船和修船技术方面的卓越成就。因此，可以自豪地说，吕蒙就是船坞的发明人。相比之下，欧洲船坞技术的发展要晚得多。直到 1495 年，英国才在朴次茅斯建立起欧洲第一个船坞。这一时间节点，比我国吕蒙所建的船坞晚了 1 000 多年。这一事实再次证明了我国在造船和航海技术领域的悠久历史和卓越贡献。

东吴政权营造的船只数量、种类繁多，如艨艟、斗舰、楼船等，其中楼船运载量最大，可乘坐士兵千余人，为孙权多次派遣舰队前往辽东、朝鲜半岛的高句丽等地进行军事行动提供了运输保障。比较为世人所熟知的还有对夷洲（今我国台湾）的开发、统治。位于江南的东吴政权，北邻魏国，西邻蜀汉，因此外扩只能趋向于海外。而由于地理位置相邻，东吴治下的东南沿海与夷洲民间联系日益频繁，这引起当时东吴统治者孙权的注意。因此出于诸多因素的考虑，东吴将夷洲作为开疆拓土、实现政治目标的重要基地，于公元 230 年春，孙权派遣将军卫温、诸葛直率领万人船队渡海进攻夷洲，最终擒获夷洲几千人而返。尽管孙吴未能在夷洲建立长期稳定政权和直接统治，但本次军事行动，是大陆中国人第一次大规模、长时间接触夷洲，也是中国历史上第一个内地政权将力量延伸到夷洲，这次军事行动在不同层面上推动了东南沿海与夷洲之间的交流。

在魏晋南北朝时期，长江流域沿岸大型船只和舫船的应用非常普遍，战船上主要是东吴的楼船得到了大规模的应用，成为水战的重要武器。无论是地方政权之间的军事征伐，还是农民起义，但凡较大规模的水战都出动过楼船。东晋时期出现了一种名为“大艑”的大型运输船只，因船形扁浅得名，南朝时甚至出现了可以运载 2 万斛粮食的超大型运输船。舫船一度成为当时军用、民用运输船只的主角，舫船主要由多条船只组合而成，无论是西晋还是南朝宋、梁均有舫船的应用记录，《通典》中用“二船为一舫，一船胜谷二千斛”记载当时运输漕粮的船只。

晋代首次创建了具有水密舱壁的八槽舰。公元399年浙江的孙恩、卢循农民起义，拥有数十万大军、千余艘战舰，战舰中有一种名为“八槽舰”的战船，拥有四层船舱，十余丈高，“八槽”名称表明船体内有八个类似木槽的结构，应该是八个横向隔舱。早在汉代，内河船就采用横向隔梁，加上竖板就可分割舱室。两三百年后，造船技术不断改进，在战舰内设置多个横向隔舱已可实现。“八槽舰”远大于普通船只，对结构技术要求更高。从当时造船水平判断，“八槽”有可能是八个水密隔舱。

车轮船的记录也最早出现在晋代，《资治通鉴》有载：“（王）镇恶溯渭而上，乘艨艟小舰，行船者皆在舰内。秦人见舰进而无行船者，皆惊以为神。”在众人惊愕的视野里，王镇恶乘坐的小舰，既未张开帆布借助风力，也未挥动船桨划水前行，而是巧妙地隐藏了一种独特的行进方式——脚踏车轮，这种设计使得船只能够在逆水的情况下依然迅速前行，成为世界上首次关于车轮船的生动记载。

南北朝时期，车轮船的制造和使用得到了进一步的发展。《南史》中记载，祖冲之不仅具有深厚的机械思维，还成功制造出了指南车的铜机、欹器等众多器械。在南齐建武年间（494—498），他更是制造出了名为“千里船”的新型船舶，并在新亭江进行了试航，结果令人惊叹，日行距离竟能超过百里。这种“千里船”实际上就是当时长江流域新出现的一种车轮船。此外，南朝梁的水军将领徐世谱也制造了被称为“水车”的车轮战舰，进一步证明了车轮船在当时的广泛应用。车轮船采用脚踏转轴驱动轮桨的半机械化推进方式，不仅大大提高了航行效率，也代表了古代船舶人力推进技术的巅峰水平。这一创新无疑是中国古代造船技术中的一项重大发明，为后世的船舶制造和航海事业奠定了坚实的基础。

长期统治江南地区的东吴、东晋、宋、齐、梁、陈政权，相较于北

方诸侯割据、政权更迭，虽然也时有战乱影响发展，但局地社会环境相对稳定。南方河湖纵横，优越的自然条件加上雄厚的造船基础，使得造船业极为发达，因此出现了众多名船，东吴时期的孙权曾乘坐过的“长安”巨舰和“飞云”大船，彰显了“水上帝国”的威严与地位。诸葛恪制造的“鸭头船”则体现了他的智慧与匠心。此外，还有诸如“紫宫船”“升进舟”“曜阳舟”“飞龙舟”“射猎舟”“鸣鹤舟”“指南舟”“云母舟”“无极舟”“华泉舟”“常安舟”等各具特色的船只，在当时的江河湖海中留下了深刻的印记。钱塘江上的“樟林桁大船”更是以其雄伟的体型和坚固的结构，成了当时水运的重要力量。这些船只不但在设计上独具匠心，而且在功能上也有着明确的分工，既有战舰用于战争，也有大型座船用于宴会和游乐。

进入东晋时期以及随后的江南宋、齐、梁、陈四朝，名船的数量和种类更是繁多。如“朱雀大航”“太白船”“平乘舫”“苍鹰船”“苍兕船”“飞燕船”等，它们或以速度见长，或以稳定性著称，或以攻击力强大而令人畏惧。其中，“飞舻巨舰”“没突舰”“水门大舰”“平虏舰”“金翅舰”等更是战舰中的佼佼者，为当时的战争提供了强大的水上力量支持，这些历史记载为了解古代水上交通和文化提供了宝贵的实物资料。

相较于南方，北方战事频繁，导致各种产业遭受严重打击，但是在政治、军事、经济目的之下，并未放弃船只建造，反而更加重视，因此其造船实力不容小觑。北方各政权在继承前代造船事业的基础上，仍制造出一定数量和规模的大型船只，用以满足军事需要。例如，在著名的“淝水之战”中，苻坚调动百万大军，所需军粮数量庞大，普通陆运无法实现，因此使用了上万艘船只用来运输军粮；还有石季龙用来运送洛阳铜器的运载量庞大的万斛舟，这都说明这一时期北方造船的实力。

海上航线不断拓展

工欲善其事，必先利其器。造船业的进步和加持，有力地畅通了海外交通。在北方，曹魏政权继承了东汉时期海上对外交往的基本格局，北方海上航路主要是通向日本。而在南方，则形成了南海航线。东吴政权比较重视海外贸易，大力发展海外交通，孙权执政时期大力提倡航海，不仅有多次军事目的的出兵，还曾数次派遣舰队访问海南诸古国，尽管当时的《扶南异物志》已经亡佚，但根据文献《三国志》《梁书》以及一些文献的引文记载可以知道，孙权时期的东吴舰队曾经到过中南半岛、马来半岛等地。根据文献记载和考古发掘可知，从东吴政权开始，基于造船技术和航海技术的提高，中国同东南亚诸国的海上交通，逐渐从沿岸航线向远洋横渡转变，开辟了一条以中国广州为起点，横渡中国南海，穿过马六甲海峡，经过塔库巴横越孟加拉湾，再西渡阿拉伯海的新航线。这条航线打通了中国与南亚、北非的海上贸易通道，使海外交流更加频繁，不仅意味着我国古代航海事业的进步，更是大大促进了当时中国与南亚、北非的海上贸易和文化交流。

除此之外，孙权执政时期还曾试图建立跨越东海、通往日本的航线，但这一目的未曾达成。直到南朝时期才形成了中日航线，这条航线从建康（今南京）出发，顺江东下，经长江口北上黄海沿岸，在山东文登登陆，然后横渡黄海，经过朝鲜南部、济州海峡、对马岛、壹岐岛，抵达日本九州的福冈（博多），再通过关门海峡进入濑户内海，直达大阪（难波津）。这条航线的存在使南朝与日本保持了密切的联系，航线的开通对两国文化交流产生了巨大影响。当时中国正处在分裂期，自东晋南渡后，文化中心南移至江南地区。与此同时，由于日本与高句丽的对抗，原有航线受阻，中日航线的终点也南移至我国沿海。据记载，刘宋时期，日本使节曾先后 8 次访问建康。南朝齐梁陈时期，两国依旧通过这条航线维系联系。频繁的往来对日本文化发展影响深远。此外大量

中国难民也随航线迁居日本，将技艺和文化带到当地，成为促进日本文化进步的重要动力。由于高句丽和百济的崛起，汉人在朝鲜地区已难立足，大多迁移至日本。为争取利用这些具有技能的移民，日本还特意派人前往朝鲜招募。据载，雄略天皇得知百济滞留大批汉人技工，遂派使者前去“索要”，对汉人迁居表示热烈欢迎。从东汉末期至南北朝，大量中国人迁居日本，与当地人长期共存、世代融合，最终融入日本各民族，这对日本本地发展具有重大意义。①

海外交通的建立一方面有赖于先进的造船技术，另一方面是依托于航海技术。古时因为生产力的原因，航海技术的进步依托于人们对于海洋的认识，通过经验的不断总结加深对于海洋以及航海技术的利用。

三国时期结束后，长江上的舟船在风帆的结构、配置以及操纵技巧方面相较于秦汉时期都有了显著的进步。吴国的丹阳太守万震在其著作《南州异物志》中详细描述了长江下游的帆船设计，说那些来自外徼（jiǎo）的人们，根据船只的大小，有时会装配上四面风帆。这些帆被前后依次安装在船上，帆是用卢头木叶制成的，形状类似牖（yǒu）形窗户，长度超过 1 丈。四面风帆并非都正对前方，而是呈一定角度斜置，以便更好地捕捉风力。当风从后方吹来时，风帆之间因风力而相互激荡，增强了推动力。若遇风速过急，船工可适时调整风帆的数量和角度，这种灵活的方式使得船只能够安全地利用风力，即使面对迅猛的风浪也能迅速前行。其描述不仅展示了当时风帆制作的精湛技艺，在选材、帆装设计、风帆数量以及操纵技巧等方面都已达到相当高的水平，而且表明长江上的船工们对张帆和驶风的操作技巧也掌握得相当熟练，几乎能够实现一帆张起便能利用来自任意方向的风力。这样的技术成就无疑是当时航海技术的一大进步，极大地推动了水上交通和贸易的

① 陈福康．日本最古老的汉文[EB/OL].（2024-05-07）[2024-06-08].https://m.thepaper.cn/newsDetail_forward_27283668.

发展。此外，在南北朝时期，大规模的海战使中西航海中季风、地文导航、天文导航等技术得到了日益广泛的应用。

海外贸易长足发展

魏晋南北朝时期，我国造船业取得长足进步，出现了体型较大、结构更完善的海舶。航海家们在长期的航海实践中，积累了丰富的航海技术经验，掌握了季风习性，能够驾驭大型海船远洋航行。与外国的交往港口也日益增加，海上交通航线更加畅通。这为海上丝绸之路的开拓奠定了基础。

这一时期的海上丝绸之路，向东主要面向朝鲜半岛、日本诸岛等东北亚地区；向南主要面向东南亚诸国及印度洋沿岸的斯里兰卡等国。海上丝绸之路上的海外贸易有官方组织的朝贡贸易，也有私人进行的自发贸易。古代中国皇室接受朝鲜、日本等国使节的贡品，并给予回赐；而民间商人则通过海上丝绸之路运送丝绸、陶瓷等商品，销往东南亚和南亚等地，换回当地的香料、药材、珠宝等商品。随着海外交流的增多，越来越多的外国人来华经商定居。他们把本国的商品和技术引入中国，也促进了中外经济文化的交流。这一时期的海上丝绸之路对古代中国的开放和发展产生重要影响。

伴随着海上贸易的繁荣，随着时代的变迁，广州港逐渐崭露头角，成为当时岭南地区重要的港口城市。众所周知，沿海港口的发展不仅仅是沿海经济繁荣的象征，更深层次地，它映射出国家经济整体布局的核心特征。广州港在这一历史时期的崛起，恰恰揭示了中国经济演进的多个关键层面。自三国鼎立以来，中国的政治和经济重心开始由北向南转移。这一转变促使中国南方地区逐渐形成一个独立且完整的经济体系。特别是自东晋政权建立后，南方相较于北方连年的战乱，享受了相对的和平与稳定。同时，由于东晋政权是由汉人建立的，大量北方汉族人口南迁，他们带来了丰富的文化和技术，这些新鲜血液的注入极大地促进

了江南地区的经济开发。这种发展是在两汉和东吴时期的基础上进一步巩固和扩展的，为广州港的经济腾飞奠定了坚实的基础。北方持续的战乱、东南经济的蓬勃发展，以及世族大家的南迁和东晋、宋、齐、梁、陈等朝代定都南京，共同推动了全国外贸市场的重大转变。进口商品开始更多地或在很大程度上在江南地区进行销售和推广。甚至北方所需的舶来品也主要从南方采购。广州，这个历史悠久的对外贸易枢纽，虽然在汉武帝平定南越后到东汉末年期间一度被日南（今越南中部地区）、交趾（今越南北部红河流域）超越，但随着外贸重心的南移，其地理优势再次凸显。交趾的地理位置相比之下显得逊色不少，因为从交趾登陆的进口物资需要经历更长的内陆运输路线。因此，广州自然而然地成为外商的首选停泊地。

广州港自古以来就享有地理上的便利。无论是顺北江而上还是沿海岸线北上，它都与中国长江以南的政治中心保持着相对近的距离和便捷的交通联系。这些因素共同提升了广州港的地位。与此同时，造船技术的进步和人们对航行技术的熟练掌握，特别是棹檣驶风技术的普及，为从大陆南端出发开辟跨越多岛的远洋航线提供了可能性。新开辟的远洋航线不再仅仅沿海岸穿越琼州海峡，而是以广州为起点，经过海南岛以东和西沙群岛海域，直接航行至东南亚各个港口。广州港作为这条新航线的起点和终点，逐渐吸引了越来越多的中外远洋船舶在此停泊。因此，它逐渐发展成为南方沿海最大、最繁忙的海港之一。

魏晋南北朝时期，我国航海事业整体上延续了汉代的成果，在某些方面取得了新的进展。然而频繁的政治动荡对航海事业发展形成了障碍，北方航海事业衰退，南方取得了一定发展。这一时期的造船技术取得长足进步，出现了世界上最早的船坞，战舰数量和种类也有所增加，运输能力提高。南北朝时期八槽舰、车轮船等新型船只的使用，推动了航海技术的发展。海外航线继续拓展，一条连接东南亚和西亚的南海航线成形，加强了中外交流。一条中日航线的出现，加强了两国联系，促进了日本的文化发展。航海家在实践中积累了丰富经验，季风导航等技术的应用，推动了远洋航行技术的成熟。随着贸易往来的增多，广州港成为我国南方最大的港口。海上丝绸之路的兴起，促进了中外经济文化的交流，对我国的开放和发展产生了重要影响。尽管这一时期航海事业的发展与汉代相比有所放缓，但它奠定了隋唐大规模航海的技术基础，并在航海技术、航线和贸易往来等方面取得了新进展。

第四节 隋唐时期的海上航道

隋唐大运河的兴建

隋唐时期（581—907）是中国古代海上航道发展的重要阶段之一。其中内河最为有名的航道，当属隋唐大运河。隋唐大运河是中国古代劳动人民创造的一项伟大的水利建筑工程，也是世界水运史上的伟大成就之一，工程之浩大，可与长城媲美。隋唐时期的龙舟、唐船复原模型如图 1–4 所示。

图 1–4 龙舟（左）、唐船（右）复原模型

我国的河运史可以追溯到 5 000 多年前，那时的先民们就已经开始使用舟楫等交通工具。我国的地势为西高东低走向，河流也大多自西向东流，这种地形对南北水路交通非常不利，所以，中国人很早就学会了开凿运河，目的就是沟通原本互不连通的水道、加强南北方的联系。所以早在公元前 360 年，魏惠王就挖过这条运河；正始二年（241），曹操的儿子曹丕也曾经挖过这条运河。

隋朝建立以后，隋文帝最初把都城定在汉长安城。但当时的长安破败不堪，开皇二年（582），隋文帝在长安城旧城的东南方选了一块地方建造新都，并把新都命名为“大兴城”。隋朝都城所处的关中平原号称“沃野”，但实际上地狭人众，在经历了多年的战乱和过度开发以后，早已不如从前，当地的物产不足以供应京师，要依靠东方诸州的赋税。隋朝建立之初，将关东和江南的粮食、货物运进关中供应京师，便成了当务之急。但旧的漕渠长期淤塞，只能弃之不用，仍然采用渭水漕运。但渭水历来就是一条难行的运道，很难继续通航，早在汉武帝时就已经开凿了关中漕渠，以补给渭水漕运的不足。开皇四年（584），隋文帝命宇文恺率水工开渠。

宇文恺是隋朝著名的建筑家，新都大兴城就是由他主持规划建设的，他还营建过东都洛阳等宏伟工程。宇文恺受命开凿渠道，参加这项工程建设的还有苏孝慈、元寿等人，都是懂工程的专业人士。他们经过调查研究和规划设计，为了疏通漕运，顺畅交通，开通了一条从大兴城东（今陕西西安北）到潼关（今陕西潼关）的渠道，共长 300 多里（1 里 =500 米），引来渭水流经开挖的渠道，渭水以南的部分在汉代漕渠的基础上开浚。这条运河从当年六月开工到建成，仅仅花了 3 个多月时间。

开通后的大运河在渭水之南，把隋朝新都大兴城和潼关连接了起来，到潼关又衔接了黄河。沿黄河西上的漕船不用再经过弯曲的渭水，就可以直达京城长安。这条渠途经渭口广通仓下，因此取名为“广通渠”，但当时的人们仍然习惯性地称之为“漕渠”。漕运的便利使渠岸人民颇受其惠，这条渠也因此被称为“富民渠”。公元 604 年，“广通渠”又改名为“永通渠”。

公元 604 年，隋文帝杨坚去世，其子杨广继位，是为隋炀帝。隋炀帝继位后，连续三次下令开修运河。

第一次是在大业元年（605），隋炀帝下诏开凿通济渠，通过借助阳渠、鸿沟等旧有的河道和自然河道，在短短半年时间内就开通完成。通济渠以洛阳为中心，连通了黄河与淮河。随后隋炀帝又下令疏通邗（hán）沟。邗沟北起淮河，南入长江，连通了淮河与长江。第二次是大业四年（608），隋炀帝下令开凿永济渠。永济渠北达涿郡（今北京），连接了黄河与海河。第三次是大业六年（610），隋炀帝下令开凿江南运河。江南运河由京口（今江苏镇江）至余杭（今浙江杭州），连通了长江与钱塘江。

这三次兴建的四条运河相互连通，把海河、黄河、长江、淮河、钱塘江五大水系连在一起，构成了隋朝大运河的四部分。建成后的大运河形成了以长安、洛阳为轴心，向东北、东南辐射的庞大水运网，运漕商旅，往来不绝，对南北经济文化、交通运输交流起到了极为重要的作用。到唐朝时期，这四条相互连通的运河被沿用下来，统称为“隋唐大运河”。

隋唐时期的海上交通

隋唐时期，我国的社会经济和国防力量都有了显著增强和发展，通过海上交通进行的军事行动和贡使往来活动非常活跃，日本遣隋使、遣唐使不下数十次，同时带了一批学问僧、留学生到中国学习文化和先进的科学技术。

当时的隋唐政府也派了答问使去往日本，传播先进的汉文化，对日本、朝鲜的经济、文化发展起到了巨大的推动作用。特别是到了唐朝

时期，国势强大的唐王朝经济繁荣，中日两国间的友好往来和文化交流空前繁荣，日本遣唐使多次到中国学习唐朝的政治制度和博大精深的文化，大唐也派使者不断东渡日本进行文化交流，其中最著名、贡献最大的就是鉴真和尚。743—754 年，鉴真先后 6 次东渡日本，在日本 10 年，对中日文化交流做出了巨大贡献。

隋唐时期水运畅通，水运一向和造船业密不可分，这一时期的造船航海术高超，隋炀帝曾乘坐水上宫殿“大龙舟”，三次从运河去江都巡游。隋炀帝还曾进行过军事航海和军事征讨行动，比如三去琉球（今中国台湾）、三征高句（gōu）丽。

隋唐时期的海上航道主要分为南北航道两大类：北方航道主要连接黄海和渤海航线，包括东海、渤海、黄海、渤海湾等地区；南方航道主要连接长江、钱塘江和珠江航线，包括东海、南海等地区。当时从海上到朝鲜半岛，有横渡黄海线路和渤海黄海沿岸两条线路。隋唐时打通的中日航线，就是经由山东半岛下海，东泛黄海到朝鲜半岛西南部国家百济，然后南下到达日本。

为了打通经朝鲜半岛到日本的海上航线，隋朝三次发动远征高句丽的战争。隋朝时朝鲜半岛上有高句丽、百济和新罗三个国家，其中实力最为强大的就是高句丽。高句丽又称高氏高丽，存在于公元前 1 世纪到公元 7 世纪，是一个中国古代边疆政权，位于辽东地区，疆域范围大概为现在的中国东北地区和朝鲜半岛北部。古代交通不便，要想进入高句丽境内，必须绕过整个渤海湾，沿途人烟稀少，军事补给有限，攻打难度非常大。

隋大业八年（612），隋炀帝和大军渡过辽水，围攻辽东城（今辽阳）。在高句丽的顽强抵抗下，这次战争从二月开始，七月时退兵，隋炀帝损失惨重，不但没能达到目的，还诱发了隋末农民大起义。大业九年（613）四月，隋炀帝御驾亲征，第二次攻打辽东城，双方伤亡惨重。到六月时，督运军粮的礼部尚书杨玄感起兵叛隋，杨广被迫从辽东撤军。大业十年（614）二月，隋炀帝第三次派军进攻高句丽。这时农民起义军遍地，已成燎原之势，隋朝岌岌可危。高句丽因疲于战争，便派遣使者向隋炀帝请降。隋炀帝也不敢久战，趁高句丽求和收兵撤军。

隋朝初期国家富足，造船航海业高度发展，从隋文帝利用水师渡江灭陈，隋炀帝开凿大运河、造大龙舟及杂船数万艘即可见一斑，中日航道的开通更是方便了双方使者的往来，加深了对外政治文化经济交流。可惜由于隋炀帝穷兵黩武、过度征用民力，三征高句丽劳民伤财，消耗了国力，激化了社会矛盾，最终使隋王朝走向了覆亡的深渊。

隋唐大运河河海运输

古代交通分水陆两种，陆路运输方式以马、牛车为主，与之相比，水运则既快捷又能辎重，人们更愿意选择坐船过河甚至跨海，费用也便宜很多。隋唐大运河以洛阳为中心，北起涿郡（今北京），南达余杭（今杭州），全长 2 700 余千米，把南北方用水道连起来，组成水网，海外贸易的货物也可以沿着大运河南下北上，使中国南北沟通更加便捷。

隋朝灭亡之后，唐朝不断地对大运河疏浚、修整和开凿，使大运河在较长时期内保持畅通，继续发挥作用，通过大运河来转运东南财税，支持中央政权，唐代的繁荣在很大程度上要归因于大运河。

大运河流经的地区众多，从南至北跨越了 10 多个纬度，纵贯今北京、天津、河北、山东、河南、安徽、江苏、浙江 8 个省、直辖市，后来通过浙东运河，更是延伸至会稽（今绍兴）、宁波，成为一条连通我国古代南北交通的大动脉。大运河途经之处，皆是中国富饶的华北平原和东南沿海地区。借助大运河的便利条件，沿线城镇如扬州、杭州、洛阳、开封发展得更加繁荣。

“安史之乱”后，唐朝又延续了 150 多年，主要依靠的就是大运河的河运。唐朝中后期藩镇割据，宪宗平淮西、武宗平泽潞等平藩镇活动，也是为了打通河运通道，保证东南财路。可以说大运河水道实际上

就是唐朝时期的国家经济命脉，唐代的政治、经济发展都与隋唐大运河息息相关。

盛唐时漕运业繁荣兴旺，不仅与亚非各国的贸易往来频繁，各类海外交往也日益增多。这种繁荣景象推动了造船和航海技术的巨大进步，使唐朝在全球航海领域中独领风骚。唐朝造船业实力雄厚，拥有众多造船基地，其工艺之精湛、技术之先进，均为当时世界之最。在造船技术上，唐朝广泛采用了榫接钉合这一创新性的木工艺，极大提升了船体的稳固性和耐用性。值得一提的是，在榫接钉合技术的有力支撑下，唐代海船独创了多道水密隔舱技术。这种技术巧妙地将船舱横向划分为多个独立的小空间，使用优质木料（如樟木和杉木）作为隔板，缝隙处则用丝麻和桐油灰紧密填充，确保每个隔舱都具有良好的密闭性。这种设计不仅提高了船体的结构强度，更重要的是，一旦部分船舱因意外而破损进水，其他完好的水密隔舱仍能保持浮力，显著降低了船只沉没的风险。隔舱的数量根据船只大小灵活确定，通常为 11—13 个。这一伟大发明在后世得到了广泛传承和应用，即使在近代钢船建造中，水密舱壁周围角钢的铆焊方法也能看到中国古代造船结构形式的影子。

造船工艺的不断完善使得唐朝船只更加坚固耐用，非常适合长距离的海上航行。因此，唐代航海业蓬勃发展，航海技术达到了前所未有的高度。与此同时，唐朝对海洋潮汐理论的研究也取得了显著成果。唐代宗时期，浙江学者窦叔蒙经过长期观察和研究，揭示了潮汐变化与月球运动之间的神秘联系，并撰写了《海涛志》（又名《海峤志》）这部珍贵的潮汐学专著。此外，唐朝的航海家还充分利用亚洲东南部的信风、季风规律，为远洋航行提供了重要保障。

在唐朝的航海事业中，“舟师”这支技艺高超的水军发挥了重要作用。他们以精湛的航海技术和丰富的航海经验闻名于世。唐贞元年间的《海内华夷图》详细记载了唐朝 7 条主要的对外交通路线，涵盖了陆路和海路交通的各个方面。这些路线不仅连接了唐朝与周边国家和地区，也促进了不同文化之间的交流与融合。特别是广州通海夷道，即著名的“海上丝绸之路”，更是将唐朝的繁荣与文明远播海外。唐朝在漕运、造船、航海以及海洋研究等领域都取得了卓越成就，展现了一个伟大帝国的辉煌与实力。这些成就不仅为后世留下了宝贵的物质和文化遗产，也为今天的航海事业和海洋研究提供了重要的历史借鉴和启示。而唐德宗贞元时期（785—805）宰相、地理学家贾耽在《广州通海夷道》一文中记录的唐代从广州通往东非的航线，是唐代航海的最长航线。

唐代远洋海船能够远航于西太平洋和北印度洋水域，可想而知唐朝时远洋航行的能力和海外贸易的空前盛况。

第五节　宋元时期的海运事业

两宋时期的海外贸易

宋朝继承和发展了唐朝的商品经济模式，采用内河交通，大运河俨然成为国家的经济大动脉，承载起整个国家的产品流通，众多来自海外的物资，也通过大运河绵延不绝运往内陆。但宋朝的对外交流维系得很艰难：河西走廊被西北方的吐蕃、西夏阻断，与西域的联系变得时断时续；北方燕云十六州及以北地区被辽朝占有，与朝鲜半岛的陆道交通不可用，只能由海道往来。在这种形势下，为了增加财政收入、加强对外交流，宋朝开始积极发展海外交通贸易。

宋朝开拓了一条海上丝绸之路，主要是南洋群岛、南亚、东南亚等沿海地区，最远到达非洲，并与亚洲、非洲等多个国家建立了贸易往来。这一时期，与宋朝有贸易往来的国家和地区有 50 余个，包括日本、

高丽、勃泥（加里曼丹北部）、阇婆（爪哇）、三佛齐（苏门答腊东南部）、大食（阿拉伯）、层拔（“黑人国”，地处非洲中部东海岸）等。

为适应日益繁荣的海上贸易，宋太祖开宝四年（971），在广州设立市舶司。市舶司是当时主要的贸易港，功能与近代海关类似：国内商船若要出海，必须经由市舶司批准后领取了公凭才能出行；外国商船到达港口时也必须向市舶司汇报，市舶司会派工作人员上船进行检查，并征收货物的1/10作为“抽分”，也就是进口税。抽取的货物需要送到京城上交国库，这部分上交的货物叫“抽解”，是宋朝的重要财政税收来源。

广州市舶司设立后，杭州也设立了市舶司，两地市舶司掌管宋朝岭南及两浙路各港口事务。明州（宁波）设立市舶司后，三处机构合称“三司”。之后泉州和密州板桥镇（山东胶县）也设立了市舶司官署，主要职能都是管理对外贸易、征收税金、收购朝廷专买品和管理外商等事务。杭州和明州的对外贸易主要面向高丽、日本等东方国家，广州的贸易对象则是新加坡、泰国、马来西亚、大食等国家。

南宋虽只剩半壁江山，密州也被金国占领收入版图，但其他市舶机构仍归属宋国，南宋又另外设置了温州和江阴两个市舶务，以杭州为中心的浙江沿海贩运商业以及海外贸易随之兴盛起来，广州、泉州市舶司更是成为发展航海贸易的重要机构。

两宋时期的海外交通贸易空前繁荣，远远超过了前代。宋代对外贸易的西洋航线就是从泉州、广州两港出发的，这条航线经过东南亚、阿拉伯及非洲东岸地区到达波斯湾各地，向西范围更广，到达了红海和非洲东部，宋朝把这一航线的国家统称为“南洋诸国”。

除了西洋航线，宋代的对外航线还有对日航线和高丽航线。北宋时期日本闭关锁国，到南宋时中日航海贸易恢复。日本著名僧人荣西禅师，不仅是禅宗的积极传播者，也是中日文化交流的杰出使者。他曾两次踏上中国的土地，深入学习禅宗文化，并将其精髓带回日本，为日本的禅宗发展奠定了坚实基础。值得一提的是，荣西禅师在中国期间，还发现了珍贵的茶种，并将其带回日本，从而开启了日本种茶、饮茶的历史新篇章。

在宋代，中国与高丽的航线主要有两条，分别称为北线和南线。北线航线以便捷性著称，从山东莱州出发，横渡浩渺的黄海，仅需短短 2 天时间，便可抵达朝鲜半岛西南海岸的瓮津。相比之下，南线航线则从明州启程，航向朝鲜西岸的礼成江碧澜亭，整个航程大约需要 15 天。尽管耗时较长，但南线同样承载着重要的交往使命。在那个时期，宋朝与高丽之间的往来异常频繁。据记载，高丽曾派遣使节前往宋朝多达 57 次，而宋朝也向高丽派遣了 30 次使节。这种密切的外交关系不仅促进了政治上的互信，也带动了文化、经济等多个领域的交流。特别值得一提的是，许多高丽僧人慕名前来中国留学求法，他们在中国研习禅宗文化，为两国间的佛教交流做出了巨大贡献。宋朝与高丽最初主要通过朝贡和特赐的方式进行官方贸易。然而，随着时间的推移，民间贸易逐渐兴起并蓬勃发展。这种贸易形式的转变不仅丰富了两国人民的物质生活，也进一步加深了两国间的文化交融和人民友谊。

南宋朝廷国库空虚，又有浩大的军费、向金人纳贡等一应开支需要维持，只能通过发展海外贸易解决这些巨额开支，财政收入基本靠海上船舶获得，市舶司的作用就显得尤为重要。除了“抽解”这种“实物税收”，市舶司还负责“博买”。所谓“博买”，是指在宋代禁止私人买卖的 10 种货物，由市舶机构统一收购。这 10 种货物包括玳瑁、象牙、犀角、宾铁、鼊皮、珊瑚、玛瑙、乳香、紫矿和铜矿石，再加上其他需要收买的货物，总称为“博买”，是一种变相强制性限价收购的市舶税。“抽解”和“博买”的货物，都要送交到南宋中央政府。

南宋朝廷通过收税和转卖等途径，从进出口贸易中获取厚利，同时加强了与海外诸国的联系，有助于统治的巩固，因而南宋朝廷不论是对外贸易政策还是对机构的设置，都十分重视，鼓励海外经商，并制订了

招徕外商的升官、影响海外贸易的降职等相关奖惩制度。繁盛的海外贸易使得船舶需求增多，宋朝时期的造船和航海技术也得到了长足发展。

元朝时期的海运发展

蒙古族人入主中原建立元朝，定都大都（今北京）。政治军事中心都在北方，北方人口大增，但所需粮食及吃穿用度全都仰仗江南。元大都与江南距离遥远，从南方运来的供给都要经过原漕运航道隋唐大运河。

连年战祸导致北方经济凋敝，河道缺少疏浚，水浅沙涩，淤塞严重，舟楫难以通行，有的地方仅容小船通过。江淮地区每年向大都运送的岁贡漕米有百万石之多，而运河水路不畅，再加上沿河宋军余部不断骚扰，内河漕运已明显不能满足运输需要。为了保障漕运安全，海上运输势在必行。

最早提出海运的是元朝丞相伯颜。至元十三年（1276），伯颜率军灭掉南宋之后，曾命人将宋朝档案图籍经由海道押送至大都城，正是这次海路运输让伯颜产生了用海路运粮食的想法。至元十九年（1282），伯颜提议“自崇明州以海道载入大都”获得朝廷批准，开始督造海船。

至元十九年，60艘平底船（沙船）运粮46 000余石，经由海道发运，历经风浪后于第二年送至京师，南粮北运成功。自此，元朝海上漕运开始逐渐取代内河漕运。

元代海运路线由长江东入海，出崇明后沿海岸线北上，过山东入渤海，驶入大沽口，再运往大都。海运风险很大，海上运粮线路路途遥远、风大浪急，稍不小心就会损失惨重，因而元朝对执行海运任务的官员非常优待。

元朝调整过两次海运航线。最初的海运航线由刘家港入海，经南通州海门县（今南通市海门区）黄连沙头、万里长滩入洋，然后沿海岸线北上。这条航线要绕行山东半岛，共计13 350里，单程就要走好几十天。为了少走些弯路，至元二十九年（1292），元朝改换过一次航线，于1293年开辟了一条新航线：由江苏刘家港入海，至崇明向东，入黑水大洋，直奔山东半岛东端成山，走胶莱运河至登州沙门岛，于莱州大洋入界河（海河）。如果选择在顺风时出行，这条航线只要10余天便可以抵达大都，比以前的海运路途近便了许多。

在改换航线的同时，元朝于至元二十九年春到第二年秋，历时一年半、动用2万多人，开挖出由通州至积水潭的"通惠河"。通惠河疏通后，漕运的粮食和各种货物可以直接运到大都城内的积水潭，运粮通道更加便捷，漕运最多时，一年可运粮200万石。

与陆路和河漕相比，海运虽然风险很大、损失惨重，但海运效率和运粮总量都成倍提高，费用也节省很多，降低了运粮成本。因此，至元二十四年（1287）元朝"始立行泉府司，专掌海运"，由海运替代了河运。

元朝海外贸易十分发达，对海运管理异常严格，在泉州、庆元（今浙江宁波）、上海、澉浦（今浙江嘉兴）设立了4个市舶司后，又于至元三十年（1293）增设温州、广州、杭州3个市舶司。元朝承袭了宋朝的海外贸易管理制度，通过市舶司管理海外贸易并收税。为了保障海运顺利，元朝政府设置了"海道运粮万户府"，至元二十五年（1288）又设立了2个漕运司管理海运。元朝末期，元大都的经济生活几乎完全依赖海运，"终元之世，海运不废"。

第六节　明代的海禁政策

古代史上最强大的舰队

大航海时代欧洲各国开辟新航线的时候，中国正处于明清时期。从明朝初期开始，“海禁”政策开始实施。导致明朝海禁的直接原因是当时倭寇侵扰。

明朝建立之初，日本海盗在沿海地区骚扰掠夺，这些海盗也被称为“倭寇”，这些活跃于海上的海盗组织将沿海岛屿作为基地，频繁攻击繁荣的江南与福建沿海城镇。

面对这些亦商亦盗的海盗势力，明朝统治者在实施严厉海禁政策、禁止百姓私自出海贸易的同时积极充实军备，沿海修建城防、建造战船，同时设置水军等 24 卫，每卫有船 50 艘、军士 350 人，组建而成明朝水师。

为了解决倭寇侵扰，战船需求量大增，明朝也迎来了第一次造船高峰期。在明朝当时的各类船舶中，战船数量庞大，仅沿海一带的战船就有 5 000 艘左右，沿江临河的战船更是数不胜数，明朝造船业达到了我国古代造船业的一次巅峰。

明朝中叶掀起了第二次大规模建造战船的高潮。明朝战船种类极多，除了前代已有的楼船、艨艟、斗舰、海鹘、走舸、游艇等战船，还有四百料战座船、四百料巡座船、九江式哨船、划船等。明朝“快船”和海运船模型如图 1–5 所示。

图 1-5 明朝的“快船”和海运船模型

明朝在建立海防体系、督造多种战船的同时还训练了一支作战力强大的水军队伍——明朝水师。明朝水师又称“大明水师”，是中国古代史乃至当时世界古代史上最强大的舰队。这支实力位居当时世界第一的中国海军，由明太祖朱元璋手下两大主力之一的巢湖水师发展而来。巢湖水师曾经历过鄱阳湖水战，帮助朱元璋控制了整个长江流域，最终统一南方、奠定了明朝的根基，可见这支水师的战斗力有多么强大。

明朝水师发展到明成祖鼎盛时期，战船数量已近 4 000 艘，永乐十八年（1420）时，明朝水师拥有巡船、战船各 1 350 艘，在南京新江口基地驻扎的大船和运粮漕船各 400 艘，此外还有护洋巡江的警戒执法船和传令船不计其数。郑和下西洋时所率船队威名远扬，但放在当时的明朝水师中，郑和的舰艇编队实际上只是一支海上机动舰队而已。

即使与当时西方最强大的海上舰队相比，大明水师也不遑多让。当时横行于地中海和大西洋的“西班牙无敌舰队”约有 150 艘大战舰、3 000 余门大炮和数以万计的士兵，最盛时有千余艘舰船。明朝水师的总规模相当于 10 个“西班牙无敌舰队”，不论舰艇数量还是战斗力，当时的大明水师都是当之无愧的“世界第一”。

中国造船工艺一脉相传，到清朝前期时，造船的数量和质量、航海

技术以及运载能力都有了很大提高。即便清朝采取了闭关锁国的政策，但拥有先进的造船工艺和航海技术，中国仍然不失为一个具有强大航海实力的大国。

明朝水师抗倭的持久战

在明朝历史上，持续时间最长的水师作战是沿海各地与倭寇的“持久战”。早在明朝初期，倭寇就经常袭扰辽东沿海一带。明朝水师在加强巡逻防范的同时营建了拥有当时最先进武器的防御系统，历史上最早的海防炮台便是由明军建造完成的。

明代炮台大多距海几十米，用花岗岩等材料围成一个密封空间，前方或顶部凸起的台面用来置放土炮。有的炮台还设有出入口或楼梯，内侧是弹药供给空间，这样的炮台实际就是一处坚固的火力点或阻击堡垒。

与炮台配合的海防防卫设施还有“烟台”和“墩堡”。“烟台”大多设在山头或高地，在发现敌情后点燃烟火传递战争信号。少数烟台也能起到跟炮台类似的攻击作用，“狼烟四起”形容的就是大敌当前时烟台传递信号的情景。“墩堡”是战争时报警的设施，大多是凸起的土堆高冈，可建在海边，也可穿过村落或建在城池四周，有的就建在开阔地的制高点上，一般是每隔几里设置一座，数量远远多过烟台。这些军事防卫设施互相配合，并配有火铳等先进武器，有效阻截了登陆偷袭的倭寇。

明代中期，倭寇力量逐渐增强，越来越多的倭寇向中国沿海地区聚集，袭扰区域大多南移到浙江和福建沿海地区，甚至开始组织较大规模的队伍进入内地活动，给中国百姓造成了深重灾难。各地民众纷纷组织起来进行抗倭自卫战。

在抗倭斗争中，涌现出众多依靠民众力量屡建战功的爱国将领，抗倭名将戚继光在嘉靖年间被调至浙江前线对抗倭寇。他成功地在定海县龙山所等地击退多次倭寇进攻，与俞大猷等将领共同取得了显著胜利。戚继光作为明朝的抗倭名将，其英勇事迹在嘉靖年间尤为突出。1555年秋天，他被朝廷调派至浙江，负责抵御频繁侵扰的倭寇。随后的一年，他因出色的军事才能和战绩被举荐为参将，负责镇守宁波、绍兴、台州等重要府县。这些地区因地理位置靠近海岸，时常受到倭寇的侵袭，民不聊生。不久之后，戚继光的防守区域调整为台州、金华、严州三府，责任更为重大。就在这一年九月，他刚上任参将不久，就遭遇了一场严峻的考验。一支800多人的倭寇队伍突然袭击了浙江定海县的龙山所。这个地方不仅是军事要地，更是倭船往来的关键通道。戚继光迅速部署兵力，亲自率军迎战，成功地击退了这股倭寇，保卫了当地的安全。然而，倭寇并未就此罢休。仅仅一个月后，他们卷土重来，试图夺回龙山所。这次，戚继光与同为抗倭名将的俞大猷携手合作，共同指挥作战。在他们的英勇指挥下，明军士气高昂，连续三次与倭寇交战都取得了胜利。这些胜利不仅极大地鼓舞了民心士气，也有效地遏制了倭寇在浙江地区的嚣张气焰。

两次龙山所之战，让戚继光意识到必须训练一支强而有力的军队。他连续三次上书建议练兵，终于获得批准。戚继光经过严格挑选，招募新军4 000多人编制队伍、分发武器，进行艰苦训练。这支有着严密组织的军队英勇善战，在戚继光带领下转战各地，屡立战功，取得了辉煌战绩，令倭寇闻风丧胆，被人们誉为“戚家军”。

嘉靖四十年（1561），倭寇派遣了50多艘船只，载着2 000多名士兵，大举进攻台州。面对这场突如其来的入侵，戚继光迅速而精准地部署了兵力，与敌人展开了激烈的台州大战。从四月下旬开始，尽管人数上处于劣势，但戚家军英勇善战，凭借巧妙的战术和坚定的意志，在新河、花街、上峰岭、藤岭、长沙等地与倭寇展开了连番激战。经过一个多月的艰苦奋战，戚家军接连取得胜利，消灭了数千名倭寇，给予侵犯台州的敌人以毁灭性的打击。在接下来的一年（1562），戚家军与其

他明军紧密配合，协同作战，成功地将逃窜至宁波、温州一带的倭寇全部歼灭。此后，倭寇再也没有发动过大规模的对台州地区的进攻，浙江沿海的倭患得到了基本平息。这一系列的胜利，不仅彰显了戚继光卓越的军事才能和领导力，也为明朝的海防安全奠定了坚实的基础。

在浙江受到沉重打击的倭寇流窜到福建，福建遂成为倭患中心。嘉靖四十一年（1562）也就是全歼浙江倭寇这一年，戚继光奉命入闽剿倭，先后荡平了福横屿、牛田、林墩三大倭巢。之后戚继光回浙江补充兵员，倭寇又猖獗起来，福建再次面临倭患威胁。戚继光于第二年（1563）抵达福建，当时新任的福建总兵正是当初曾和戚继光一起抗倭的俞大猷，先期来援助福建的还有广东总兵刘显。戚继光和俞大猷、刘显一道，以戚家军为中军正面进攻，俞大猷为右军、刘显为左军从两翼配合攻击，在平海卫大败倭寇。三面受敌的倭寇狼狈窜回老巢，三路明军乘胜追击，将敌人围困于巢中，并借助风势，以火攻荡平了倭巢。

平海卫之战不久，又有大批倭寇陆续登陆围攻仙游，城内居民昼夜死守，双方伤亡惨重。戚继光率军解仙游之围，经过周密部署，最终以寡敌众，打得倭寇丢盔弃甲、全线崩溃，随后又在南澳剿灭山贼吴平，东南沿海的倭患得以基本平息。

常胜之师三百年无败绩

在戚继光横扫倭寇之时，明朝也重组了水师船队，并建造了能容纳100人的大福船战舰。这种战舰船身高大，配有可以俯射的佛郎机（一种火炮），在遭遇倭寇时可以直接将对方的小船撞成碎片。倭寇能很快被从江浙沿海驱逐出去，这些性能优良的战船功不可没。

16世纪大航海时代开始后，不断有西方殖民者流窜到中国沿海为非作歹，明朝水师从建立伊始就注定与战争密不可分。从建立、发展壮大到威名赫赫，明朝水师发展的每一步，都离不开战争的洗礼。新航线开辟以后，西方列强综合实力迅速增长，殖民扩张的野心也愈发膨胀，将侵略爪牙伸到了包括中国在内的许多仍处于封建阶段的国家。明朝时期，西班牙和荷兰殖民者入侵台湾岛，葡萄牙侵略势力也进入南海骚扰中国沿海，沙俄侵略者到达了我国东北地区。大明水师狠狠痛击外敌，沉重打击外来侵略者，用一场场硬仗捍卫了中国的海洋主权。

中国第一次抗击西方殖民主义者是屯门海战，以明朝水师获胜告终。明正德九年（1514），葡萄牙派遣贸易船队来到珠江口沿岸，要求登陆进行贸易，被明政府拒绝后，这支船队直接侵占"屯门海澳"并修筑工事，妄想用武力打开中国大门。正德十六年（1521）嘉靖皇帝继位，广东海道副使汪鋐奉命率领广东水师剿灭葡萄牙人的海军基地。在这次战役中，汪鋐率领的大明水师俘获数艘葡萄牙战舰，不可一世的葡萄牙海军在中国水师的正面迎战下溃不成军，海军司令乘轻型战舰狼狈逃回马六甲海峡。

战败的葡萄牙并未停止对中国沿海的侵扰活动，又于嘉靖元年（1522）发动西草湾海战。葡萄牙以五艘舰船组成千余人的舰队进犯广东新会县西草湾，明军再次击败葡萄牙海军，并缴获葡萄牙战舰两艘。

屯门海战结束后，明政府要求中国战船见到悬挂葡萄牙旗帜的战舰就将其击毁。西草湾海战后 20 年内，中国古籍中再没有出现过葡萄牙侵扰广东沿海的记录。经过沿海各地与倭寇的"持久战"，明朝倭患虽然得以平息，但明朝水师与日本倭寇的战争并没有就此结束。16 世纪末，日本完成暂时统一，即入侵明朝的属国朝鲜，明朝万历抗倭援朝战争爆发。明朝万历二十六年（1598）十一月，在朝鲜半岛露梁以西海域，中朝两国水师同日本水师进行了一场大规模海战，这就是历史上著名的露梁海战。

万历二十七年（1598），明朝水师在露梁水域拦截逃跑的日本船队，日军海军战舰 600 多艘、15 000 人在主帅岛津义弘的统领下拼死突围，明朝与朝鲜组成的 800 艘联合舰队严防死守。最终，明朝与朝鲜联军以死伤 500 人的轻微代价，在露梁海峡击败日本军队，烧毁日军船舰 200

艘、俘获船舰 100 艘。露梁海战是万历抗倭援朝最后一场大决战，以明朝水师全歼日本舰队而告终。这次战役给侵朝日军以歼灭性打击，在此后的 200 年内，日本未再侵犯朝鲜，对战后朝鲜 200 年和平局面的形成起了重要的作用。

17 世纪初期，荷兰占领澎湖，意图以此为跳板，对福州湾等地进行攻占和封锁，预谋福建、广东制海权。崇祯六年（1633），明朝水师在郑芝龙率领下，与荷兰东印度公司水军于福建金门料罗湾展开激战，明朝水师以绝对优势击败了荷兰舰队。荷兰不甘心失败，再次突袭明朝沿海地区，却再次惨败于明朝水师手下，参战的几十艘舰船全军覆没。

料罗湾海战意义重大，郑芝龙率领的明朝水师最终夺取了从日本到南海的全部东亚制海权，荷兰需每年向明朝缴纳 12 万法郎的贡奉，以示对中国海洋主权的尊重，才能获得这一航道的使用权。几十年后，郑芝龙的儿子郑成功又从荷兰人手中收复了台湾，荷兰在交出台湾后撤离，从此再不敢来犯。

明朝水师不论是舰队规模、武器装备还是对周边国家的威慑力，都达到了巅峰，是当时全世界最强大的海上力量。郑和下西洋标志着大明水师称霸世界的开始，明朝立国 300 年间，明朝水师从来未曾遭遇过败绩，堪称当时的“世界第一舰队”。即使经历明朝中后期的腐朽，这支大明水师依然强悍。正是因为拥有一支这样强大的水师力量，明朝才能在大陆领土沦陷后又延续了几十年之久。

第七节 清代海军的兴与衰

清朝海军兴起

明朝中后期政治腐败，最终被清朝取而代之。清朝初期的海军力量很薄弱，在统一中国各地的战斗中，清朝海军对郑成功率领的水师无可奈何，在交战中也屡战屡败。明朝末年的大明水师虽已逐步走向衰落，但余威尚在，仍可与西方相抗衡。

清政府对郑成功招降不成，只好采取“坚壁清野”的方式断绝郑成功的海上经济来源，同时招抚郑成功的部下。康熙十九年（1860），朱天贵率2万余人、300多艘舰船降清，为清朝建立强大水师奠定了基础。

清朝初期，李长庚在福建造霆船30艘，同时配有火炮400门，以备海战。在康乾盛世时，清朝的海军还比较强大，但清朝政府一贯奉行闭关锁国政策，国内经济发展缓慢，海军建设也停滞不前。

18世纪60年代，英国率先开始产业革命，80年代蒸汽机发明后得到广泛使用，大机器生产促进了资本主义的迅猛发展，英国一举成为西方第一大国，英国海军也成为世界上最强大的海军。

英国完成产业革命后，在亚洲的主要侵略目标就是中国，英国海军的强大也为英国侵略中国埋下了伏笔。英国当局多次派间谍船实地“考察”中国沿海与长江，收集了大量政治、军事、经济情报。清政府对英国侵华意图有所查究，但是因为国力羸弱，对间谍船的猖獗活动也只能

听之任之、漠然视之。间谍船在中国沿海非法航行，就是英国发动侵华战争的前奏。

道光二十年（1840），英国政府以林则徐虎门销烟为借口，蛮横地派遣远征军侵犯中国。1840 年 6 月，英国的“东方远征军”包括 47 艘舰船和 4 000 名陆军士兵，陆续抵达广东珠江口的外海。他们全副武装，封锁了珠江口，并禁止中国的船只进入广东的内河，这一行动标志着鸦片战争的爆发。当时，清朝的军队在武器装备和人员素质上与英军存在巨大的差距。清军的火炮还是 10 多年前的旧式火炮，主要兵器仍然是弓箭和长矛。大多数将领和士兵都没有接受过科学的训练，更缺乏海战的实际经验。尽管林则徐在广东沿海军民的全力支持下，战前做了充分的准备，英军仍然能够沿海北上，进攻厦门。在被闽浙总督邓廷桢率军击退之后，英军又转移攻击防守空虚的浙江。

1840 年 7 月 5 日，英舰向定海发起了猛烈的进攻。清军水师虽然奋勇抵抗，但由于英军舰船装备的大炮数量多、射程远，而清军船小炮少、射程近，双方实力悬殊，交战不久清军水师就遭受了严重的损失，不得不撤退。英军趁机在舰炮的掩护下登陆并占领了定海，建立了侵略中国的根据地。随后，他们继续北犯至天津入海口，并向清政府提出了割地、赔款等无理要求。1841 年 8 月，英军军舰抵达南京江面，清政府无法抵抗，最终选择屈服。中英两国代表在南京议和，标志着鸦片战争的结束。

鸦片战争是中国军民抗击西方资本主义列强入侵的第一次战争。尽管广大官兵英勇抗战，但由于清朝政府和将领的决策多变、指挥不善，以及武器装备的落后，已经无法与初步近代化的资本主义军队抗衡。这场战争的失败使中国逐步沦为半殖民地半封建社会，对中国的历史产生了深远的影响，极大地震撼了朝野，也促使国人开始反思和觉醒。

近代海军组建

第二次鸦片战争以后，清政府内部的洋务派主张利用西方先进的军事技术维护清朝统治。19 世纪 70 年代初，日本以琉球船民被害为借口，打着“保卫当地侨民”的旗号侵犯我国台湾，并向清政府勒索白银 50 万两。

这次事件引发了清末重要的国防要务讨论热潮，洋务派认为日本如此嚣张跋扈的底气是因为从西方学习了“坚船利炮”，总理衙门提出了建立新式海军、购置新式枪炮等六条建议，丁日昌拟出《海洋水师章程六条》，李鸿章则在这两个“六条”基础上写了著名的《筹议海防折》，上书提出变法图强的强烈要求。经过这次海防大讨论，近代海防思想基本形成，清政府正式决定创办近代海军。

丁日昌在《海洋水师章程六条》中提议建立新式海军，分为北洋、东洋、南洋三支：北洋海军负责山东、直隶海面，设提督于天津；东洋海军负责浙江、江苏海面，设提督于吴淞；南洋海军负责广东、福建海面，设提督于南澳。每支海军各设大型兵船 6 艘、炮艇 10 艘。

1875 年 5 月 30 日，慈禧太后谕令北洋大臣李鸿章创设北洋水师，并拨专门税款向英、德、法等国购买舰艇、炮械，还在福建马尾设船政、建船厂、设学堂，造舰育才，着手建立近代海军。经过近 10 年的努力，清朝初步建成北洋、南洋、福建 3 支海军，共有装甲舰、巡洋舰、炮舰、鱼雷艇等 100 余艘。后来广东和福建两省分别发展了自己的海军，于是形成了北洋、南洋、福建、广东 4 支海军。4 支海军在建制上互不统属，由于北洋海军由李鸿章督办，海军经费也优先供给这支海军，因此在 4 支海军中北洋海军实力最强，北洋海军的两艘铁甲主力舰定远、镇远由德国制造，吨位、马力在当时亚洲各国海军中都是最大的。

1883 年底，中法战争爆发。1884 年 4 月，法国舰队进犯中国东南

沿海，不久后进入福建闽江口，停在福建水师基地马尾军港，对福建水师进行监视。清政府对此视若无睹，仍幻想议和，根本未做任何有效的防御部署。法舰发起进攻，负责福建海疆事务及船政的大臣、负责指挥水师的副将全部遁逃，福建水师在失去指挥的情况下仓皇应战，军舰兵船或被击沉或被击毁，法舰随后炮轰福建船政局，福建水师全军覆灭。

1885 年中法战争结束后，清政府朝野上下深感海防重要，痛下决心要对旧式水师革新，组建新型海军，并提出“以大治水师为主”的方针，为了强化国家的海防实力，清政府决定设立总理海军事务衙门，并将重心放在优先扩充北洋海军上。这一决策的背后，蕴藏着对国家安全的深深忧虑和对未来海战的先见之明。1888 年 12 月 17 日，在位于威海卫的刘公岛上，北洋海军正式成立。这不仅仅是一个简单的军事仪式，更是一个国家海洋战略的重大转折点。

为了与国际接轨，北洋海军在成立之日便“参用西法”，颁布并施行《北洋海军章程》。这一章程的颁布，标志着中国海军开始走向现代化、正规化。此时的北洋海军已经拥有新旧各式舰艇共计 25 艘，阵容严整，威武雄壮。同时，在旅顺口、威海卫等战略要地，也建立了坚固的海军基地，为国家的海防筑起了一道坚实的屏障。然而，清政府深知，仅仅依靠现有的海军力量是远远不够的。于是，本着“用人最为急务，储才尤为远图”的方针，清政府开始大力兴办海军学堂，选派优秀的学生出国留学，以期培养出一批既懂技术又懂管理的海军人才。这一举措不仅为北洋海军的持续发展注入了新的活力，也为中国海军的未来奠定了坚实的基础。

在那个时代，日本一直是清政府眼中的主要对手。清政府深知，“日本近在肘腋，永为中土之患”。因此，建立新式海军的主要目的便是防范日本的侵略。北洋舰队的铁甲战舰在当时无疑是对日本海军的一大威慑。这些战舰不但装备先进、火力强大，而且训练有素、指挥得当。这也从侧面证明了北洋海军在那个时代的强大实力和重要地位。

清朝海军覆没

日军一直妄想“聚歼清舰于黄海中”，进而侵占中国领土，于是便在 1894 年 7 月 25 日突袭了清军的运输船只，甲午战争开始。8 月 1 日，中日两国宣战，战争在海陆两个战场全面展开。

9 月 17 日 11 时左右，日本联合舰队在大东沟海域列舰对北洋海军实施攻击，北洋水师 10 艘主战军舰立即排成雁行阵启舰迎敌，在黄海北部的辽阔海域上，中日两国的海军力量展开了一场惊心动魄的海战。黄海海战不仅是中国近代海军建军以来的最大规模海战，更是一次对国家荣誉和民族尊严的捍卫之战。

北洋水师在列阵迎敌的过程中，由于各舰航速的差异，形成了一种不规则的横队。其中，铁甲舰“定远”和“镇远”作为主力舰居中压阵，左翼依次排列着巡洋舰“靖远”、“致远”、“广甲”和“济远”，而右翼则是由巡洋舰“来远”、“经远”、“超勇”和“扬威”组成。这种迎战队形实际上使得“定远”和“镇远”两舰突前，承担着主要的抗击敌舰的任务。交战初始，北洋舰队的旗舰“定远”便遭遇了重创。飞桥被震塌，信号设备遭到破坏，使得全舰队的指挥中枢陷入瘫痪。指挥作战的丁汝昌摔伤，无法继续指挥，导致全舰队失去了统一的战场指挥。各舰只好各自为战，陷入了混乱的战斗局面。

与此同时，日本联合舰队则采用了机动战术，以“松岛”（旗舰）、“比睿”、“西京丸”等 12 艘战舰为核心，第一游击队和本队分别向左后方、右后方转向，对北洋水师实施了分割包抄的战术。这一战术使得北洋水师的雁阵队形被切断，陷入了腹背受敌的困境。在这场惨烈的战斗中，“致远”舰多处中弹，弹药用尽，舰身受伤倾斜。它在英勇驶向日舰“吉野”号的途中，不幸被鱼雷击中沉没。舰上的管带邓世昌等 250 名官兵壮烈殉国，他们的英勇事迹永载史册。另一艘“经远”舰也在管带林永升、大副陈策阵亡后中弹沉没，250 余名官兵罹难。这场海

战的惨烈程度可见一斑。此役虽然北洋水师遭受了重创，但官兵们英勇奋战、视死如归的精神，也让日本人领略到中国人的骨气和硬气。

在北洋水师的顽强攻击下，日舰损失极为惨重：“比睿”“赤诚”遭到北洋水师“来远”舰和“经远”舰重创，“赤城”舰长当场毙命，“西京丸”号受重伤退出战斗，旗舰“松岛”“杉岛”受重创瘫痪，“吉野”也丧失了再战能力。

海战进行了近 5 个小时后，北洋水师重新集结，准备再战。17 时 40 分，日军联合舰队司令伊东佑亨知道日舰实在“无力再战”，就发出信号集体败退，从东南撤出战场。北洋水师紧追敌舰五六千米后，也收队返回旅顺军港。至此，历时 5 个多小时的黄海海战结束。此战使北洋水师失去了黄海制海权，为中日甲午战争的最终失败种下祸因。

中日黄海海战的规模之大、时间之长、战斗之凶、兵力之多，“固为环球各国所罕闻”。黄海海战后，两艘主力铁甲舰“定远”“镇远”还在，北洋舰队仍是一支有实力的近代海军舰队。

1894 年 11 月 17 日，日军分海陆两路，进犯当时号称“北洋精华”的旅顺港。11 月 18 日，丁汝昌面见李鸿章，请求率北洋舰队驰援旅顺，欲与日军决一死战。但此时的李鸿章已把北洋舰队看作自己的势力和资本，坚持“避战保船”，严令北洋舰队躲进威海卫军港，不许出战。11 月 22 日，曾经“固若金汤”的旅顺港失陷，日军血洗全城，杀死城内平民 2 万余人。

旅顺战役是中日甲午战争中的一次重要战役，旅顺军港是清政府经营 15 年、花费千万巨资建成的北洋海军基地，旅顺失陷后，包括当时东亚最大船坞在内的全部军事设施、武器弹药都落入了日军手中，为清朝海军被动挨打和甲午战争彻底失败埋下了伏笔。

占领旅顺后，日军并未满足，他们迅速将目光转向了威海卫，意图彻底摧毁北洋舰队，以实现其在东亚的霸权野心。威海卫，作为北洋舰队的第二个重要基地，军事地位极为关键。这里不仅有坚固的炮台和

60门新式大炮，更有1万余名陆军守军严阵以待。北洋海军的铁甲舰、巡洋舰等20余艘战舰也停泊在此，原本应是一支不可小觑的海上力量。然而，遗憾的是，北洋舰队听命于李鸿章的消极指挥，选择了龟缩于港内，而不是主动出击。这种坐以待毙的战术决策，无疑为日军的进攻提供了极大的便利。日军抓住这一战机，迅速组织了强大的登陆部队，计划一举拿下威海卫。

1895年1月20日，日军的25 000重兵在荣成龙须岛成功登陆。他们凭借强大的兵力和火力优势，一路势如破竹，直逼威海卫城。经过激烈的战斗，2月3日，日军终于占领了威海卫城。至此，丁汝昌坐镇指挥的刘公岛彻底成了一座孤岛，北洋舰队陷入了绝境。在攻陷炮台后，日本用炮台的大炮集中轰击躲在军港里的北洋舰队，部分北洋军舰被击沉。5日凌晨，旗舰“定远”舰中雷搁浅，10日，“定远”舰弹药告罄，“定远”号管带（舰长）刘步蟾自杀。11日，丁汝昌宁死不降，自杀殉国。1895年3月17日，日军在刘公岛登陆，威海卫海军基地陷落，北洋海军在威海卫之战中全军覆灭。战役的失败，不仅使北洋舰队遭受了毁灭性的打击，也让中国的海防力量陷入了空前的低谷。日军的野心得到了进一步的膨胀，而中国的领土和主权则遭受了更加严重的威胁。

当时负责东南沿海一带的南洋海军实力远在北洋海军之下，1909年7月，南洋和北洋海军改编为巡洋、长江两支舰队，“南洋”海军和“北洋”海军的名称随之撤销。1911年1月，清朝海军在九江起义，不再为清廷卖命。至此，清朝海军从历史长河中消失，不复存在。

第八节　近代中国海军的重建

北洋水师后海军的艰难重组

北洋水师曾是清朝晚期中国最强大的海军力量。1888 年 10 月 7 日，清政府正式批准了《北洋海军章程》，标志着北洋海军的正式成立。这支新生的海军力量，在初建之时便展现出了富甲一方的实力，拥有大小舰艇共计 25 艘，展现了清政府对于海防建设的决心与投入。随着时间的推移，北洋舰队不断得到加强与扩充。后续的舰艇陆续调进，使得舰队的规模日益壮大。截至 1894 年甲午战争爆发前夕，北洋舰队的舰艇总数已经高达42艘，吨位更是惊人的45 000余吨，成了当之无愧的“亚洲首富”。这支强大的海军力量，无疑为当时的清政府带来了极大的虚荣与自信。

然而，命运总是充满了戏剧性。就在人们为北洋舰队的辉煌而欢欣鼓舞的时候，谁也未曾料到，这支曾经所向披靡、威震四方的庞大舰队，竟然会落得全军覆没、片甲不留的惨重结局。这场突如其来的变故，让无数人痛心疾首，也为中国的海防历史留下了深刻的教训。在同一时期，世界各国的海军建设也在如火如荼地进行着，尤其是日本，为了实施其野心勃勃的“大陆政策”，不惜大力扩充海军实力，投入巨额的资源与精力。这种疯狂的扩张行为，使得日本海军实力在短时间内便迅速超越了中国。这种超越不仅仅是在数量上的，更是在技术、战术以及战斗意志上的全面领先。这使得中国在面临日本侵略时，显得捉襟见肘、力不从心，最终导致了甲午战争的惨败。经过中法、甲午两次大战，特别是威海之战后，这支筹建30多年、耗费巨资建立起来的现代化海军基本不复存在，仅存“康济”一艘练习舰，辉煌不再。

1889—1895年，清政府闭关锁国、内部贪腐，加上西方列强的掣肘，中国近代海军的发展进入停滞阶段。这一阶段，元气大伤的中国海军规模缩减，装备相对落后，一艘战舰也未曾添过，南洋、福建、广东三支海军始终没能得到进一步发展，中国近代海军重建已成为迫切需要。

经过湖广总督张之洞、两江总督刘坤一、新疆巡抚陶模等有识之士的努力，1896年，清政府开始着手重建海军，以恢复北洋舰队为主，补充其他舰队为辅，主抓舰船的添置和人才的培养，中断多年的向海外派遣海军留学生工作得以恢复，选派第四批海军留学生计划得到批准。

在此期间，因清政府在沿海的港湾被列强或瓜分或强占，造船工业基本处于停滞瘫痪状态，财政经费空前拮据。当时有不少船场倒闭，江南、马尾、大沽等造船厂只能勉强造些小吨位的运船、拖船。1905年，清政府把江南制造总局划分为江南船坞和江南制造局，江南船坞造船用的原料、机器和舰船上的武器弹药都是从外国买来的旧品。中国海军重建工作就在如此严峻的形势下展开，舰船的购置主要依靠从西方列强进口，先从德国购入“海荣”号、“海筹”号和“海琛”号3艘穹甲防护巡洋舰，又从英国购入“海天”号和“海圻”号2艘穹甲巡洋舰，北洋海军的实力得到了初步恢复。

1896年5月，清政府向德国订购的3艘巡洋舰陆续抵达大沽，最后一艘来华的是“海琛”号，此后这艘战舰一直是清末的主力舰之一。史料显示，“海琛”号官兵军服规范、阵容齐整，俨然已是一支现代军队。

1897年夏天，清政府向英国订购的“海天”“海圻”号巡洋舰到达大沽。在我国近代海军史上，这两艘二等巡洋舰是仅次于“定远”“镇

远”的大吨位军舰，是海军复兴的核心力量。“海天”号巡洋舰模型如图 1-6 所示。

图 1-6　“海天”号巡洋舰模型

海军重建由总理衙门负责，海军被重新调整合并，组成了巡洋、长江两支舰队，清政府又在陆军部设海军处，使海军的管理、指挥实现了统一。

清末海军的最高军政长官为海军大臣，1909 年，光绪帝的弟弟载洵被任命为当时的“筹办海军大臣”，他也是清朝历史上最后一任海军大臣。为加快海军重建工作，载洵远赴欧美考察各国海军发展情况，同时选派 23 名年轻海军军官和海军学生随行前往英国留学，学习制造军舰和炮械。载洵一行在考察过程中，发现了一支特殊兵种部队“海军陆战队”，用于执行登陆作战和保卫沿岸海军基地、港口等任务，不久，山东烟台就有了中国第一支海军警卫队。

值得一提的是，1910 年英皇加冕，清政府派巡洋舰队统乘“海圻”舰前往祝贺，这是中国海军历史上的首次全球航行。

中国军舰从上海起航，经台湾海峡、南海驶出国门，穿过印度洋、红海，过苏伊士运河进入地中海，经直布罗陀海峡驶入大西洋，完成了对大西洋的首次跨越，到达纽约，首次访问美国本土。饶有趣味的是，这次航行的“海圻”号从中国出发时悬挂的是清王朝的龙旗，返航回来时，悬挂的却是民国政府的五色旗。

在航行期间，“海圻”号接到了墨西哥排华的消息。墨西哥、古巴等国排华运动发生于 1911 年，墨西哥更是出现了托雷翁大屠杀，“海圻”号奉命前往，承担护侨示威的任务。清朝政府显示出维护侨民权益的坚定决心，最终迫使墨西哥政府赔礼道歉。

军阀混战时四分五裂的海军

从 1911 年到 1927 年，中国先后发生了辛亥革命、护法战争和军阀混战等重大事件，中国海军不可避免地被卷入内战，海军内部也逐步形成了闽（福建）、粤（广东）、东北三个派系，派系间斗争激烈。在这种长期混战和内战状态下，海军不时损耗，实力根本无法扩充，进入四分五裂阶段。

武昌起义的时候，晚清政府海军将士大多倾向革命或加入革命军的行列。1911 年辛亥革命胜利，1912 年中华民国北京政府成立，在中央各部中设立了海军部，刘冠雄出任海军总长。

刘冠雄原本是清末海军将领，后来在辛亥革命中担任上海军政府海军顾问，他担任海军总长后，对海军进行了全面建设，主要集中在建章立制、编练舰队、完善海军教育、发展海军装备等几个方面。特别是在装备建设方面，刘冠雄努力筹措资金，对清政府在国外订造却尚未造成或未付清款项的军舰，如“应瑞”“肇和”等巡洋舰、“永丰”“永翔”等炮舰和“长风”级驱逐舰等，全部予以接收。同时他建造了近海巡防用炮艇和装甲巡洋舰、巡洋舰等新舰，并努力发展新式装备，在陆地上建设长波电台，在军舰上分设无线电台，完成了中国军舰通信的无线电

化，使中国军舰迈入无线电时代。

当时正值第一次世界大战期间，刘冠雄利用对德国宣战的机会，俘虏了当时在中国的德国海军军舰，同时将查扣没收的德国、奥匈商船编入海军，充实了中国海军力量。刘冠雄特别重视海军教育，在整顿海军教育设施的基础上，制定了海军大学、中学、小学三级教育体系，继续推行海军留学生政策，在中国近代海军教育史上起到承上启下的作用，为民国时代中国海军奠定了人才基础。

值得一提的是，刘冠雄对航空和潜艇，尤其是海军航空格外关注，设立了飞机制造厂和航空学校，建造了第一批海军飞机，培养了中国第一批海军航空人才。

北伐战争胜利后，中华民国南京政府成立，将此前的北京政府取而代之。南京政府建立之初并没有设立海军部，在海军将领的抗争下，1929 年，南京政府组建了“海军部”，原北京政府海军总司令杨树庄任海军部长，之后由陈绍宽继任。此时的海军以闽派中央海军为主，海军部归并了原来的海军院校，设立了海军大学，福建马尾的海军学校和马尾军港也得以保留。海军部原本决定在浙江象山建设大型军港，后来因为抗日战争爆发而不了了之。

抗日战争时民国政府的海军

南京政府建立不久，中国便面临日本全面侵华。1931 年 9 月 18 日，日本发动九一八事变占领东北，中国开始全面抗战。在全面抗战初期，中国海军在长江及各海口进行抗战，几乎拼光了全部主力舰艇。

在 1937 年 8 月开始的“江阴保卫战”中，中国海军孤注一掷地沉船封江，对敌军进行阻塞，一共自沉老旧军舰与商轮 43 艘，合计吨位 63 800 余吨。这是中国海军史上规模最大的一次集体自沉，其中包括不少有名的舰艇。

1937 年 9 月 22 日和 23 日，日本海军轮番轰炸中国海军及岸上阵地，上百架飞机围攻“宁海”“平海”两艘战舰，将其击伤、击沉，又于两日后攻击中国海军其他舰只。

在这场惨烈的战斗中，中国海军赖以存在的数艘主力舰“宁海”“平海”“逸仙”“楚有”“建康”“应瑞”悉数被敌军击沉。1937 年 9 月 25 日夜，“海圻”“海容”“海筹”“海琛”4 艘名舰进行了最后一次航行，在封锁线后方完成集结，静静地打开海底门沉入长江，成为江阴堵塞线的组成部分，为抗战发挥了最后的力量。沉船封江后，中华民国海军主力“宁海”“平海”“逸仙”“应瑞”以及“海圻”“海容”“海琛”“海筹”共计 8 艘巡洋舰在封锁线后方布防。当时有“海上黄埔军校”之称的江阴海军电雷学校，在江阴海战中主动出击，组织了“岳飞”“史可法”“文天祥”三个中队，配合中国空军对敌舰进行攻击。这也是 1894 年中日甲午海战以来，日本海军舰队首次遭到中国的攻击。中国军舰与要塞两岸对空火力织成密集的火网，数次击退了突袭的日军。

12 月 2 日，江阴要塞失守，10 天之后，日军残暴地实施了惨绝人寰的“南京大屠杀”。抗日战争期间，江阴保卫战是罕见的陆海空三栖立体作战，也是中日唯一一次大规模海军战役。

中国海军坚守江阴要塞，奋战至最后一刻，自甲午战争以来建造的船只几乎损失殆尽。但在激烈的战火中，中国海军展现出了顽强的抗敌精神。他们英勇奋战，不畏强敌，在这次战役中先后共击落了 20 余架敌机，击沉了敌舰 2 艘，击伤了包括日本侵华海军旗舰“出云号”装甲巡洋舰在内的 10 余艘敌舰。这场战斗充分证明了当时海军的勇气和实力，他们用自己的行动捍卫了国家的尊严和领土的完整。

江阴海战后，中国海军已经虚弱不堪，但他们并没有放弃抵抗。他们退入长江内地，利用仅剩的少量炮舰在内河与内湖布雷进行防御。他们深知，一旦让日军利用河道将船舰、军队及补给深入中国内部，后果将不堪设想。因此，他们不惜一切代价，尽力阻挠日军的进攻计划，为保卫家园做出了巨大的贡献。然而，当时的南京政府为了节省经费，竟

然将海军部降为中华民国海军总司令部。这一决定无疑是对中国海军的沉重打击，使得他们的处境更加艰难。

全面抗战期间，中国海军建设停滞不前，在中国近代海军发展史上，1928—1945 年这一阶段几乎是一段空白时期。这一时期的东北海军的葫芦岛海军学校、广东海军的黄埔海军学校和江阴电雷学校撤到四川万县（今重庆市万州区），在完成应届学生教育后停办，只有海军部的海军学校撤到贵州桐梓后继续办学，才使中国海军教育得以薪火相传。

1945 年抗战胜利后，中国海军接收了数十艘日本降舰，美国也赠与了 20 余艘登陆舰和数艘护卫舰。利用这些“赠舰”和聘请的美国“顾问”，中国海军得以重建。1946 年 7 月 1 日，海军署被蒋介石国民党政府撤销改编为“中华民国海军总司令部”，隶属于中华民国国防部。蒋介石发动内战后，中华民国的海军舰队多次海战失利，大部分海军不认同蒋介石政权的内战政策，纷纷起义倒戈，加入中国人民解放军海军队伍。只有部分海军舰艇跟随蒋介石国民党政府溃逃台湾。国民党统治土崩瓦解，蒋介石政权撤往台北，国民党海军分别由舟山群岛、海南岛撤退到台湾地区。国民党海军的全面溃败，标志着从 1840 年至 1949 年，百余年中国近现代海军史就此结束。

回眸历史，近现代中国缺乏现代化的造船技术和设备，这使得其难以建造和维护先进的军舰和船只。此外，近现代中国还面临着政治动荡和社会不稳定的问题，这进一步限制了其在海军建设方面的投入和发展。由于缺乏先进的教育和培训机制，近现代中国很难培养出具备现代化海军知识和技能的人才。这种情况直到中华人民共和国成立后才得到了显著改善。中华人民共和国成立后注重培养高素质的海军人才，建立了多所海军院校和专业培训机构，为海军建设提供了有力的人才保障。

第二章

中外“大航海时代”的变革

15—17 世纪中叶，是欧洲国家探索、发现和殖民新大陆的历史时期，这一时期的大航海时代热潮，让一个一个欧洲国家通过远洋航行，打开了通往亚洲各国的贸易路线，他们带回了丝绸、瓷器等中国特产，欧洲市场刮起了东方之风。这些贸易活动不仅给欧洲带来了巨大的经济利益，还刺激了欧洲国家对于古老东方财富的觊觎。

与之相反的，中国在大航海时代并没有像欧洲国家那样积极进行海外扩张和殖民，而是沿用祖宗之法不可变，实行严格的海禁政策，限制海外贸易和航海活动，妄图以之维护国内秩序和安全。虽然有一些中国商人和航海家参与了海上贸易和探险活动，但他们的规模和影响力持续时间不长，整体影响较弱。大航海时代虽然也对中国产生了一定的影响，但是这种方式的探险活动，并没有加强中国与外部世界的联系和交流，也几乎没有推动中国文化和科技的传播。

面对茫茫大海，航海家需要克服的不仅仅是技术上的难题，更有心理上的恐惧。然而，正是这份探索未知的勇气，推动着他们不断前行。从迪亚士绕过好望角到达印度洋，到达·伽马成功开辟通往印度的海上航线，再到哥伦布发现美洲新大陆，以及麦哲伦率领船队完成人类首次环球航行，这些伟大的航海家都用自己的行动证明了人类探索未知大海的勇气与决心。他们的探险活动不仅为后世留下了宝贵的地理知识，更激发了人们对未知世界的无限遐想。这种勇于探索、敢于挑战的精神，也成了大航海时代最为宝贵的财富之一。

新航路的开辟使得欧洲各国的航线得到了极大的拓展。葡萄牙、西班牙、荷兰、英国等欧洲国家纷纷加入海外扩张的行列，建立起了庞大的殖民帝国。这些航线的拓展不仅促进了欧洲与亚洲、美洲之间的贸易往来，还推动了欧洲文化的传播。欧洲国家无序的海外扩张，也使得海洋逐渐成了国家间争夺的重要战略资源。在这一背景下，“海权论”应运而生。这一理论认为，控制海洋是控制世界的关键所在。因此，欧洲国家纷纷开始重视海军的建设与发展。英国、西班牙、荷兰等国都建立起了强大的海军力量，以维护自己的海上利益。这些海军力量不仅在战争中发挥了重要的作用，还在和平时期成了国家间力量对比的重要标志。同时，海军的发展推动了造船技术、航海技术以及海上战术的不断进步与创新。

总而言之，大航海时代新航路的开辟及近代海洋事业是人类历史上一段充满探索与发现的伟大历程。在这一过程中，科学技术的重要性得到了充分的证明，人类探索未知大海的勇气也得到了充分的展现。同时，欧洲各国航线的拓展与文化的传播、近代“海权论”的兴起以及大国海军的成长历程都是这一时期不可或缺的重要组成部分。它们共同构成了大航海时代的壮丽画卷，也为后世留下了宝贵的财富与启示。

第一节　郑和下西洋

明朝造船技术发达

明朝建立之初，明太祖励精图治，农业经济得到恢复，手工业有了很大发展，中国的丝织品、瓷器受到西洋诸国的欢迎。明朝政府积极主动地与藩国发展邦交关系，外交活动频繁，为明朝海外活动创造了十分有利的条件。

明朝时期的造船技术有了长足发展，明初建立起了规模庞大的官营造船业，造船工场分布广、规模大、配套全，有南京龙江船场、淮南清江船场、山东北清河船场等造船场，各种船只已完全定型，船型种类和名目繁多，最著名的是福船、沙船、广船，被称为中国古代三大船型。福船模型与明朝的大海船模型如图 2-1 所示。

图 2-1　福船模型（左）与明朝的大海船模型（右）

在中国古代的造船业中，三大船型各具特色，各有其独到之处。首先，沙船以其方头、方梢和平底的独特设计脱颖而出，它的吃水相对较浅，长宽比例颇大，这使得它在浅水区域航行时表现出色，稳定而灵活。而广船则以其折扇形的风帆而著名。这种设计不仅美观，更重要的是，中线面处的插板能有效减缓船只的摇摆，为航行提供了更大的稳定性。在风浪较大的海域，广船的这一特性使其成为航行的优选。另外福船的设计则显得尤为雄伟。“高大如楼，底尖上阔，首尾高昂”，它是尖首尖底船型的杰出代表。福船不仅外观引人注目，其应用广泛性和影响力更是无与伦比。值得一提的是，郑和下西洋时所乘的宝船，正是采用了这种福船的设计，足以见证其在中国古代航海史上的重要地位。大海船载重量非常可观，备有充裕的食品，可载客千余人，生活洗漱设施一应俱全，还种植有观赏盆景，环境非常舒适，甚至可以在船上养猪、酿酒、种菜、种药材。

明朝时期，中国的造船业达到了一个新的高峰。这一时期，众多先进的造船技术得到广泛应用，如水密隔舱、车船、平衡舵、开孔舵等，它们共同推动了明朝造船业的蓬勃发展。特别值得一提的是，海船的船壳结构采用了搭接法，形成了如同鱼鳞一般的紧密结构，这种结构被形象地称为“错装甲法”。由于船壳板联结紧密严实，整体强度高，有效防止了漏水情况的发生，造船工艺达到了我国古代造船史上的巅峰状态。当时已经能够建造出五桅战船、六桅座船、七桅粮船、八桅马船以及九桅宝船等多种船型。这些船型不仅丰富了我国的海洋文化，更在航海、贸易、战争等领域发挥了巨大作用，成了中国古代造船业的璀璨瑰宝。

明初国势强盛、贸易发达，迫切希望与海外各国加强联系、扩大海外贸易往来。洪武二十二年（1389），明太祖朱元璋在位期间为了更好地掌握和管理大明王朝的辽阔疆域，特别颁旨命令绘制一幅详尽的地图——《大明混一图》。这幅地图以大明王朝的版图为核心，其范围之广令人惊叹：东自日本列岛起始，向西一直延伸至遥远的欧洲大陆；南

至爪哇等东南亚诸岛，北至广袤的蒙古草原。在这幅宏伟的地图上，明朝及其周边地区的各级居民地、山川地形、河流走向以及它们之间的相对位置都被精心标注，构成了一幅细致入微、气势磅礴的地理画卷。《大明混一图》不仅展现了明朝对世界地理的深刻认识，更体现了当时中国在地图绘制技术上的卓越成就。它以其巨大的尺寸、悠久的年代和保存完好的状态，成为我国现存的最古老、最完整且由中国人自己绘制的古代世界地图。这份珍贵的地图不仅见证了明朝的辉煌，也为后人研究当时的历史地理提供了宝贵的资料。

与此同时，明朝在航海领域也取得了显著的进步。航海知识的不断增加、造船业的蓬勃发展、罗盘的广泛使用，以及大量航海经验的积累，都为明朝进一步拓展海外贸易奠定了坚实的基础。此外，明朝还培养了大批熟练的航海水手，他们凭借丰富的航海经验和精湛的航海技术，勇敢地驶向未知的远方，为明朝的海外贸易和文化交流开辟了新的道路。

明成祖朱棣决定组织一支强大的船队前往“西洋”诸国，并于永乐元年（1403）派人出使古里、满剌加，又于第二年派人出使爪哇和苏门答腊。永乐三年（1405），明成祖派遣郑和，开始了七下西洋之旅。

郑和航海的技术支撑

明永乐三年六月十五日（1405 年 7 月 11 日），受明成祖派遣，郑和率宝船 63 艘出使西洋，也就是今天文莱以西的南洋各地和印度洋沿岸一带。郑和船队的规模空前，有很多附带船只，“统领官兵数万，海船百余艘”，随行的水手、官兵、翻译、采办、工匠、医生等人员有 27 800 余人之多，队形编排严整有序。如此庞大的出行队伍，在世界航海史上从未有过。

郑和出使西洋时正值明朝鼎盛时期，社会安定、国力雄厚，具有先进的造船和航海技术。明朝的造船技术达到了我国古代造船史上的最高水平，从郑和乘坐的大船可见一斑。

郑和所乘船只采用福船船型，船上有桅杆 9 根，船帆可以挂 12 张，船长约 150 米、宽约 60 米，排水量超过万吨，可以承载千人。全船分为上下四层，两侧有护板，下层装土石压舱，第二层是兵士的住处，第三层是操作舱，最上面一层一般用来作战。在 600 年前的风帆时代，全世界能造出这种超大船舶的非中国莫属，这种船也因此被称为“宝船”。郑和“宝船”模型如图 2-2 所示。

图 2-2 郑和“宝船”模型

郑和率领的庞大船队在海上常年行驶，主要依靠“过洋牵星术”和“海道针经”这两项先进的航海技术。这两项技术并称中国古代航海技术的两大瑰宝，它们在当时被誉为最先进的航海导航方法。

所谓“过洋牵星术”，其实是一种天文导航技术。因为北半球相同纬度下北极星的高度一致，所以根据北斗星就能辨别方向，通过北斗星和海平面的夹角高度，就能确定航海中船舶所处位置及航行方向。

“牵星术”所用的工具叫“牵星板”，是一套由 12 块硬木制成的正方形木板组成的巧妙工具，这些木板的边长从最大到最小依次递减 2 厘米。最大的一块边长约 24 厘米，而最小的一块边长仅有 2 厘米。这套工具的设计原理基于天文观测，通过测定特定星星的高度，船员可以判断船舶的位置和方向。这种观测定位方法精确度高，在没有现代定位设备的古代，显得尤为重要。

而“海道针经”则是一项地文航海技术的杰作，它依赖丰富的海洋科学知识和详尽的航海图。船员运用航海罗盘、计程仪、测深仪等精密航海仪器，结合海图和针路簿的记载，来确定航行路线。这种技术中的“针路”是指确定的航行线路，而罗盘的精确度更是令人惊叹，其误差不超过 2.5 度，这在当时无疑是一项卓越的成就。

郑和船队在航海过程中，巧妙地将航海天文定位与导航罗盘应用相结合。白天，他们依靠精确的指南针导航；而到了夜间，则通过观察星斗和使用航海罗盘定向的方法来保持航向。这些方法综合应用不仅提高了测定船位和航向的精确度，更实现了在航行中的“全球定位”技术，使郑和船队能够在茫茫大海中准确前行。这些先进的航海技术和工具，如计程仪、测深仪、海图、针路簿等，都是当时航海技术的杰出代表。它们不仅展示了中国古代在航海领域的卓越成就，也为后世的航海事业奠定了坚实的基础。

昙花一现的“大航海”

从永乐三年（1405）至宣德八年（1433），郑和历时 28 年，七次奉旨率船队远赴西洋，从西太平洋穿越印度洋，直达西亚和非洲东岸，“涉沧溟十万余里”，足迹遍及东南亚、南亚、印度洋沿岸、非洲等 30 多个国家和地区，重要航线有 56 条，航线总长 1.5 万英里（1 英里 ≈ 1.61 千米）。

前三次航行，郑和的船队主要到达了印度以东地区，最远到达古代东西方海上贸易的重要港口古里，第四次开始到达西亚、东非地区。对于 15 世纪的世界各国来说，郑和船队的船舶之巨、航路之广、航技之高，都是无与伦比的。英国学者的研究表明，规模宏大、组织周密的郑和船队是当时最大、最完备的船队，甚至超过了当时整个欧洲的海军。

郑和七次大西洋探险航行，时间长、规模大、范围广，使中国古代航海技术得到进一步完善，航海活动水平空前强大，达到了当时世界航海事业顶峰。

航海过程中与“大小凡三十余国”开展交流与贸易，打破了国家间相互隔绝的状态，促使明朝与亚非国家建立了友好关系，发展了睦邻友好、和平外交政策，密切了中国与世界的联系，中国先进的文化和古老文明得到进一步传播。同时，维护了海洋安全，稳定了边境和周边环境，对发展中国与其他国家的友好关系做出了巨大贡献。

郑和下西洋这一大规模航海活动对世界各国的影响也非常深远。在航海过程中，郑和船队开辟了新的海上交通路线，贯通了太平洋西部与印度洋等大洋的直达航线，扩大和加强了太平洋和印度洋之间的海上交通与联系，开拓了“海上丝绸之路”，完善了印度洋航路，形成了系统完善的海上交通网络，增强了亚非之间的海上交通与联系，增进了中国与亚非各国之间的物资交流、人员交往并建立了友好关系，引发了世界各国的海上贸易新高潮。

第二节　欧洲各国航线的拓展与文化传播

葡萄牙航海与达·伽马印度航线

15 世纪初，郑和第一次下西洋为世界航海史上最繁华的时代拉开了序幕。自此，人类开始进入波澜壮阔的“大航海时代”。

在中国航海业迅速发展的时候，欧洲也开始了对外探索的步伐。早在中世纪晚期，欧洲探险队便开始了他们跨越欧亚大陆的壮丽征程，向着神秘而富饶的亚洲进发。在这些探险家中，马可·波罗无疑是最为耀

眼的一颗明星。他的旅行从 1271 年持续到 1295 年，期间穿越了整个欧亚大陆，最终抵达了大陆的最东端。马可·波罗以他独特的叙事方式，将这段充满奇遇和惊险的旅程详细记录在《马可·波罗游记》中。这本书在欧洲迅速传播开来，其影响之深远难以估量。书中描绘的亚洲是一个遍地黄金、繁荣富庶的天堂，这一形象激发了西欧社会对东方的无尽向往和掠夺欲望。为了找到通往东方的新航路，无数冒险家前赴后继，其中尤以西班牙、葡萄牙等大西洋沿岸国家的热情最为高涨。

就在郑和开始下西洋之旅后不久，葡萄牙人也踏上了探索非洲西海岸的征程。在亨利王子的组织领导下，他们勇敢地向南远航，经过长期不懈的努力，先后发现和重新发现了大西洋中的多个海岛，包括亚速尔群岛、马德拉群岛、加那利群岛、佛得角群岛以及几内亚湾的比奥科岛等。然而，葡萄牙人的探险活动并非纯粹的科学探索或商贸交流，在寻找黄金、贩卖黑奴等物质利益的驱使下，他们的航海大发现逐渐演变为残酷的殖民统治和压迫。在进行探险和商贸的同时，葡萄牙人也进行着殖民、掠夺、掳人等活动，野蛮而狂热地扩张殖民地。

在当时欧洲人的认知中，世界的尽头是博哈多尔角，一个充满神秘与恐怖的地方。那里暗流涌动、荒凉无比，因此被称为“死亡之角”。在中世纪的欧洲地图上，博哈多尔角附近的海域甚至被画上了一只魔鬼的手，象征着危险与未知。然而，正是这些未知与危险，激发了欧洲探险家勇往直前的探索精神。公元 1434 年，葡萄牙航海者吉尔·埃阿尼什首次越过了令人恐惧的博哈多尔角，发现了博哈多尔角以南至非洲南端数千千米的西非大陆海岸线，开启了大航海时代。

1487 年，迪亚士受葡萄牙国王派遣，沿着西非海岸南下，去寻找非洲大陆最南端。在途中，迪亚士遭遇暴风，后来返航时才知道，当初遇到暴风的地方是地处非洲最南端的厄加勒斯角和西南端的“风暴角”，“风暴角”后来被改名为“好望角”。被推离海岸线向南漂流了 13 天后，风暴停止，迪亚士的船队向东航行没能找到南北走向的非洲大陆海岸，于是转向北航行。1488 年 2 月 3 日，海岸线再次出现，船队进入非洲南端的莫塞尔湾，从海湾继续向东，海岸线逐渐转向东北方向的印度。这说明船队已成功绕过非洲大陆南端的全部海岸，打通了前往印度的新航线。

迪亚士虽然探索出了新航线，却没能真正开通。于是，达・伽马奉葡萄牙国王的命令，继续寻找新航线。1497 年 7 月 8 日，达・伽马率领船队启航，12 月 10 日绕过好望角继续北上。1498 年 1 月，当达・伽马船队成功抵达东非莫桑比克海域时，他们不仅开拓了一条新的航线，更在人类航海史上书写了浓墨重彩的一笔。这次航行标志着大西洋与印度洋之间首次实现有史可查的深度连接，打破了地域的隔阂，为东西方贸易和文化交流揭开了新的篇章。

达・伽马船队利用印度洋上半年特有的西南季风，一路乘风破浪，直达印度海岸。1498 年 5 月 20 日，他们终于抵达了中转目的地——印度。船队停靠在印度西南海岸最繁华的海港城市卡雷卡特，这里不仅是印度的重要贸易枢纽，更是文化交融的胜地。值得一提的是，这个港口在半个多世纪前，也曾迎接过中国伟大航海家郑和的船队。郑和在这里留下了和平与友好的种子，为后来的东西方交流奠定了坚实的基础。在印度停留 3 个多月后，1498 年秋天，达・伽马带着众多香料和珠宝离开印度，1499 年 9 月回到了葡萄牙。

达・伽马航海开辟了一条从欧洲到印度和远东的航线，促进了欧亚商业关系的发展，使得陆上丝绸之路不再是欧洲通往东方的唯一途径。印度航线开通后，葡萄牙控制着这条东方贸易新航线，登上了海上超级霸主地位，财富滚滚而来，经济迅速崛起，一跃成为欧洲最富有的国家之一。这条航路的通航，也是葡萄牙和欧洲其他国家在亚洲从事殖民活动的开端，欧洲殖民掠夺自此开启，葡萄牙迅速在印度周围建立起强大的殖民帝国。

哥伦布的“新发现”和南北美洲

当葡萄牙沿非洲西海岸向南大西洋挺进，绕过非洲开辟了去往东方的新航路时，西班牙人也不甘落后，酝酿和筹划着由西欧向西横渡大西洋到达印度、亚洲东海岸，开辟出另一条去往东方的新航路。这一计划的实施者就是克里斯托弗·哥伦布。

意大利人哥伦布自幼热爱航海冒险，移居到当时西欧的航海探险中心葡萄牙后，他的人生也发生了重要转折。葡萄牙首都里斯本是当时欧洲和地中海一带重要的贸易城市，也是当时欧洲航海中心，葡萄牙航海家达·伽马就是从里斯本出发到世界各地探险的。在里斯本的日子里，哥伦布如饥似渴地学习着与航海相关的知识。他深入研究了天文学、地理学、水文学以及气象学，这些学科为他后来的远航提供了坚实的理论基础。他不仅掌握了观测星辰、计算航程和绘制地图等远洋航行必备的技术，还积累了丰富的航海经验。更值得一提的是，哥伦布与他的弟弟在里斯本共同开设了一家地图和海图制售店。这一经历不仅加深了他对地理空间的理解，还使他更加熟悉航海所需的各类图表。这些知识和技能的积累，无疑为他日后的远航做了充分的知识储备。

到了 15 世纪 80 年代初期，哥伦布已经因为经常跟随船队一起航海而声名远扬。他的航海范围遍布欧洲各大海域，见识之广、经验之丰富，在当时的欧洲航海家中都是罕见的。这些经历不仅锻炼了他的航海技能，更培养了他坚韧不拔的探险精神。哥伦布逐渐成为当时最杰出的航海家之一，为后来的伟大发现奠定了坚实的基础。他广泛阅读各类与航海相关的书籍，并对《马可·波罗游记》中记载的东方世界非常向往，尤其想去往印度和中国。远航探险耗资巨大，哥伦布制订了西航探险计划后，便先后向葡萄牙、西班牙、英国、法国、意大利等国的王室寻请支持和资助，可惜都惨遭拒绝。当时的“地圆说”已非常盛行，哥伦布也深信不疑。为了将向西远航到达东方国家的计划付诸实施，哥伦布到处游说了十几年，最终西班牙王后慧眼识珠，她说服国王，甚至要拿出自己的私房钱资助哥伦布，哥伦布的计划才得以实施。哥伦布首航航船如图 2-3 所示。

图 2-3　哥伦布首航航船

1492 年 8 月 3 日，哥伦布受西班牙国王派遣，率领由三艘帆船组成的探险队从西班牙巴罗斯港出发，出大西洋向正西驶去。这次航行的目的地是印度和中国，哥伦布还带着西班牙国王给印度君主和中国皇帝的国书。哥伦布乘坐的船重约 120 吨，船上配有各种火炮、长枪等武器装备和充足的食品物资，另外两艘船的载重则都在 60 吨左右。探险队还带有眼镜、针线、铅球等小百货，便于进行贸易。

在艰苦航行了 70 多个昼夜后，1492 年 10 月 12 日凌晨，船队终于发现了陆地。哥伦布以为登上的那块土地就是印度，将其命名为“圣萨尔瓦多”。事实上，哥伦布发现的那块土地属于现在的巴哈马群岛，按地理学划分，属于北美洲。

1493 年 3 月 15 日，哥伦布首航结束返回西班牙，并认识了一个叫亚美利哥的意大利学者。之后哥伦布又三次重复向西航行，登上了美洲的许多海岸。一直到 1506 年逝世，哥伦布都坚信自己横渡大西洋后所

到达的地方就是亚洲的一部分，亚美利哥则对此表示怀疑，并决定亲自去进行实地考察。

1497—1498 年和 1499—1500 年，亚美利哥受到西班牙国王的资助，进行了两次航行。在 1499—1500 年的航行探索，更是对自我极限的挑战。当 16 世纪的曙光初现，葡萄牙在航海领域的探索取得了重大突破。1500 年，他们惊喜地发现了巴西这片新大陆，这无疑是一个激动人心的时刻。然而，葡萄牙国王曼努埃尔一世面临着一个关键问题：新发现的巴西究竟位于教皇子午线的东侧还是西侧？这个问题的答案不仅关乎领土归属，更对葡萄牙未来的航海战略具有深远影响。

在这个关键时刻，亚美利哥的名字被提及。他在美洲的经度测量经验使他成为解决这个问题的理想人选。葡萄牙国王果断地派遣亚美利哥再次出航到美洲，希望他能够运用自己的专业知识和技能，为葡萄牙指明方向。亚美利哥的再次航行不仅是对他个人能力的考验，更是葡萄牙对航海事业的巨大投资。1500 年 7 月，亚美利哥从美洲回来后就投奔葡萄牙。1501 年 5 月，亚美利哥随船队启程，这次他是代表葡萄牙出航，经过佛得角群岛后到达南美洲。

亚美利哥一生共进行了 4 次远渡大西洋航行，最后一次航行据记载是在 1503—1504 年。之后他又回到西班牙，并在 1506 年被西班牙国王任命为“总舵师”，他担任这一职位直到 1512 年在西班牙的塞维利亚去世。

亚美利哥初次踏上美洲大陆时，哥伦布早已在美洲活动了好多年。但亚美利哥在经过实地考察后认为，哥伦布到达的那些地方并不是印度或亚洲的一部分，而是一个不为人知的“新世界”，是一方全新的大陆。因此，这块大陆的“发现者”虽然是哥伦布，最终却被地理学家以“亚美利哥”来命名，这就是后来的美洲大陆。

哥伦布航行到大西洋彼岸找到新的大陆，亚美利哥指出这块大陆是一个全新的世界，欧洲自此迎来了革命性的变化。

麦哲伦的“拥抱地球”全球之旅

葡萄牙航海活动进行得如火如荼时，1480 年在葡萄牙北部一个破落骑士家庭，麦哲伦出生了。10 岁时，麦哲伦被父亲送入王宫充当王后的侍童，16 岁时又被编入国家航海事务所，开始熟悉各项航海事务。

1505 年，葡萄牙第一任驻印度总督阿尔布奎克组织的远征队，无疑是一个勇敢而野心勃勃的探险团体。年轻的麦哲伦，仅 25 岁，便毅然加入了这支队伍，随队前往东部非洲、印度和马六甲等地，开展了一系列惊心动魄的探险和殖民活动。在这一过程中，他不仅积累了丰富的航海经验，更在与阿拉伯人的贸易争夺战中三度负伤，展现出了惊人的勇气和坚韧。当船只触礁，处于生死存亡的危急关头时，麦哲伦更是挺身而出，带领幸存的海员坚持等待救援。他的卓越领导才能和顽强精神在这次危机中得到了充分体现，因此他被提升为船长并留在了印度。此后，他便在印度和东南亚一带广泛游历和探索，不断拓宽自己的视野，丰富自己的经历。

与此同时，哥伦布发现了美洲新大陆，达·伽马也从印度成功返航并带回了巨额财富。这些伟大的航海成就激发了麦哲伦的雄心壮志。他坚信地球是圆形的，并通过实地探索了解到东南亚群岛东面是一片广袤的海洋。他大胆地推测，那片大海的东面便是哥伦布发现的美洲大陆。为了验证这一猜想，他决定进行一次前所未有的环球探航。然而，当麦哲伦在 1513 年回到葡萄牙向国王提出组织船队进行环球探险的请求时，却并没有得到积极的回应。这并没有打消他的决心，反而使他更加坚定地追求自己的梦想。1517 年，他离开葡萄牙投奔了西班牙塞维利亚城的要塞司令，并得到了西班牙国王的支持。

1519 年 9 月，麦哲伦终于率领由 5 艘船只和 200 多名船员组成的船队从西班牙塞维利亚城出发，开始了他的环球远洋探航之旅。这次航行并非无偿资助，而是他与西班牙国王签署了一份远洋探航协定。根据

协定，西班牙提供航海所需的船只和费用，而麦哲伦则承诺将新发现的土地全部归西班牙国王所有。作为回报，麦哲伦可以担任新发现土地的总督，并享有土地收入的 1/20。此外，西班牙国王还派遣皇室成员作为船队副手以监督麦哲伦的行动。这次环球探航不仅是对麦哲伦个人勇气和智慧的巨大挑战，更是人类航海史上的一个重要里程碑。它标志着人类对地球形状和海洋世界的认知进入了一个新的阶段。

船队在海上漂泊了 2 个多月，越过大西洋抵达巴西海岸，然后沿海岸继续向南航行，于 1520 年 1 月抵达一个宽阔的大海湾，也就是今天乌拉圭的拉普拉塔河出口处。船员们原本以为这里就是美洲南端，可以由此进入大洋，结果发现海水变成了淡水，才意识到这只是一个河口，船队只能继续向南行进。

南北半球季节相反，南美洲的 3 月临近冬季，船队遭遇风雪交加的恶劣天气，航行极其困难。3 月底，航队抵达圣胡利安港并抛锚过冬。此时船队因几次探索海峡失败而产生内乱，麦哲伦设计平定了叛乱，再一次展示了卓越的领导能力，也避免了探航半途而废的结局。

休整了将近 5 个月后，1520 年 8 月，麦哲伦率领船队再次出发，此时船队只剩下 4 艘船。航行 2 个月后，船队遭遇到一条港汊交错海峡，派去探航的船逃回了西班牙，麦哲伦只好率领剩下的 3 艘船在海峡中迂回航行。1 个月后，船队终于走出海峡西口。为了纪念麦哲伦探航的功绩，这条位于南美洲南端、南纬 52° 的海峡也被后人命名为“麦哲伦海峡”。

船队从海峡进入浩瀚的大海，之后航行的 3 个多月一直风平浪静，这片大洋因此被命名为“太平洋”。1521 年 3 月初，船队到达富饶的马里亚纳群岛，得到当地居民的热情款待。3 月底，船队抵达菲律宾群岛的宿务。麦哲伦终于从西方向西航行到达了东方，以无可辩驳的事实证明了地球是圆形的。

菲律宾群岛盛产香料，为了征服这片富饶的土地，麦哲伦船队与当地部族发生了冲突，麦哲伦在冲突中被杀害。麦哲伦的助手带领仅存的 2 条船辗转 1 年多，于 1522 年 9 月在越过马六甲海峡，经印度洋，过好望角后，终于回到了西班牙。这时原本浩浩荡荡的船队仅剩下 1 艘船和 18 名船员。

继 1488 年葡萄牙航海家迪亚士率领船队到达非洲最南端的好望角、1492 年西班牙航海家哥伦布率领船队到达美洲后，1519 年 9 月—1522 年 9 月，麦哲伦和他的船员用了整整 3 年时间，终于完成了人类第一次环球航行。这些新航路的开辟，使各个大洲之间的相对孤立状态被打破，人类第一次建立起跨越大陆和海洋的全球性联系，世界开始连为一个整体。

麦哲伦环球航行证明了地球是圆的、大洋是相通的、水域面积比陆地面积大得多，麦哲伦本人也因此被誉为“第一个拥抱地球的人”。

印度洋季风

非洲大陆东部碧空如洗、椰风轻拂的蓝色海岸目睹过外来文明的入侵与内源文明的演变，在那些郁郁葱葱、灿如珍珠的沿海岛屿上，曾出现过一系列因印度洋贸易而兴盛繁荣的城邦国家与海港城市，如斯瓦希里。伴随着古代亚非文明的交流与融合，数千年里洋面的潮起潮落、迎来送往，由东非沿海斯瓦希里城邦国家创造的斯瓦希里文化，应海而生、因海而兴，是古代世界“环西北印度洋文明圈”的重要组成部分。从历史上看，东非沿海的黑人居民很早以前就和外界有贸易往来。印度洋是环印度洋各地人民进行贸易和交往的最佳通道，神奇的季风和洋流为这种交往创造了条件。印度洋最重要的地理特点就是按照季节而转变风向的季风。季风是一种由于大陆和海洋在一年之中增热和冷却程度不同，导致在大陆和海洋之间产生的、风向随季节有规律改变的风系。它是地理气象学中的一个重要概念，主要是由于海陆热力差异或行星风带随季节移动而引起的。季风的存在对航海活动有着深远的影响，是影响

人类航海活动的重要因素之一。当刮东北季风时，经红海进入印度洋的古埃及人、古希腊人和后来的阿拉伯人、波斯人以及印度人、中国人等可以利用季风规律驾舟而行。这是因为季风风向的有规律变化，使得航海者可以预测风向并利用风力推动船只前进。在航海史上，季风的存在为人类探索世界、进行贸易和文化交流提供了重要的便利。而当季风的风向转成西南向，风力加强后，航行到东非沿海的人便可以顺风返乡。只要掌握了季风变换的规律，环印度洋地区的商船便可借道印度洋，自由来往于各地。阿拉伯人在长期的航海过程中，掌握了西印度洋季风的规律。阿拉伯人乘独桅帆船于月初随着东北季风，在东非沿海地区进行贸易活动后，又趁着西南季风返回阿拉伯半岛。

斯瓦希里文化与环印度洋文化

随着地中海地区对东方商品需求的增加，罗马帝国逐步形成了一个以地中海为中心，以波斯湾、红海、非洲东海岸为外缘的国际贸易体系。公元 7 世纪阿拉伯帝国兴起之后，帝国内部产生了许多矛盾与争执，权力斗争中的失败者为了逃避战争，也为了开辟新的商路和市场，纷纷迁居东非沿海地区，形成了一股移民浪潮。他们越过红海或阿拉伯半岛南端的亚丁湾来到东非沿海地区定居。来到东非沿海地区经商的阿拉伯、波斯、印度移民定居在从索马里摩加迪沙到莫桑比克索法拉的沿海地区和附近的桑给巴尔、奔巴、拉穆等岛屿。斯瓦希里人的形成与发展是一个长期且复杂的过程。他们主要由沿海地带及桑给巴尔岛、奔巴岛、马菲亚岛的班图人和后来迁入的印度尼西亚人、印巴人、阿拉伯人、波斯人等长期混血而成。“斯瓦希里”确实源于阿拉伯语，但并不能因此说明斯瓦希里人在这个词使用之前是不存在的，“斯瓦希里”一词仅仅是对这一已经存在的社会群体身份的归纳。这些不同族群的人们在东非沿海地区相互融合，逐渐形成了具有独特文化和语言特征的斯瓦希里人。这些斯瓦希里人至 10 世纪已经遍布整个东非沿海及附近岛屿，他们的居住地区从南向北纵向延伸数千千米，覆盖了莫桑比克、坦桑尼亚、肯尼亚、索马里等国家的沿海地区以及许多岛屿。随着阿拉伯帝国的兴起，斯瓦希里文化在 8 到 10 世纪时从阿拉伯世界吸收了大量文化，在 10—15 世纪时发展出了自己的文化。斯瓦希里文化不仅在沿海地区广泛传播，还从沿海向内陆渗透至数十到数百千米的地区。这种文化的传播和影响使得斯瓦希里语成为东非沿海地区被广泛使用的语言之一，并对当地的艺术、建筑等方面产生了深远的影响。

葡萄牙的殖民统治使东非斯瓦希里地区同西方世界联系在了一起，并且改变了沿海贸易的方向，但是它对坦桑尼亚沿海地区社会发展的影响大都是消极的，尤其是直接造成了斯瓦希里文化的衰落。一些历史学家认为葡萄牙人在东非沿海地区的殖民统治时期是斯瓦希里文化走向消亡的时期，但事实上这一时期是斯瓦希里文化变革的一个过渡时期。毫无疑问，这场浩劫使得斯瓦希里人上层贵族的权势和文化走向衰落，同时也为斯瓦希里文化走向更广阔的舞台带来了新的契机。新大陆和新航路的发现以及初具规模的世界市场的萌芽，使世界各民族之间的联系和交往更加频繁，斯瓦希里文化从单纯的印度洋贸易文化圈逐渐被纳入世界历史发展的轨道中。

斯瓦希里文化作为东非沿海地区独特的混合型区域文化，曾经经历了一个漫长且复杂的演变过程。这一文化的形成是多元族群、多样文明相互交融的结果，它不仅吸收了非洲本土班图文化的精髓，还融入了阿拉伯文化、波斯文化以及印度文化的元素。这种文化的交融使得斯瓦希里文化具有独特的魅力和深厚的历史底蕴。在古代亚非文化体系的形成与发展中，斯瓦希里文化扮演了重要角色。它通过贸易、宗教、艺术交流等多种方式，将亚洲与非洲的文化紧密地联系在一起。可以说，斯瓦希里文化是古代亚非文化体系中的一个关键组成部分，它为世界文化的多样性与共融性做出了重要贡献。

值得一提的是，斯瓦希里文化在世界文化发展史上的地位不容忽

视。它作为一种典型的混合型文化，不仅展现了人类文化的多样性，还成了连接古代亚非两大洲文化的纽带与桥梁。斯瓦希里文化的交融性与包容性，使得它在世界文化发展史上熠熠生辉，成为一颗璀璨的明珠。然而，随着近代西方文明对世界的支配性地位逐渐形成，斯瓦希里文化及其所代表的亚非文化逐渐被人们淡忘。西方文明以其强大的物质力量和科技实力，对世界各地传统文化产生了深远影响。在这一背景下，斯瓦希里文化等亚非传统文化逐渐被边缘化，其历史意义与丰富内容也逐渐被忽视。要阐明蔚蓝色孕育的古老文明于今日如何重现光芒，只能从历史古迹里寻找答案。

随着沿海和内地经济状况的好转，沿海商队也越来越多地进入东非内陆地区。一直以来，沿海的商队与内陆地区的贸易从未中断，但这一时期商队的规模以及贸易的范围与 18 世纪以前相比，都有了一个巨大的飞跃。有证据显示，沿海的斯瓦希里商人已经同坦噶尼喀西部地区有了直接的联系。桑给巴尔帝国成立之后，阿曼素丹更是积极促进东非沿海同内陆的贸易，每年派遣商队到内陆各地，每队有上百人，从事奴隶和象牙贸易。这是有组织地向内陆渗透的开始。此后到内陆的商队一直持续增加。后来，赛义德还亲自向尼亚姆维齐地区派了一支庞大的商队。在象牙和奴隶贸易的刺激下，大批奴隶贩子涌进内陆地区，这一时期内地商路有了更进一步的发展。商路将内陆各族的区域型贸易网以及沿海地区联结起来，形成了一个深入东非内陆的斯瓦希里贸易圈，斯瓦希里文化也随着这一贸易圈的形成与发展传播至东非内陆地区。

由于撒哈拉沙漠的阻隔和非洲内陆的恶劣环境，非洲内陆传统文化的一大特点就是封闭性与相对独立性。非洲大陆各地区的文化交往联系十分有限，文化一体化程度低，多处于半封闭半隔离的状态。但是东非沿海地区，因其得天独厚的地理位置，自古以来便是亚非文化的交会之地。这里交通便利，多元族群聚居，各种文化、宗教和思想观念在此碰撞、融合，孕育出了独具特色的斯瓦希里文化。这种文化不仅具有深厚的历史底蕴，更因其开放性和创新性而熠熠生辉。斯瓦希里文化的开放性体现在它对外来文化的包容与吸纳上。这一文化极少有保守性和排他性，而是善于引进和吸收其他文化的最新成果。无论是亚洲的宗教、艺术，还是非洲的传统习俗、手工艺，都能在斯瓦希里文化中找到自己的位置。这种文化的融合力使得斯瓦希里文化在保持自身特色的同时，具备了与其他文化交流的能力。

1981 年入选世界文化遗产的坦桑尼亚基尔瓦基斯瓦尼遗址，的确为斯瓦希里文化与东非沿海贸易的发展提供了宝贵的直接证据，无论是建筑、考古发现还是文献资料，都揭示了这一地区丰富而复杂的历史。基斯瓦尼在 9 世纪时便有人类居住，这充分证明了东非沿海地区早期的繁荣与活力。而到了 13、14 世纪，由于海上贸易的发达，这里更是成了斯瓦希里文化历史上最繁荣的时期。可以想象，那时的基斯瓦尼是一个多元文化交融、商业繁荣的港口城市，各种商品、思想和文化在这里汇聚、碰撞并融合。

斯瓦希里文化作为一种具有“世界性色彩”的文化，多元性和开放性是其最显著的特点。这种文化融合了亚非地区多种文化元素，包括阿拉伯、波斯、印度，甚至是中国文化。这些不同的文化在长期的交流与融合中，相互影响、相互借鉴，最终形成了独具特色的斯瓦希里文化。这种文化的形成过程，不仅是文化交融的过程，也是经济、政治和社会发展的过程。海上贸易的繁荣为这一地区带来了巨大的财富和机会，也促进了不同文化之间的交流与融合，因此多元性、复杂性是斯瓦希里文化的重要特点。斯瓦希里文化的多元化与多源性首先表现在东非本土各族文化内部的交流与融合上。

斯瓦希里人居住的地区包括从摩加迪沙至索法拉的整个东非沿海地区，生存在这样广袤的土地上的斯瓦希里人，相互之间文化的差异性是一直存在的。这种差异存在的原因如下：一是历史上东非沿海地区本土各族人民的经济、政治发展水平不平衡；二是各地的自然条件和生态环

境也有一定的差异；三是他们间的相互往来以及受到外部世界文化影响的程度也不完全一样。

迄今为止，所有关于斯瓦希里文化的具体内容和表现形式，如音乐、舞蹈、婚丧礼仪等的相关著述都无法涵盖所有斯瓦希里人，它们代表的仅仅是斯瓦希里人中某个或某些族裔群体。从总体上来看，斯瓦希里文化是一个兼具外部一致性和内部异质性的非洲式的有机整体。统一的语言和文化将来自各个不同部族的沿海居民融合成为一个虽有差异但是互相存在紧密联系的文化共同体。不可否认的是，蔚蓝为其带来了侵略与野蛮，也打磨了光泽与亮度；同时提供了一个人类文化在历史上因为交往、融合而推陈出新，获得新的发展的案例。

第三节　近代“海权论”和大国海军

“海权论”的萌芽

任何军事力量想要发展、崛起，都必须有正确的、符合实际且具有前瞻性的战略思想作为指导，海军的发展也不例外。19 世纪末期，随着工业革命的发展，世界政治格局发生了巨大的变化，国家之间的竞争愈发激烈，海军力量在维护国家利益方面发挥着越来越重要的作用。在这一历史背景下，近代“海权论”逐渐成形。“所有帝国的兴衰，决定性的因素在于是否控制了海洋。”1890 年，美国海军战略学家阿尔弗雷德·T. 马汉在其著作《海权对历史的影响》中系统阐述了近代“海权论”。

马汉认为，消灭敌人的舰队是海军在战争中的首要任务。如果要在战争中控制海洋，首先就必须消灭敌人的舰队，因此，海军的目标应该是通过决战打垮敌人，夺取制海权。

为了证明自己的这一论点，马汉还在这本著作中用拿破仑时代英国的战争作为例证。1588 年，英国建立了历史上最强大的海军，并于 16 世纪末击败了西班牙的“无敌舰队”，奠定了其海上霸主的基础。到了 17 世纪，英国又打败了号称“海上马车夫”的荷兰并夺取其在北美的殖民地新尼德兰，巩固了自己海上霸主的地位。而到 18 世纪英国同法国争霸北美时，英国在地中海南岸拥有众多海外基地，可以利用海军运兵封锁法国海岸，切断法国本土与海外殖民地的联系，阻止法国向北美增派援军和供应品，最终经过 4 次战争，英国于 1763 年击败法国，获得海上霸权。而拿破仑远征埃及，目的就是想要切断英国经地中海到印度的交通线。

通过这些事实案例，马汉证明了自己的理论：想要发展海权，就必须以强大的海军控制海洋，从而掌握制海权。而为了消灭敌人舰队，就必须集中兵力进行舰队决战。

“海权论”是美国有史以来第一个系统作战理论，这一理论得到了美国政府和海军的认同，美国真正开始以“大海军”思维来建设和使用海上力量，海权海洋控制思想开始深入人心。

“海权论”的影响

“海权论”的诞生背景可追溯至 19 世纪末 20 世纪初，正值英、美等资本主义国家进入垄断资本主义阶段，重新瓜分世界的斗争日益激烈之时。随着工业革命的深入，海上贸易和海外扩张成为西方资本主义国家发展的重要手段，控制海洋资源成为各国战略的核心。在这种背景下，“海权论”应运而生，成为指导国家海洋战略的重要理论。“海权论”的主要代表人物包括美国的阿尔弗雷德·赛耶·马汉（Alfred Thayer Mahan）和英国的菲利普·霍华德·科洛姆（Philip Howard Colombo）。马汉是美国著名的军事理论家与海军历史学家，他的著作

《海权对历史的影响》等奠定了“海权论”的基础。科洛姆则是英国海军中将，同样以海军理论和历史研究著称，其代表作《海战及其基本原则与经验》深化了对“海权论”的战略思考。

马汉的核心观点是，谁控制了海洋，谁就控制了世界。他认为，海洋不仅是交通要道，更是国家财富和安全的源泉。马汉强调，要拥有并运用优势的海军和其他海上力量去控制海洋，以实现国家的战略目的。他主张建立强大的远洋舰队，控制关键海域，确保海上贸易的畅通无阻，从而掌握世界经济的命脉。马汉的“海权论”不仅关注军事力量的建设，还涉及海外贸易、殖民地、海军基地等多个方面，形成了一套完整的国家战略体系。

科洛姆的“海权论”思想与马汉有诸多共通之处，他也认为制海权是海军战略的基础。在《海战及其基本原则与经验》一书中，科洛姆总结了帆船舰队的作战经验，强调在海上掌握绝对优势兵力的重要性。他提出，通过一两次总决战消灭敌方舰队或完全封锁敌方港口是海战中制胜的关键。尽管科洛姆的理论在某些方面忽视了新技术装备对海上作战原则的影响，但其战略结论仍对 19 世纪末英、美等西方国家的防务政策产生了重大影响。

近代“海权论”一经提出，就被西方资产阶级奉为经典。“海权论”的观点里充满了强烈的帝国扩张主义色彩，鼓吹殖民扩张和财富积累，直接为美国国家利益及战略服务，因此很容易就被官方奉为圭臬。

控制海权是任何国家称霸世界并在国内实现最大限度繁荣与安全的首要任务。马汉强调，拥有优势的海军、优良的海外基地和海港是与敌人抗衡、发挥海权力量的关键。这些要素共同构成了一个国家在海洋上的综合实力，决定了其在国际舞台上的地位和影响力。

对于拥有强大经济实力的美国来说，马汉的理论具有特别的指导意义。美国作为一个远离欧洲大陆的国家，其经济发展必然依赖海洋贸易和海外市场的扩张。因此，跨越海洋、寻求占领国外市场的机会成了美国经济发展的必然选择。然而，这种经济扩张过程并不总是和平的。马汉指出，在国家间的经济竞争中，冲突甚至战争是难以避免的。这是因为各国都试图通过控制海权来维护自己的利益，而海洋资源和空间是有限的。因此，为了给美国的海外扩张保驾护航，就必须保证美国拥有强大的海军。

"海权论"对美国海军第一次转型起到了积极的促进作用。马汉认为海洋是世界各国的共同财富，海洋航线能带来大量商业利益，而海洋的商业利用价值又与军事控制不可分割。因此，国家应该站在战略角度，要用强大的舰队来确保制海权，同时要有足够的商船和港口来实现这一巨大的商业利益。

马汉还从权力基础分析了一国海权发展主要受地理位置、自然结构、领土范围、人口数量、民族特征、政府性质 6 项基本因素制约。

受马汉的海权论影响，美国政府逐渐认识到了海军对于维护国家利益的重要作用，开始大力发展海军。马汉非常重视海战的作用，并认为海上交通线是支持海上作战的生命线，能否保持稳定的交通运输，对海战的胜负起着重要作用。他在《海权对历史的影响》一书中提出，海权的发展属于外线作战，要以攻击为主要任务，制海权只有同敌国海军进行大规模决战才能真正获得。他主张美国建立强大的远洋舰队，控制加勒比海、中美洲地峡附近的水域，然后进一步控制其他海洋，从而达到与列强共同占有东南亚与中国海洋利益的目的。

马汉的"海权论"成为推动美国海外扩张的理论基础，19 世纪末 20 世纪初，美国疯狂进行海外扩张，并逐渐确立了其世界海洋霸权地位。"海权论"对美国历届政府都产生着重要影响，在美国推行对外政策和制订战争计划、谋求世界霸权地位时，"海权论"都起了指导作用。

近代"海权论"对 19 世纪末至 20 世纪初各国海军建设都产生了重要影响，英国、德国、日本等国也纷纷加强本国海军建设，英国海军进行了改组与强化，德国和日本则开展了扩建海军计划。"海权论"在世

界各国传播的同时，促使中国形成了初步的海权思想。可惜清王朝中央集权专制，统治阶级固守封建“家天下”的腐朽传统思想观念，且“力保和局”的消极防御战略指导思想始终占据主导地位，因而虽然晚清时期推进的军事变革声势很大，但变法、革命、各种矛盾错综复杂，清政府风雨飘摇，对军事技术和武器装备的重视程度不够，武器装备未能实现近现代化，直接导致了北洋水师的覆灭，“海权论”也就没能在中国得到普及。

近代海军的崛起

近代海军的崛起，可以把美国海军的发展历程视为一个典型的案例。18—19 世纪，美国海军经历了从无到有、从弱小到逐渐壮大的发展过程。1775—1783 年是美国独立战争时期，1775 年 10 月 13 日，第二次大陆会议正式决定建立海军；1775 年 11 月 10 日，大陆会议在费城通过了成立海军陆战队的决议。1775 年 12 月，大陆会议批准了建造军舰的计划，决定建造 13 艘远洋快速战舰，但最后只建成了 7 艘。

美国海军陆战队在独立战争中发挥了重要作用，当时英国的海军有近 300 艘战舰，是美国战舰的 10 倍，因而美国海军很少同英国海军进行正规海战，而是不时在大西洋和欧洲水域出没，用私掠船出击的方式袭击英国军队的供给线，让英军疲于应付，给英军造成了严重损失。

美国海军虽然对英国海军造成了不小的打击，但英美两国海军的力量对比悬殊，美国最终没能打破英国的海上封锁，美国海军也多次遭受失败，并且在 1780 年的独立战争中几乎被全部消灭。独立战争的惨痛教训使美国认识到了建立一支强大海军的必要性，1783 年 5 月，华盛顿提出《关于和平时期军队建设的意见》，把海军作为和平时期第一支需要建立的军事力量。

18 世纪末，在欧洲大陆上，正在进行着激烈的拿破仑战争。在这场战争中，英法两国彼此进行海上封锁，在地中海地区往来的美国船只经常会被两国海军掳获，北非海盗也趁机对美国船只进行袭击骚扰，甚至勒索巨额赎金。美国认识到海军的重要战略价值，计划建造战舰来抵御海盗，同时与英法两国海军抗衡。

1794 年 3 月 27 日，美国国会批准建造 6 艘新式战舰，后来仅造了 3 艘，直到 1797 年，长期停工的 3 艘战舰才得以动工建造。1798 年 4 月，美国海军部成立，7 月，组建了海军陆战队。从此美国海军正式成为一个独立军种。18 世纪末 19 世纪初，美国海军已成为一支强大的力量，在对法战争中屡挫法国海军。在第二次美英战争中，美国海军屡占上风，战舰和私掠船更是遍布大西洋，创造了辉煌战绩。

19 世纪 20 年代以后，装甲蒸汽战舰得到了进一步发展，舰炮革新、空心炮弹也陆续出现，美国海军技术有了重大进步，蒸汽战舰取代了风帆战舰。海军进入改革发展时期，海军建设被放在优先地位，远洋舰队成为海军建设的重点。

19 世纪 20 年代初，美国已拥有当时世界一流的战舰 7 艘。到内战前，美国海军力量取得长足进步，同时拥有 18 艘蒸汽战舰和遍布世界各大洋的 6 个小型分舰队，海军总体实力仅次于英法两国，跃居世界第三位。

整个 19 世纪是美国海军发展的关键时期，美国从一个相对弱小的仅拥有近海防御力量的国家，逐步成长为全球性的海上强国。这一时期，美国海军经历了多次战争的考验，包括与北非海盗的斗争、美英战争、墨西哥战争以及南北战争等。在这些冲突中，美国海军不断积累经验，提升了作战能力和战术水平。同时随着国家经济的蓬勃发展，海外贸易和扩张利益的需求日益增长，这进一步推动了美国海军的建设和发展。在技术方面，蒸汽动力的应用、铁甲舰的出现以及武器装备的革新，都极大地改变了海军的面貌。此外，美国海军还参与了广泛的探险和科学考察活动，展现了其多元化的职能和作用。到 19 世纪末，美国

已经建立了一支强大的现代化海军，为 20 世纪的全球性崛起奠定了坚实的基础。

在早期的美英战争与墨西哥战争中，美国海军就表现出强有力的生机。美英战争（1812—1815）是美国海军早期的一次重要考验。在这场战争中，美国海军拥有大约 16 艘护卫舰和大量的炮艇、私掠船，美国海军的表现虽然参差不齐，但也取得了一些显著的胜利。例如，在 1813 年的尚普兰湖战役中，美国海军准将麦克唐纳利用改装的炮舰成功击败了英国舰队，这是美国海军历史上的一次重要胜利。墨西哥战争（1846—1848）中的美国海军扮演了支持陆军作战和封锁敌方港口的角色。1846 年的韦拉克鲁斯战役中，美国海军成功地封锁了墨西哥的主要港口，削弱了墨西哥的战争潜力。

南北战争（1861—1865）逐渐催熟了美国海军的现代化。南北战争是美国海军发展史上的一个重要里程碑。在这场战争中，美国海军不仅参与了海上封锁作战，还进行了大量的内河作战。为了应对南方的铁甲舰“弗吉尼亚号”，北方迅速建造了著名的“莫尼特号”铁甲舰，并在 1862 年的汉普顿锚地海战中成功击败了“弗吉尼亚号”。这场海战标志着铁甲舰时代的到来，也是美国海军战术和技术发展的一次重要转折。到南北战争结束时，美国海军已经拥有了一支包括数十艘铁甲舰和蒸汽战舰的强大舰队。这些新型战舰不仅装备了先进的武器系统，还采用了蒸汽动力装置和铁甲防护，使得美国海军的作战能力得到了大幅提升。

美国海军在 19 世纪末开始积极参与海外扩张和争霸活动。1907 年，美国总统西奥多·罗斯福派遣了一支由 16 艘战列舰组成的强大舰队，即“大白舰队”，进行环球航行。这次航行不仅展示了美国海军的实力和决心，也向世界宣告美国作为一个全球性海上强国的崛起。而第一次世界大战和第二次世界大战，更是让这个“军火贩子”赚得盆满钵满，一跃成为世界最强国。

第四节 国际海洋教育与海洋法律法规教育

一、国际海洋教育

随着“海权论”思想在世界范围内被广为接受，国际海洋教育的重要性日益凸显，它作为国家海洋战略的重要组成部分，也是提升国民海洋意识、培养国民蓝色国土意识的关键途径。许多发达国家已经在这一领域取得了显著进展，建立了完善的海洋教育体系，涵盖了从基础教育到高等教育的各个阶段，注重培养学生的海洋科学素养、法律意识和国际视野。同时，国际海洋法律法规教育显得尤为迫切。随着海洋活动的不断增加，海洋权益争端、资源开发、环境保护等问题日益突出，国际海洋法律体系成为维护国家海洋权益、促进国际合作的重要依据。因此，加强对国际海洋法律法规的学习与研究，培养既懂海洋科学又精通海洋法律的复合型人才，对于提升我国在国际海洋事务中的话语权和影响力，保障国家海洋安全和可持续发展具有重要意义。

国际海洋教育应该通过科学普及、资源共享和国际合作等方式，推动全球公民了解、尊重并合理利用海洋资源，培养全球公民跨文化交流与合作的能力。

作为世界公民，人们应该意识到只有一个地球。国际海洋教育倡导全球视野下的海洋知识普及，涵盖了海洋生态、海洋环境、海洋经济、海洋法律等多个领域，旨在让各国人民认识到海洋对全球气候、生物多样性以及人类社会经济发展的重要性。例如，通过学习全球气候变化与

海洋的关系，人们可以了解到海洋对于吸收二氧化碳、调节气温等方面的作用，并思考如何在全球层面上保护好这一“地球之肺”。

国际海洋教育强调跨国界的知识共享与合作研究。许多海洋问题如海洋污染、过度捕捞等是全球性挑战，需要世界各国携手应对。通过国际海洋教育平台，不同国家的学生和科研人员可以共享研究成果，共同探讨解决方案。比如，海洋保护区的建立和管理就需要借鉴各国成功案例，形成国际合作网络，以实现最佳实践的推广与应用。

国际海洋教育注重培养具有国际竞争力的海洋专业人才。在全球化背景下，海洋科技发展日新月异，迫切需要具备跨文化交际能力、国际法规理解能力和创新思维的专业人才。国际海洋教育项目能够提供多元化的交流机会，让学生在全球舞台上锻炼成长，为未来的海洋事业发展储备力量。

通过系统的海洋教育，可以引导公众从对海洋的无知或漠视状态（通常被称为“海盲”）转变为具备深厚海洋知识的新时代公民。海洋教育涵盖了广泛的学科领域，如海洋生态、海洋资源、海洋环境、海洋科技以及海洋文化等，旨在让人们充分认识到海洋对于地球生态系统平衡的重要性、海洋生物多样性之珍贵以及海洋资源在人类生活和经济发展中的不可或缺地位。因此，海洋教育不仅是提升全民科学素养的有效途径，更是培养公众尊重海洋、关爱海洋、合理利用与保护海洋的关键举措，从而有利于实现人与海洋和谐共生的美好愿景。

海洋法律法规教育

海洋曾被视为“无主的”，但随着各国海军的发展和国家海洋主权意识的增强，各国开始主张对近海区域的控制权，这导致了海洋权益的冲突和争议。为了解决这些问题，国际社会开始着手制定一套统一的海洋法律法规。国际海洋法的提出背景与国际社会对海洋资源、海洋环境保护以及国家间海洋权益的日益关注密切相关。随着全球化和科技进步，海洋资源的开发和利用变得越来越重要，同时海洋环境的保护成为一个全球性的议题。在此背景下，国际社会需要通过法律手段来规范和协调各国在海洋领域的行为。

作为一套综合性的国际法律体系，国际海洋法旨在规范各国在海洋领域的行为，包括海洋的划界、海洋资源的开发和利用、海洋环境保护、海洋科学研究以及海上安全等方面的规定，其中最重要的是关于海洋划界的规定。这些规定明确了不同海域的法律地位和国家在这些海域的权利和义务。例如，领海是沿海国主权管辖下的一部分海域，沿海国对其享有排他性的主权权利。而专属经济区则是沿海国在领海以外划定的一定宽度的海域，沿海国在这里享有资源开发、海洋环境保护等方面的权利。国际海洋法还规定了解决海洋争议的途径和程序，包括和平谈判、调解、仲裁和国际法院诉讼等，从而在国与国之间的海洋关系调停的实践中发挥了重要的作用。如领海制度是国际海洋法的基石之一，它规定了沿海国在其领海内的主权权利和管辖权。专属经济区和大陆架制度则是为了平衡沿海国与其他国家在海洋资源利用上的利益而设立的。在这两个区域内，沿海国享有一定的资源开发和管理权，同时承担保护和保全海洋环境的责任。此外，国际海洋法还确立了公海自由原则和国际海底区域及其资源的“人类共同继承财产”原则。前者保障各国在公海上的航行、飞越、捕鱼、科研等自由，后者则通过设立国际海底管理局来管理和分配国际海底区域的资源。它为各国在海洋领域的行为提供了明确的法律依据，有助于减少误解和冲突。同时它通过规定海洋资源的开发和利用方式，促进了海洋资源的可持续利用和保护。它强化了海洋环境保护的国际合作，推动了全球海洋环境的改善。它还提供了解决海洋争议的途径和程序，有助于维护国际和平与安全。

当然，国际海洋法在实施过程中也面临一些挑战和问题，如一些国家对国际海洋法的解释和适用存在分歧，以及国际海洋法执行和监督机制的不足等。因此，国际社会需要继续努力，完善和发展国际海洋法，

以更好地应对海洋领域的挑战和问题。在全球化浪潮下，海洋环境的保护与可持续利用问题也日益突出。海洋污染、过度捕捞、生态系统破坏等问题不断涌现，给人类生存和发展带来了严重威胁。在这种背景下，国际社会迫切需要建立一套统一的法律规则，以规范各国在海洋领域的行为，协调海洋资源的开发与保护，维护国际海洋秩序和海洋环境的可持续性。国际海洋法为解决海洋争端提供了多元化机制，无论是和平谈判、调解、仲裁还是国际法院诉讼，都为当事国提供了寻求公正解决途径的平台。这些机制在实践中已被多次成功运用，有效缓解了紧张局势，避免了冲突的进一步升级。海洋法律教育正是引导人们理解、遵守并运用法律法规来保障海洋合理利用、维护海洋生态环境的重要途径。

海洋法律体系涵盖了众多领域，包括海洋主权与边界划分、海上交通与航行安全、海洋环境保护、海洋生物多样性保护、海洋资源开发与利用等。通过海洋法律教育，人们可以了解国际法中关于海洋权益的基本原则，如《联合国海洋法公约》对领海、专属经济区和公海的规定，以及各国在海洋事务中的权利与义务等。

海洋法律教育的实施有助于提升公众的法治意识。在日常生活中，无论是休闲渔业活动、海滩旅游，还是关注重大海洋污染事件，人们都应当知晓并尊重相应的法律法规。学习海洋环境保护法等相关法规，能够使人们明白非法捕捞、随意倾倒垃圾、破坏珊瑚礁等行为的严重性，并积极参与到海洋保护行动中去。

海洋法律教育对于培养涉海行业人才具有重要意义。随着海洋经济的发展，航海运输、海洋工程、海洋能源等领域对专业人才的需求日益增长。这些从业人员需熟知海洋法律法规，才能确保各类海洋活动在合法合规的前提下进行，避免引发国际争端，保障国家海洋权益不受侵犯。

第三章 当代中国的海运和商贸发展历程

古人对海洋的执着一直延续到了现在。当代中国的远洋事业是伴随着中华人民共和国的发展而发展的。中华人民共和国成立之初，我国远洋事业的基础十分薄弱。当时我国的远洋船队规模较小，船只老旧，技术落后，在国际上没有任何影响力，国家一穷二白，百废待兴。中国人民在中国共产党的领导下，以大无畏的革命精神，不畏艰难困苦，不怕流血牺牲，以勤劳、勇敢和智慧建设国家、努力发展经济和科学技术。远洋事业也在党和国家的领导下逐渐发展壮大起来。1950 年 3 月 1 日，我国第一艘远洋轮船“天津轮”建成试航。这标志着我国有了自己的远洋船舶。从 1956 年 1 月 1 日第一条远洋航线开通，到 1986 年底，我国已有各类远洋船舶 883 艘。从 1990 年起，我国每年国际海上运输的货物占到世界海洋货运总量的 1/5 左右。我国已逐渐成为世界海洋货物运输量大、最具活力和发展潜力的国家之一。这中间经历了一代又一代人的奋斗与奉献，凝结了一代代人的智慧结晶，才创造了如今中国远洋事业的蓬勃发展。

自中华人民共和国成立之日起，我国就坚定不移地走上了和平发展的道路。海运作为连接国内与国际市场的重要桥梁，承载着促进经济发展和文化交流的重任。我国深知，只有在和平稳定的环境中，海运和商贸才能得到持续健康的发展。因此，我国始终坚持和平利用海洋资源的原则，反对任何形式的海上霸权主义和强权政治，致力于与世界各国共同构建公平、合理、和平的国际海洋秩序。

我国的海运和商贸发展之路，也是一条与世界各国友好交往的实际行动之路。中国始终秉持互利共赢的开放战略，积极推动与各国的经贸合作。通过海上丝绸之路的建设，我国与世界各国在贸易、投资、科技、文化等领域展开了广泛而深入的交流与合作。这种友好交往不仅促进了中国与世界经济的共同发展，也增进了各国人民之间的相互理解和友谊。我国在海运和商贸发展的过程中，遭遇了无数困难和挑战。从最初的技术落后、设备匮乏，到后来的市场封锁，每一步都走得异常艰难。但中国人民没有被困难压倒，而是以更加坚定的信念努力奋斗，不断突破重重阻碍，取得了令世界瞩目的辉煌成就。

面向未来，我国将继续坚定不移地走和平发展道路，推动构建海洋命运共同体。我国将积极参与国际海运事务的合作与治理，倡导并践行绿色发展、安全发展、可持续发展的理念。同时，我国将加强与世界各国的海运和商贸合作，共同应对全球性挑战，为实现人类共同繁荣与进步贡献中国智慧和中国力量。我国的海运和商贸发展之路，是一条充满艰辛与希望的道路。它见证了中国人民对和平的热爱、面对挑战的勇气和对合作的执着。在未来的日子里，我国将继续携手世界各国，共同书写人类海运和商贸发展的新篇章。

第一节　当代中国航海贸易的起步

中国远洋的声声汽笛

中华人民共和国成立之初，面对国内外复杂严峻的形势，发展对外海运事业成了振兴中华的重要组成部分。当时，我国的对外海运几乎是空白的，这不仅影响国家经济的发展，也影响国家在国际舞台上的地位。为了改变这一状况，我国开始积极寻求恢复和发展航海贸易的途径。20 世纪 50 年代中期，党和国家领导人高瞻远瞩，提出了组建和发展中国远洋运输船队的设想。他们深知，只有拥有一支强大的远洋运输船队，才能真正地掌握海上贸易的主动权，才能为国家的经济发展提供有力的支撑。

为了实现这一设想，党和国家领导人做了大量的工作。他们不仅制定了详细的发展规划，还对如何组建中国远洋船队做了重要指示。在他们的关怀和支持下，我国的海洋运输事业开始了艰难而坚定的起步。

经过多年的努力，1961 年 4 月 27 日，一个值得永载史册的日子，我国第一家海洋运输企业——中国远洋运输总公司正式成立。这标志着我国的海洋运输事业迈出了重要的一步，也预示着中国远洋运输船队将在我国的经济发展中发挥越来越重要的作用。4 月 28 日，我国第一艘悬挂五星红旗的远洋船舶“光华”轮，从黄埔港起锚，揭开了中国远洋运输史上的新篇章。“光华”轮原本是参加过“二战”的英国客轮“高原公主”号，曾是风光一时的豪华邮轮。为了发展远洋运输事业，我国买进这艘轮船并进行整修，10 个月后，这艘轮船重获新生，正式改名为“光华”，取“光我中华”之意。

中国远洋运输总公司的成立，无疑为我国的远洋事业揭开了崭新的篇章。而“光华”轮的首航，更是这一历史时刻的生动见证。它不仅是一艘船的开始，更是一个国家向着远洋进军的壮丽起航。当“光华”轮满载着中国人民的深情厚谊，鸣响了那第一声汽笛时，它不仅仅是向着大海前进，更是在向着我国的未来、向着远洋事业的辉煌明天进发。这一天，黄埔港上空五星红旗迎风飘扬，人山人海，盛况空前。21 000 多人齐聚一堂，共同见证了这一历史性的时刻。他们的脸上洋溢着喜悦与自豪，因为他们知道，从这一刻起，我国终于有了自己的远洋船舶，五星红旗将飘扬在五洋四海之上。

“光华”轮的首航得到了各方的高度重视。为了确保安全，中央提出了“确保安全，万无一失”的要求。人民海军军舰在“光华”轮途经区域待命，随时准备应对可能出现的突发情况。南海舰队更是对“光华”轮采取了特殊的护航措施，确保它能够安全顺利地完成首航任务。同时，“光华”轮上也携带了轻机枪等自卫武器，并有一批海军战士便衣随行，执行保护任务。这一切都是为了确保“光华”轮能够安全、顺利地完成它的处女航。经过 6 天航行后，“光华”轮于 1961 年 5 月 3 日抵达印尼雅加达，在印尼军警荷枪实弹、戒备森严的监视下，艰难地将 577 名难侨带回祖国大陆。“光华”轮首航任务圆满完成。“光华”轮的首航，具有重大的政治、经济意义，标志着中国远洋客运运输船队的诞生，开辟了我国远洋运输事业的新纪元，具有历史性、划时代的作用。

1961 年间，从 4 月 28 日首航到 10 月 1 日国庆节，“光华”轮共 5 次往返印尼，接回华侨总计 2 649 人。此后，“光华”轮继续活跃在新中国撤侨战线上：1962 年，“光华”轮和“新华”轮首航印度马德拉斯接侨，于 1963 年 4 月 27 日、6 月 7 日、8 月 12 日分三批接回华侨 2 398 名；1965 年，中国政府再次启用“光华”轮撤侨，南海舰队“南宁”号旗舰率领海军编队协助，成功完成撤侨任务。1966 年 9 月到 11 月、1967 年

1 月到 5 月，“光华”轮四次赴印尼接侨，共接回侨民 4 252 人。

“光华”轮 15 年间共到印尼接侨 13 次，到印度接侨 3 次。此外，还承担过各种重要的政治任务，如运送我国援外技术人员到北也门，运送中、朝、越三国运动员参加在雅加达举行的新兴力量运动会，还有援建坦赞铁路以及军运、外贸等，见证了南海的风风雨雨，也记载了一段沉重的历史。

光华轮是我国第一艘自营远洋客船，在中远公司营运了 15 年，直到 1975 年才以 45 岁“高龄”退役。“光华”轮退役后，变卖的资金用来成立了广州海员学校培养航运人才，继续为中国远洋运输事业发挥力量。

从中华人民共和国成立到改革开放，是我国远洋事业蓬勃发展的时期。在这一时期，我国远洋事业从海洋走向世界，从近海走向远洋，开辟了中国自己的远洋航线，建造了自己的远洋船舶。在 20 世纪 50 年代，我国开始组建自己的远洋船队，并逐步增加船只数量和提升技术水平。同时我国加强了对海洋运输和物流领域的研究和开发，为远洋事业的发展提供了技术支持。改革开放以来，我国远洋事业进入了新的发展时期。我国远洋事业取得了巨大的进步，造船能力、远洋船队规模和远洋运输能力均实现了质的飞跃。我国远洋事业取得的巨大成就，是坚持以经济建设为中心、坚持改革开放、坚持走和平发展道路的结果；是党和国家英明决策的结果；也是党始终保持旺盛活力和巨大创造力、始终走在时代前列所取得的宝贵经验。

改革开放以来，我国远洋船队规模从中华人民共和国成立时的不足 3 000 载重吨发展到近 400 万载重吨，从只有八艘万吨级远洋货轮发展到拥有世界上最大的远洋船队和全球第一的集装箱船队。在世界十大港口中，我国有八个港口位列其中。其中舟山港水域面积 9000 平方千米，2022 年货物吞吐量达 12.6 亿吨，是世界唯一的超 10 亿吨超级大港，货物吞吐量连续 14 年位居全球第一，与 100 多个国家和地区的 600 多个港口通航。唐山港 2022 年完成货物吞吐量 7.68 亿吨，年度货物吞吐量居世界港口第二位。上海港水域面积 3 620.2 平方千米，与全球 221 个国家和地区的 500 多个港口建立了集装箱货物贸易关系，2022 年货物吞吐量达到 7.27 亿吨。我国远洋船舶技术水平显著提升，自主建造的远洋船舶性能优异，并不断向大型化、现代化、智能化发展。改革开放以来，我国远洋船舶技术水平显著提升，远洋运输能力和水平不断提高，装备现代化水平显著提升。在建造方面，我国拥有自主设计建造的大型散货船、油船、集装箱船、化学品船等船型，其中超过 90% 的船型具有自主知识产权。

改革开放以来，我国远洋运输行业与世界航运业接轨，国际市场竞争能力明显增强，特别是通过大力开拓国际市场，我国远洋运输企业迅速成长为具有一定国际竞争力的跨国企业。在中国远洋运输企业中，有 18 家企业跻身世界 500 强，10 家企业进入全球百强。

1972 年 2 月美国总统尼克松访问中国，中美双方签订《中美联合公报》，同年 9 月，日本首相田中角荣访华，中日签署《中日联合声明》。此后外部封锁被逐渐突破，很多国家开始同中国建交，掀起新一轮建交热潮。到 1973 年底，我国与大部分发达国家已实现关系正常化。对外关系的重大发展，为我国开展对外经济交流、海上贸易的发展创造了有利条件。

19 世纪 80 年代，我国改革开放进入高潮，贸易地理方向继续向南转移。19 世纪 80 年代初期，中国开始拓展与东南亚地区的贸易，广东、福建等地的南方港口逐渐成为中国对外贸易的重要窗口。

中国海上贸易的发展

中华人民共和国成立初期，我国海运业处于起步阶段，船舶装备落后，港口基础设施薄弱，航运保险和信贷制度不完善，航运服务水平较低，因此，当时我国海上贸易规模很小。当时非洲许多国家尚未取得政治独立，仍然被帝国主义严密控制，没有对外贸易自主权，中非贸易只

能以民间贸易方式进行，当时中国的主要贸易对象是苏联和东欧国家，以及朝鲜和越南等社会主义国家。

20 世纪 50 年代末期到 60 年代，由于国际形势的变化和国内的政治运动，中国与苏联等国关系紧张，贸易额逐渐减少。此时，在非洲民族解放运动发展的同时，中非贸易被积极推动，双边贸易活动日益频繁，各类经济博览会、展览会相继召开。我国陆续与欧洲、非洲、亚洲和大洋洲等地区签订了互惠贸易协定，贸易范围逐渐扩大。到 1965 年，我国已同 38 个非洲国家和地区建立起贸易关系。随着中美两国关系缓和，我国开始进一步拓展与美国的贸易关系。1972 年，中美关系正常化，我国首次向美国出口石油。

第二节　加入世贸组织，驶入经济主航道

加入世贸组织，驶入 WTO 航道

2001 年 11 月 10 日下午，世界贸易组织（WTO，简称世贸组织）第四届部长级会议在卡塔尔首都多哈以全体协商一致的方式，审议并通过了中国加入世贸组织的决定。这一天，中国人已期待太久。

其实早在 1947 年 10 月，世贸组织前身关贸总协定在瑞士日内瓦签订时，中国就是其创始国之一。但由于历史原因，中华人民共和国成立后，与关贸总协定之间的关系处于长期中断状态。这种状态一直持续到 20 世纪 80 年代初，中国为了进一步对外开放，开始酝酿、准备复关事宜。1986 年 7 月 10 日，中国正式向关贸总协定递交复关申请。从那时起，中国便以积极、认真、合作和务实的态度主动参加并推动复关谈判。

1995 年 1 月 1 日，世贸组织正式成立，中国决定申请加入世贸组织，根据要求，中国与世贸组织的 37 个成员开始了双边谈判。

因为各种势力的阻挠，中国入世的过程并不顺利，仅谈判就持续了将近 5 年时间。1997 年 5 月，中国与匈牙利最先达成协议；2001 年 9 月 13 日，中国与墨西哥达成协议，这也是中国最后一个谈判对手。一直到 2001 年 9 月 17 日，世贸组织中国工作组第十八次会议才通过中国"入世"法律文件。

在此期间，中美谈判进行了 25 轮，中欧谈判进行了 15 轮。经过艰苦努力，美欧等发达经济体同意"以灵活务实的态度解决中国的发展中国家地位问题"，中方最终与所有世贸组织成员就我国加入世贸组织后若干年市场开放的领域、时间和程度等达成了协议。在这些谈判中，中美谈判因范围广、内容多、难度大而备受瞩目。1999 年 11 月，经过六天六夜的艰苦谈判后，这场最关键的战役终于取得双赢的结果，中美两国于 11 月 15 日签署双边协议，为谈判的最终成功铺平了道路。2000 年 5 月 18 日，中欧谈判也正式达成双边协议。

2001 年 11 月 9 日下午，世贸组织第四届部长级会议在多哈开幕，中国代表团全体成员以观察员身份出席会议。这也是中国最后一次以观察员的身份出席世贸组织会议。11 月 10 日，会议审议通过中国"入世"所有法律文件，当天 18 时 39 分，随着历史性的一声槌响，全场起立，中国正式加入世贸组织，成为其第 143 个成员。

中国加入世贸组织，标志着中国对外开放进入了一个新的阶段，是一件具有里程碑意义的大事。中国为复关和加入世贸组织做出了长期不懈的努力，这充分表明了中国深化改革和扩大开放的决心和信心。加入世贸组织，不但有利于中国，而且有利于所有世贸组织成员，有助于多边贸易体制的发展，必将对新世纪的中国经济和世界经济产生广泛和深远的影响。

正面应对加快融入全球进程

加入世贸组织之后，我国出台了一系列海运法规，中国远洋航运业逐渐走向国际化，面临着更加激烈的国际市场竞争，也有了更多机遇和发展空间。

1993 年，我国最大的国际远洋运输集团——中国远洋运输集团（简称中远集团）和我国最大的内河航运集团——中国长江航运集团（简称长航集团）分别成立；1997 年，中国海运集团（简称中海集团）在上海正式挂牌，承担我国沿海运输任务。

随着改革开放的深入，我国经济快速发展，中远集团、长航集团、中海集团等航运企业建立起专业船队，以不同货种为标准，建立了干散货船、集装箱船、油轮、液化气船、特种船、客滚船、商品车滚装船等细分市场，逐步打破了人为划分的封闭格局，使水运市场真正“流动”起来，开始通江达海。如今，这些细分市场都已经发展成熟，各专业船队通过借助集团总公司的统一品牌、统一战略，发挥规模发展、集约经营的优势，国际竞争力逐渐增强。在每年新增的海运量中，60% 以上是中国的进出口货物，中国海运大国地位逐渐确立。

为适应高速增长的中国经济对海运的巨大需求，中国加快港口建设速度，积极支持沿海和长江沿线各省、市、自治区发展远洋运输，增加对外开放港口，以远洋运输总公司为主，大力发展集装箱运输。把远洋、港口、外轮代理公司、汽车运输总公司等组织起来，形成集装箱运输网，扩大集装箱的运输能力。

1982 年 10 月，中国开辟了天津港、上海港至美国的全集装箱班轮航线。这条航线原来只到美国的西海岸港口，改革后航线已扩展到美国的东海岸和墨西哥湾休斯敦港。这是中国远洋集装箱运输发展的一个重要标志。1983 年，中国至地中海、北欧和西欧港口间的集装箱航线投入运营，集装箱运输取得了新进展。1983 年 8 月上旬，我国至西欧的全集装箱班轮开航，从天津新港和上海港发船，途经香港地区，以及新加坡，然后直驶伦敦、安特卫普、鹿特丹及汉堡。上海远洋运输公司派出“濰河”“唐河”“沙河”三艘集装箱船投入这一航线的营运中。1984年，沿海相继建成一批万吨级以上码头。1988 年，我国的水运完成货物周转量超过铁路，居各种运输方式完成周转量的第一位。

这一时期，我国水运综合能力提高，沿海和远洋运输快速发展，海运船队也得到了快速发展。随着经济实力的增强，我国在世界海运界的地位显著提升。2010 年，我国已成为世界第二大经济体、第一大贸易出口国和第三大航运国家，港口吞吐量和集装箱装卸量连续多年世界第一。我国已发展成世界港口大国、航运大国和集装箱运输大国。

从 2000 年到 2009 年，中国成为拉动世界经济增长贡献最大的国家，中国力量在推动国际海运的发展中发挥着重要作用。截至 2010 年底，中国已与世界主要海运国家和地区签订了海运协定，连续 12 届当选为国际海事组织 A 类理事国。中远集团船舶总运力跃居世界第二位，中远、中海集装箱船队运力双双进入世界十强，中国由海运大国向海运强国转换的时机已经成熟。

中华人民共和国成立 75 年来，航海贸易从无到有，从小到大，逐渐发展成为我国对外贸易的重要支柱。航海贸易的飞速发展不但促进了我国经济的快速增长，而且对世界经济产生了深远的影响。中华人民共和国成立之初，航海贸易几乎是一片空白。当时的中国面临着国内外环境的双重压力，发展航海贸易的条件十分艰苦。然而在党和政府的正确领导下，中国航海事业开始了艰苦卓绝的发展历程。

改革开放以来，中国航海贸易迎来了前所未有的发展机遇。随着外贸体制的改革和开放，中国航海贸易逐渐走向市场化，越来越多的私营企业涉足航运领域。这大大提升了中国航运市场的活力和国际竞争力。同时中国政府加大了对航海贸易的支持力度，制定了一系列优惠政策，促进了航海贸易的快速发展。

进入 21 世纪，中国航海贸易继续保持高速发展的态势。中国船舶队规模不断扩大，覆盖了集装箱、散货、油轮等多个领域。中国港口基础设施建设也取得了显著成就，成为全球货物吞吐量最大的港口之一。此外中国政府还加强了与世界各国的航运合作与交流，积极参与国际航运规则的制定和修改，为中国航海贸易的可持续发展创造了有利条件。

目前，中国已经成为全球航运市场的重要力量。中国船舶队规模庞大，技术水平不断提升，国际竞争力日益增强。同时中国港口基础设施建设不断完善，为航海贸易提供了高效、便捷的服务。随着“一带一路”倡议的深入推进，中国航海贸易将迎来更为广阔的发展空间。通过加强与共建国家的合作与交流，推动航运、物流等领域的互联互通，将有助于提升中国航海贸易的国际地位和影响力。中国航海贸易将继续朝着高质量、高效益、绿色环保的方向发展。政府将进一步加大对航运产业的支持力度，鼓励企业加强技术创新和环保投入，推动绿色航运发展。同时中国将加强与世界各国的航运合作与交流，共同应对国际航运市场的挑战和机遇。此外随着全球经济的复苏和新兴市场的崛起，中国航海贸易将进一步拓展国际市场，增加在全球航运市场的份额并提升影响力。

当代中国航海贸易的发展对国内经济产生了深远的影响。航海贸易的快速发展拉动了我国船舶工业、港口服务业等相关产业的发展，创造了大量的就业机会和巨大的经济效益。同时航海贸易为我国带来了大量的外汇收入，提升了我国的国际地位并增强了综合国力。

此外当代中国航海贸易也对国际经济产生了重要影响。中国作为全球最大的货物进出口国之一，其航海贸易的繁荣为全球航运市场提供了巨大的商机和发展空间。同时中国积极参与国际航运规则的制定和修改，为维护全球航运秩序和促进国际经济合作做出了积极贡献。

第四章

从“海上丝绸之路”到“海洋命运共同体”

“海上丝绸之路”又被称为“海上陶瓷之路”和“海上香料之路”，与1877年德国地理学家李希霍芬对“(陆上)丝绸之路”的命名相区别，“海上丝路”的提法最早由东方学家沙畹于1913年提出。作为古代最重要的海上贸易航线，它始于商周，繁盛于春秋战国和秦汉时期，鼎盛于唐宋时期，并一直延续发展到明清时代。这条航线主要分为东海航线和以南海为中心的南海航线两大路线。中国境内的核心港口有广州、泉州、宁波三大主港和多个支线港。2017年，国家文物局批准广州牵头，与南京、宁波等在内的10个城市携手合作，共同致力于海上丝绸之路的保护与“申遗”工作。可以看出海上丝绸之路承载了中华民族悠久灿烂的海洋文明，见证了中国同其他国家和地区的经济文化交流与融合。保护并将这一古老航线申请为世界文化遗产，既有利于弘扬中华文明，也有利于推动人类文明交流互鉴。

中国的海上贸易可追溯到商周时期，经过长期发展，已形成东西两条主要航线。东海航线起自山东半岛，沿朝鲜半岛和日本列岛一直延伸到东南亚地区。这条航线在春秋战国时已有雏形，到了唐宋时期逐渐兴盛，成为连接中国与朝鲜、日本的重要海上交通要道，不仅是中国商品源源不断输往日本及朝鲜半岛的主要通道，更是中国文化广泛传播至这些国家的重要桥梁。通过这条航线，儒家思想、律令制度、汉字、服饰、建筑以及饮茶习俗等中国文化元素，纷纷传入日本和朝鲜半岛。这些文化元素深刻影响了这些国家的伦理道德观念、政治制度设计、文学艺术风格、生活习惯以及社会风俗，为中国文化在这些地区的传承与发展留下了浓墨重彩的一笔。南海航线以广州、泉州为起点，经南海、印度洋进入红海，连接非洲和欧洲。它始于秦汉，兴盛于唐宋，是古代中外海上交流的主要途径。明清时期，这条航线转变为带有政治外交性质的“朝贡贸易”。

海洋命运共同体理念为“一带一路”海洋事业的发展注入了新的生机与活力。在未来的发展中，中国将继续秉持这一理念，加强国际合作与交流，共同应对全球性挑战和问题，推动构建更加和谐美好的世界海洋格局。海洋命运共同体理念倡导尊重各国国情差异和合理的海洋利益诉求。这意味着在“一带一路”共建国家中，各国可以根据自己的实际情况和发展需求，通过对话和合作来解决海洋问题。这种合作模式有助于增强各国之间的互信和理解，促进海洋资源的可持续利用和海洋环境的保护。

海洋命运共同体理念强调以对话弥合分歧，以合作增进福祉。在“一带一路”框架下，各国可以通过开展多双边海洋合作，加强政策沟通和协调，推动形成更加公正合理的国际海洋秩序。同时，合作开发海洋资源、拓展海上贸易和投资等方式，可以进一步促进共建国家的经济发展和社会进步。

第一节 "海上丝绸之路"的文化浸润与传播

陆上与海上丝绸之路源远流长

通过陆上与海上丝绸之路，古代中华文明与其他文明进行长期交往，并在兼容并包、交流互鉴中形成了中华文明的样态。中华文明在器物、技艺、制度和思想等方面对其他文明和人类文明的发展起到了重要推动作用。古代中华文明与其他文明交流互鉴的经验表明，文明间的交流与学习促使各文明更深刻地了解自身与其他文化，并促进了文明之间的相互认识。增进相互间理解、尊重、友好，助力维护世界和平；各文明间相互借鉴，互为启发，推动人类文明不断向前发展。

中国自古以来就积极通过陆上和海上丝绸之路与其他文明进行交流。《史记》记载了汉武帝时期"使者相望于道，商旅不绝于途"的情景。隋唐时期，中国与其他文明的交流达到了空前繁荣的程度，长安街头可以见到来自世界各地的使节、僧侣、商人，以及成千上万的留学生。尽管在两宋时期，官方的出使活动受到了一定限制，但由于商品经济的迅速发展，民间交流越发活跃，特别是通过海上丝绸之路与东南亚、非洲等地区的联系日益增多。元朝建立了横跨欧亚的大帝国，与各个文明之间的交往更加广泛和密切。例如，遣使团前往罗马教廷、旅行家的西行和南下，以及明朝的郑和七下西洋等，都为东西方文明的互动增添了新的色彩。到了明末清初，朝廷任职的外国人的来源也变得更加多元化，不仅包括西方传教士，还有通过科举考试进入中国官场的来自交趾（今越南北部）和朝鲜等地的人。

自汉朝以来，中国历代都有与其他文明交流互鉴的官方记载。在大一统的王朝时期，官方和民间的交流都相对兴盛；而在分裂时期，尽管官方交流受到限制，但民间交流并没有因为政治和战乱而中断。中华文明与其他文明的交流互鉴不仅影响和促进了中华文明的形成，还对其他文明以及人类文明的发展起到了重要推动作用。

中西文明交流与互鉴开放体系

中西文明交流与互鉴开放体系是通过陆上和海上丝绸之路实现的。外国的动植物、技艺和科学等传入中国，丰富了中华文明，并在与中国原有文化的交流中形成了独特的交融样式，推动了中国文化生活、中医药和军事等领域的发展。马匹是丝绸之路上备受追捧的动物，张骞通过沙漠和绿洲发现了大宛国和汗血宝马后，汉武帝就频繁派遣使节前往大宛国获取宝马。除动物之外，外国的植物、矿石等物产也大量进入中国。明代的《本草纲目》中记录了来自中东、印度洋沿岸和东南亚地区的许多植物和矿石。这些外国物产的引入不仅丰富了中国人的文化生活，也促进了中医药的发展。

外来动植物的引入给中国的艺术带来了新的变化。例如，汉代的麒麟石雕形象与鹿相似，而到了魏晋南北朝时期，逐渐转变为狮子和豹子的形象，并融入了中国本土不常见的动物元素。唐代的镜背装饰中充满了孔雀、狮子、海兽和葡萄等非中国本土的动植物花纹。中国的绘画和雕刻中也出现了像忍冬和唐草这类外来植物的形态。在绘画方面，受到佛教文化传入的影响，中国的山水画和人物画中出现了凹凸法等从古代天竺引入的技法，并在此基础上研创了晕染法等技巧，这些技法丰富了中国国画的表达。

古代中国对外来的科学技术抱有好奇心，并秉持学习借鉴的态度。明末正值内忧外患之际，士大夫急于寻求能够重振明朝的方法，因此积

极向利玛窦等传教士学习数学、天文和水利等自然科学知识。明清时期的图书也证实了中外在科技、农业和文化等方面的交流，如《坤舆万国全图》《乾坤体义》《远西奇器图说》《火攻挈要》和《职方外纪》等著作，以及参考法国金尼阁带来的7 000部图书编纂的《崇祯历书》和康熙时期由中国学者编纂的《数理精蕴》等百科全书。

古代中华文明对世界贡献不断

古代中华文明对世界的贡献不断，2019年5月15日，习近平总书记在亚洲文明对话大会开幕式上指出："中国的造纸术、火药、印刷术、指南针、天文历法、哲学思想、民本理念等在世界上产生了深远的影响，有力推动了人类文明的发展进程。"公元前5世纪，希罗多德的《历史》中就记载了远东民族和丝绸制品。古希腊哲学家亚里士多德记述了公元前4世纪希腊上层人士喜爱穿丝绸面料的衣物，埃及艳后也曾身着丝绸制成的衣物。由此可见，中国的丝绸和瓷器等产品不仅影响着东亚和东南亚的制造业发展，也对西方文化生活产生了重要影响。中国的龙泉青瓷在海外市场上受到广泛欢迎，东亚和东南亚的许多国家纷纷效仿，结合自己的特色和中国的制窑技术，制作出了具有独特风格的瓷器，如日本的濑户窑和朝鲜的高丽青瓷等。龙泉青瓷还传入了法国，其特有的梅子青色受到法国社会的喜爱，成为当时法国女性钟爱的流行色。

自13世纪马可·波罗向西方介绍中国的风土人情以来，中国风逐渐在西方流行，并在18世纪达到了巅峰。中国的纹样和元素与西方对中国的想象相结合，形成了独特的西方中国风艺术。特别是在18世纪，西方艺术家将洛可可风格与中国风相融合，创造出了洛可可式中国风绘画，成为当时西方艺术的潮流。

古代中国对外来动植物、科学技术等的接纳和吸收，不仅丰富了中国的文化，也促进了与其他文明的交流和互鉴。这种互动不仅丰富了中华文明的内涵，也对世界文明的发展产生了深远的影响。

时至今日，海洋命运共同体理念注重保持海上运输和产业链的稳定畅通。这要求各国在推进“一带一路”倡议的过程中，要充分考虑海洋运输的安全性和便捷性，加强基础设施建设和技术创新，提升海上物流效率和服务水平。这将有助于降低物流成本和时间成本，提高市场竞争力，促进贸易和投资自由化、便利化。在落实海洋命运共同体理念方面，中国积极践行共商、共建、共享的全球治理观，坚持走搁置争议、共同开发的合作之路。中国与共建国家一道，积极探索符合自身国情的海洋发展道路，推动形成互利共赢、携手发展的国际合作新路径。

“一带一路”倡议迈向的是友爱与和平

2023 年 3 月 15 日，中国共产党与世界政党高层对话会上，习近平总书记提出全球文明倡议，并强调：“在当今世界，各国的前途与命运紧密相连。不同文明之间的包容共存和交流互鉴，在推动人类社会现代化进程、繁荣世界文明的过程中发挥着不可替代的作用。”从古代中华文明的发展和交流历史中可以看出，文明交流互鉴有助于各文明增进对自身和其他文明的认识，促进相互理解，形成尊重、平等、共存的文明交流氛围，为世界和平做出积极贡献。各国都应在平等的基础上，积极吸收其他文明的先进经验，推动自身文明与人类文明的共同进步。

在人类文明发展的历史上，各文明之间始终存在着交流互鉴的现象。特别是在欧亚大陆及其周边地区，由于地理条件的影响，各文明之间的交流更为频繁、紧密。长期以来的文明交流互鉴，导致各文明形成了相互渗透的状态。一些自认为优越的文明实际上可能是受到其他文明的启发，并吸收了其他文明的成果。各文明在与其他文明的交流中，能够更好地发现自身的特色，挖掘自身的历史，加深对本文明的理解和认识。

文明交流的前提是平等和尊重，而文明交流的结果则是共存与和平。从古代中华文明与其他文明开展的交流互鉴历史中可以看出，文明

交流互鉴需要建立在相互尊重和平等的基础之上。通过加深相互理解、发现各自所长，促进文明之间的平等与尊重，各文明得以共存，从而维护了世界和平与发展，并推动了人类文明的进步。

地缘环境作为国家所依赖的地理空间，对一个国家的生存和发展起到至关重要的作用。稳定安全的地缘环境是“21 世纪海上丝绸之路”（21st Century Maritime Silk Road，MSR）建设的重要前提。MSR 作为全球海运大通道，遍布着诸多影响全球能源安全、航运网络的咽喉要道；作为一个多元文明的交会区，贯穿了儒家文明、伊斯兰文明和基督教文明分布区；作为大国博弈斗争的焦点地区，南海问题、印巴冲突、中东问题等争端和冲突持续不断，地缘环境态势复杂多变。因此，厘清 MSR 沿线地缘环境特征，把握沿线地缘安全态势，对于规避潜在的地缘政治风险、加强中国与共建国家的经贸联系和战略互信具有重要意义，这有助于推动“一带一路”倡议的实施和发展。通过加强经贸合作，可以促进共建国家之间的互利共赢，推动区域经济的繁荣和发展。同时，建立起战略互信有助于增强各国之间的政治互信，减少误解和猜忌，为深化合作奠定坚实的基础。

在经贸联系方面，加强中国与沿线国家的合作，可以实现资源的互补和市场的共享。中国作为世界第二大经济体，具有强大的市场需求和产业基础，能够为沿线国家提供广阔的市场和投资机会。同时，沿线国家拥有丰富的资源和优势产业，可以为中国提供资源支持和多样化市场。加强双边和多边贸易合作，有助于优化资源配置，促进区域内的经济增长和就业机会的增加。

在战略互信方面，加强中国与共建国家的交流与合作，有助于增进政治互信，减少地区紧张局势和安全隐患。开展高层交往、加强对话沟通、深化安全合作等，可以增进各国之间的相互理解和信任。这样的战略互信有助于构建稳定、和平、安全的地区环境，为“一带一路”倡议的实施提供有力保障。

加强中国与共建国家的经贸联系和战略互信，对于推动“一带一路”倡议的发展具有重要意义。这不仅有利于促进区域经济的繁荣和发展，也有助于构建稳定和谐的地区环境，推动构建人类命运共同体的进程。“一带一路”倡议的实施会把中国利益范围延伸到更大的区域，兼具复杂性和破碎性的 MSR 沿线地缘环境也受到了更多重视。东南亚和南亚是 MSR 沿线地缘环境研究的重点地区，MSR 沿线海运通道受到美国及其盟国的战略遏制、印度的战略干扰和周边地区冲突的现实威胁，中国应积极建设新的印度洋通道以降低自身对传统的南海通道——马六甲海峡的依赖。在地缘关系上，中国周边海洋国家的地缘政治关系的演化呈现出明显的特征，同时共建国家之间的相互影响程度日益加深。

中国与周边海洋国家的地缘政治关系呈现出多样化和复杂化的趋势。这些国家的地缘政治地位和利益诉求各不相同，导致了地区内部的政治格局错综复杂。一些国家可能与中国保持友好关系，而另一些国家可能存在着竞争或者摩擦。这种多样化的地缘政治关系使得地区的稳定与和平面临诸多挑战。

中国与共建国家之间的相互影响程度逐渐加深。随着全球化和区域合作的不断发展，共建国家之间的联系日益密切，彼此之间的利益交融程度不断提高。这种相互影响既表现在经济领域，如贸易往来、投资合作等，也表现在政治、安全等领域，如政治对话、安全合作等。共建国家之间的相互依存关系日益加深，成为地区和平稳定的重要保障。

在地缘结构上，MSR 建设是一个多方利益协调的过程，利益的建构将重塑沿线地缘政治经济结构。在地缘风险上，中国推进 MSR 面临的地缘政治风险态势趋于复杂，高地缘环境敏感性逐步向西亚、北非和非洲东部扩散。此外 MSR 沿线的港口功能、投资环境、贸易网络等也受到较多的关注。

“一带一路”倡议是一个开放、包容的国际区域经济合作网络，其边界没有一个绝对的定义，也没有精确的空间范围。作为“一带一路”

倡议的组成部分，海上丝绸之路同样没有精确的空间范围。

历史上，海上丝绸之路主要包括东海航线、南海航线和美洲航线：东海航线主要指从中国东部沿海港口出发至朝鲜、日本的航线；南海航线则是从中国沿海港口出发，经过东南亚、南亚到达西亚、北非和非洲东部沿海国家的航线；美洲航线主要是从中国东部沿海港口出发，经过菲律宾到达美洲的航线。然而，由于大多数美洲国家尚未签署“一带一路”倡议，因此主要考虑东海航线和南海航线。

根据古代海上丝绸之路航线和相关研究对MSR地区的划分，应该重点兼顾以下国家：日本、韩国、朝鲜、印度尼西亚、泰国、马来西亚、越南、新加坡、菲律宾、缅甸、柬埔寨、文莱、印度、孟加拉国、巴基斯坦、斯里兰卡、沙特阿拉伯、阿联酋、阿曼、伊朗、土耳其、以色列、科威特、伊拉克、卡塔尔、约旦、黎巴嫩、巴林、也门、叙利亚、希腊、斯洛文尼亚、克罗地亚、阿尔巴尼亚、塞浦路斯、埃及、肯尼亚、坦桑尼亚和苏丹等。在这些国家之间，政治、经济和文化的合作将对“一带一路”倡议的实施起到重要的促进作用。

第二节 “海上丝绸之路”的世纪使命

一、海上丝绸之路的影响分析

古老的海上丝绸之路始于中国东南沿海，经过东南亚、中南半岛，跨越印度洋，最终到达东非和欧洲。这条古老的航道见证了中华民族与周边国家乃至更远地区的海上交往与合作，奠定了中国在世界贸易和文明传播中的重要地位，对世界产生了深远的影响，不论是在经济上还是文化上。

海上丝绸之路在元明时期达到了高度繁荣。当时，中国的经济中心位于南方，而政治中心在北方。先进的航海技术使得海运成为连接南北、保证南方物资如粮食、丝绸、瓷器等大宗商品北运的主要途径。在对外贸易上，明中期的郑和下西洋开辟了远洋航线，推动了中国航海业的发展。郑和船队七次远航，足迹遍布亚、非、欧三大洲数十国，促进了中外经济文化交流。然而，明朝政府对于民间实施的海禁政策，导致了泉州港等地的衰落。在整个明朝时期，泉州港的作用仅限于为郑和下西洋提供专业人员和海船补给，以及维系与琉球、东南诸国的朝贡贸易。

到了清朝时期，“海上丝绸之路”彻底走向衰落。清政府同样实行海禁政策，使得广州港成为中国对外贸易的唯一窗口。尽管中国融入了全球贸易网络，但主导权被西方列强所占据。尤其在鸦片战争之后，中国沦为半殖民地半封建社会，失去了海权，沿海口岸多次被迫开放，经济命脉被外国所把控。西方国家将中国变为其商品的倾销市场，并垄断了中国丝绸、瓷器、茶叶等商品的出口。这一状况一直延续至中华人民共和国成立前夕。在经济上，这条海上大通道推动了中国与外国之间的贸易往来和文化交流，也促进了沿线各国的共同发展。从丝绸到瓷器和茶叶，中国向世界输出的商品在全球范围内产生了深远的影响，将东方文明之风吹向全世界。尤其是在宋元时期，中国航海技术的长足进步，如造船与航海技术的提高以及指南针的使用，极大增强了商船的远洋航行能力，也促成了私人海上贸易的发展。在这一时期，中国通过“海上丝路”与世界 60 多个国家建立了直接的商业贸易联系。意大利旅行家马可·波罗和阿拉伯旅行家伊本·白图泰笔下记录的“涨海声中万国商”的盛况，引发了西方世界对东方文明的憧憬和对海外冒险的兴趣，直接推动了大航海时代的来临。

海上丝绸之路造成的最大影响是中国文化的输出，通过海上丝路

将中国的民族工艺、儒家文化传播到了沿线各国甚至欧洲，并产生了不同程度的影响，尤其是来自中国的瓷器、茶叶，掀起了“中国热”。中国瓷器曾被诸多国家奉为珍宝，诸如俄罗斯、法国和埃及等国家不仅将瓷器作为身份和财富的象征，更用于赠送外交礼品。在中国瓷器的影响下，世界各国的制瓷业获得了长足发展，最早是阿拉伯国家仿制中式瓷器；其后，波斯将中国瓷器的造型应用到本土陶器的制作上；泰国、越南、埃及以及欧洲诸国也相继掌握了制瓷技艺，甚至将中国瓷器工艺和本土文化进行融合并创造出许多新产品。且中国瓷器之风的兴起，极大地转变了这些国家的生活方式和审美观念。

除瓷器外，中国的茶文化也通过海上丝绸之路传播，对许多国家的生活和思维模式产生了深远影响。其中，受中国茶文化影响最大的国家之一是日本。在公元 9 世纪，日本贵族纷纷模仿中国人的品茶习惯，引发了“弘仁茶风”。直到公元 1191 年，日本僧人荣西将茶树带回日本，开启了日本茶道的发展历程。此后，日本南浦昭明禅师前往中国浙江省今杭州市余杭区的径山寺求学，学习了该寺院的茶宴仪式，成为中国茶道在日本的最早传播者，他结合中国茶道文化，发展了独具特色的日本茶道。

随着时间的推移，17 世纪之后，中国茶叶通过海上丝绸之路传入欧洲，成了当地人民的日常饮品之一。海上丝绸之路的影响扩散到了千家万户的日常生产和生活中，促进了茶文化的传播和发展，丰富了各国人民的生活体验。

新时代的“海上丝绸之路”

自改革开放以来，中国积极推进对外开放政策。特别是在 2013 年 9 月和 10 月期间，中国国家主席习近平出访中亚和东南亚国家时，先后提出了共建“丝绸之路经济带”和“21 世纪海上丝绸之路”的重大倡议，简称为共建“一带一路”倡议。其中，“海上丝绸之路”的名称源自唐朝时期，当时我国东南沿海地区有一条海上航线被称为“广州通海夷道”，这便是我国“海上丝绸之路”的最早称谓。

古代海上丝绸之路是中国与世界其他地区进行经济文化交流的重要通道。最早的海上通道起源于中国东南沿海，途经中南半岛和南海诸国，穿过印度洋，抵达红海，最终通往东非和欧洲。这条海上大通道在当时促进了中国与外国之间的贸易往来和文化交流，推动了沿线各国的共同发展。宋元时期的中国与世界上 60 多个国家直接进行商贸往来，明代的郑和下西洋更是将海上丝绸之路推向了极盛时期。

始于中国的古代海上丝绸之路，连接了沿线亚非欧数十个国家与地区，与陆上丝绸之路共同组成了当时世界上最长的经济大通道和海上运输线路，其中蕴含巨大的经济发展潜力。时至今日，“一带一路”沿线区域仍是全球经济增长速度最快、发展潜力最大的地区之一。面对新时代的发展机遇，中国提出共建“一带一路”倡议，成立了 400 亿美元的丝路基金，为共建国家提供融资支持，这彰显了中国作为一个负责任大国的担当。“一带一路”倡议为中国与周边国家处理双边关系提供了一个新的合作对话框架，也为亚非欧等国家提供了一个新的视角，即在平等互利的基础上加强交流与理解。

古老的海上丝绸之路蕴含着共同的价值理念，这为当今世界各国建设繁荣社会和海洋强国奠定了基础。从古至今，尽管东西方、中国和其他国家在社会、经济、文化以及社会习俗和意识形态等各方面存在巨大差异，但仍应以历史为鉴，在海上丝绸之路形成的共同文化价值基础上，寻找合作共赢的契机。当今世界正逢百年未有之大变局。各国应放眼长远，以开放包容的心态，在古代海上丝绸之路文明交流的基础上深化交往合作，恪守互利共赢的价值理念，推动构建人类命运共同体，共同应对全球性挑战，共享发展机遇和成果。

开放与交流的国际视野是当今世界发展的共识，许多国家正在努力加强互联互通，推动共建“数字丝绸之路”，这与古代“海上丝绸之路”

的理念异曲同工。这充分说明，开放交流仍然是推动人类文明进步的重要力量。2013 年，习近平主席在印度尼西亚发表演讲时强调，中国愿与东盟国家加强海上合作，共同建设 21 世纪的海上丝绸之路。在“一带一路”倡议的推动下，海上丝绸之路沿线国家对其认同度逐渐提高，从中国的单方面倡议转变为各国的共识，并采取行动推进区域经济一体化、文化包容、政治互信等。2019 年，习近平总书记提出了“海洋命运共同体”理念。[①]21 世纪海上丝绸之路秉持共商共建共享原则，推动政策沟通、设施联通、贸易畅通、资金融通、民心相通的“五通”，不仅对国际合作意义重大，也对海洋资源开发与利用具有重要意义。

新时期的海上丝绸之路应该是一条“规则之路”，习近平提出“互联互通是一条规则之路，多一些协调合作，少一些规则障碍，我们的物流就会更畅通、交往就会更便捷”。因此海上丝绸之路建设需要高度重视规则体系建设，沿线国家应通过磋商实现政策目标的统一，只有高屋建瓴地减少规则制度壁垒，才能使海上丝绸之路的沿线各国经济发展更加繁荣、人员往来更加频繁、文化往来更加畅通。

在《推动共建丝绸之路经济带和 21 世纪海上丝绸之路的愿景与行动》的规划中，海上丝绸之路是一条经济之路。现代化的海上丝绸之路的作用不仅局限于货物的流通运输，更重要的是搭建起沿线各国间合作交流沟通的桥梁，其核心在于投资、协作、贸易。《推动共建丝绸之路经济带和 21 世纪海上丝绸之路的愿景与行动》充分彰显了“互利共赢、合作发展”的理念。只要沿线各国秉持开放包容的心态，精诚合作，这条路必将助推沿线各国的共同繁荣，成为推动全球经济共同发展的重要助力。

海上丝绸之路也应该是一条文化之路，在过去的数千年里，海上丝

① 构建海洋命运共同体 习主席这样指引 [EB/OL]. (2021-06-08) [2024-06-20]. http://www.xinhuanet.com/world/2021-06/08/c_1211192729.htm.

绸之路承担着中国文化输出的重要角色，因此现代的海上丝绸之路也应该成为沿线各国文化交流的枢纽和向世界展示中国文化的重要通道。早在2014年，习近平总书记就提出了在“一带一路”的建设中要“坚持经济合作和人文交流共同推进，促进我国同共建国家教育、旅游、学术、艺术等人文交流”，并尽可能将其“提高到一个新的水平”①。2018年，这一要求又被进一步拓展到教育、科技、文化等多领域。由此可见中国希望通过海上丝绸之路打造一个包容开放的文明交流平台，与共建国家构建命运共同体。为此，海上丝绸之路的建设不能忽视海上文化之路的打造。这条文化之路将在文化交流中，求同存异，增进不同文明间的理解。

海上丝绸之路的地缘环境特征

古老的海上丝绸之路对世界产生了深远的经济影响和文化影响。经过千年发展，东海和南海两大航线形成了，近连朝鲜半岛、日本列岛，远跨印度洋，抵达非洲和欧洲。古代中国通过这条海上通道，不仅向世界输出丝绸、瓷器、茶叶等商品，接收沿线国家的特产，更是把中国的制瓷技艺、茶文化也通过海上丝路向外辐射，极大地推动了中外经济贸易往来和文化交流，使中国文明走向世界。

今天，世界正处于百年未有之大变局。在此背景下，中国政府于2013年提出的建设“21世纪海上丝绸之路”倡议内容与古代海上丝绸之路的理念异曲同工。展望未来，21世纪海上丝绸之路应作为经济之路和文化之路建设：在经济上，聚焦投资、产业链合作，打通贸易渠道；在文化上，打造文明交流的桥梁与纽带，增进各国人民友谊。各国还应共同推进规则之路建设，使这条路成为开放共赢的典范。

① 习近平主持召开中央财经领导小组会议，加快建设“一带一路”[EB/OL].(2014-11-06)[2024-04-21].https://www.thepaper.cn/newsDetail_forward_1276118.

新“海上丝绸之路”作为一条重要的国际贸易航线，成为中国海洋经济发展的重要战略方向。“一带一路”倡议重点是寻求与共建国家利益的契合点，促进与共建国家的经济合作。

“一带一路”倡议顺应了时代潮流，适应了发展规律，符合了各国人民的利益，为共建国家带来了大量的投资和项目，促进了亚洲、欧洲、非洲等地区的共同发展和繁荣，因此具有广阔的前景。“一带一路”倡议的提出和实施对国际航运产生了深远影响，同时为中国海事发展提供了机遇，也带来了挑战。

作为连接全球的重要纽带和桥梁，中国远洋运输行业紧紧抓住了“一带一路”倡议带来的难得机遇，开辟了中欧陆海快线、加强了“一带一路”沿线网络布局。同时，由中国远洋海运集团牵头成立的全球最大班轮联盟“海洋联盟”全方位为“一带一路”倡议提供服务，积极构建了“一带一路”航运新格局。“一带一路”倡议集中体现了中国进一步扩大对外开放、提高对外开放水平的新理念。其中的 21 世纪海上丝绸之路是“一带一路”倡议的重要组成部分，是对“海洋强国”战略的具体化，必将成为我国沿海城市和港口产业升级、海洋经济发展的新引擎。

地理位置、气候、植被、矿产等与“地”伴生的本地要素和人口、贸易、投资、交通、信息等具有流性特征的关联要素以及地缘位势要素共同组成地缘环境。区域地缘环境由自然地理环境、地缘经济文化环境、地缘政治环境、交通环境等共同作用形成，而不同地缘环境要素的组合互动使得区域地缘环境呈现出不同的特征。

自然地理环境复杂多样。地理位置、土地、气候、植被等自然地理环境要素是驱动区域地缘环境演变的最基本变量，对地缘经济、地缘政治、地缘文化甚至地缘安全都会产生潜在的影响。从地缘区位来看，MSR 沿线国家处于亚欧非三大板块的边缘地带，是陆权国家与海权国家的权力交会地带，既囊括了东南亚、中东、北非等重要区域，也囊括了新加坡、巴基斯坦、缅甸、埃及等地缘区位优势显著的国家。独特的地缘区位使得 MSR 沿线不仅有着斯皮克曼眼中海权国家进入“心脏地区”的战略通道，也有着布热津斯基眼中影响大国博弈的地缘政治支轴国家，极具地缘战略价值。从区域自然环境要素构成看，沿线自然地理要素具有显著的异质性。以气候条件为例，东亚、东南亚和南亚地区为典型的季风性气候区，雨热同期的气候以及林地、草地、耕地和灌木占主体的植被覆盖有助于农业生产；在以热带沙漠气候为主的西亚和北非地区，水资源紧缺和裸地广布严重制约着地区的农业发展。自然地理要素的异质性分布造成了 MSR 沿线资源禀赋的空间分布不均衡。东北亚国家的森林资源、东南亚国家的热带农产品资源和南亚的铁矿资源成为比较具有优势的地区资源，而西亚的石油资源储量更是占世界石油总储量的一半以上。一方面，丰富的森林、油气、矿产等资源为区域经济发展奠定了物质基础；另一方面，MSR 沿线资源分布的不均衡性导致资源空间分布与经济发展需求的错位，许多资源丰富的国家无法将自身资源优势转换为经济效益，这种资源分布与资源需求的错位在一定程度上塑造了 MSR 沿线国家的地缘经济格局。

地缘经济文化环境丰富多样。地缘经济环境是地缘环境的重要组成部分，也是地缘经济发展重要的外部条件。从 MSR 沿线夜间灯光指数来看，沿海地带夜间灯光亮度普遍高于内陆地区。以中国和东盟为例，中国和东盟在农产品、石油、橡胶和木材产品、钢铁产业等产业间具有高度的互补性，加之中国—东盟自贸区协定和区域全面经济伙伴关系协定为地缘经济合作创造了有利的环境，双边贸易、投资、旅游、运输等地缘经济合作联系不断增强。此外，地缘经济也是利用贸易投资等经济手段进行区域合作的战略。在中国—东盟的全面经济合作框架协议、区域的全面经济伙伴关系协定等区域经济合作架构的推动下，中国与 MSR 沿线地缘经济合作潜力不断释放，双边贸易额在 2017 年超过 1 万亿美元。

在地缘文化方面，中华传统文化、希腊海洋文明等不同文明形态在

MSR 沿线交会融合。截至 2019 年，MSR 沿线孔子学院数量达到 121 所，汉语的影响力扩展到了沿线所有国家。一方面，多种地缘文化的融合交流塑造着开放的社会文化和社会心态，为中国与 MSR 沿线国家经贸投资合作营造了开放包容的社会文化环境；另一方面，多元文化的碰撞也极易带来摩擦，部分 MSR 沿线国家的宗教极端主义与极端民族主义的传播正成为威胁沿线地区的深层次不确定和不稳定因素。

地缘政治环境复杂多变。地缘政治环境是国家间地缘政治交往所形成的冲突、合作、结盟等地缘政治情形的总和。在地缘政治上，MSR 沿线多数地区既是包围“心脏地带”的“新月形地带”，也是控制欧亚大陆的“边缘地带”。这种地缘政治区位特征使得 MSR 沿线许多地区成为“陆权”国家和“海权”国家对抗争夺的前沿和不同政治体系国家地缘政治博弈的战略性地区，导致 MSR 沿线地缘政治环境态势严峻。

MSR 沿线国际组织众多，上海合作组织、北大西洋公约组织、石油输出国组织、阿拉伯国家联盟、东南亚国家联盟等国际组织在地理空间上相互交织，带来地缘政治空间多重分割，也塑造了沿线竞争与合作并存的地缘政治关系网络。从地缘政治互动来看，中国与 MSR 沿线国家政治互动稳步增强。

交通环境是地缘政治和地缘区位共同影响下的区域交通条件，既包括地理位置、交通距离、交通方式、运输通道等交通条件，又包括地缘区位、战略通道、军事基地等地缘政治博弈砝码。MSR 濒临太平洋、印度洋和地中海，分布着新加坡港、汉班托塔港、苏伊士运河、霍尔木兹海峡等全球海运咽喉港口与水道，全球 66% 的石油运输和 50% 的集装箱货物运输经过 MSR 通道，它在很大程度上决定着中国乃至全球能源安全与供应链安全。中国与 MSR 沿线国家的海运联系不断提升。

在自然地理环境上，作为“陆权”国家与“海权”国家的权力交会地带，MSR 沿线地区极具地缘战略价值。MSR 沿线地理环境要素异质性显著，资源空间分布与经济发展需求错位，这为中国与 MSR 沿线国家资源要素的有序流动奠定了基础。在地缘经济文化环境上，MSR 沿线经济发展水平的不均衡、碎片化特征，有利于推动中国主导的区域生产网络整合、升级和打造开放平衡的经济体系，而 MSR 建设带来的市场、投资、贸易、技术外部性有利于破解“中国威胁论”。中国与 MSR 沿线各国文化的差异也可能构成文化交往的隔阂，但这并不是国家冲突的根源。在地缘政治环境上，作为“陆权”国家和“海权”国家对抗争夺的前沿和不同政治体系国家地缘政治博弈的战略性地区，MSR 沿线地缘政治环境态势严峻。复杂的大国博弈对中国形成遏制与威胁，破碎又脆弱的地缘环境成为中国地缘政治风险的重要来源。在交通环境上，以中国为联通中心的 MSR 航运网络初步形成和 MSR 沿线基础设施互联互通建设，提升了中国海上通道安全性。

地缘环境解析旨在服务于国家地缘政治经济实践，MSR 沿线地缘环境及其对中国影响的解析也为中国推进 MSR 建设提供了以下启示：第一，深化同 MSR 共建国家的政治经济发展对接。中国与 MSR 共建国家有着广泛的共同利益，但地缘环境异质性使得各国在“一带一路”倡议中的利益诉求各不相同。只有深化与越南的“两廊一圈”、印度的“季风计划”、沙特的“2030 愿景”等 MSR 共建国家的政治经济发展战略对接，才能构建更加稳固的利益共同体、责任共同体和命运共同体，进而健康有序地推进 MSR 建设。第二，推进同 MSR 沿线地区大国的地缘政治与地缘经济合作。无论是地缘经济、地缘政治，还是交通环境，日本、印度、沙特等地区大国都有着更大的话语权。推进 MSR 沿线贸易自由化、产业链合作、基础设施互联互通等离不开地区大国的支持，只有深化与 MSR 沿线地区大国的政治经济合作，才能确保“一带一路”倡议有序推进。第三，加快新的互联互通大通道建设。借助“一带一路”倡议的基础设施联通建设，加快中巴经济走廊、中国—中南半岛经济走廊、国际陆海贸易新通道等新的海陆复合大通道建设，不仅能降低同美国直接对抗的风险，也能反制美国及其盟友对中国海上的

围堵，从而减轻中国对马六甲海峡的依赖。第四，构建 MSR 地缘风险预警和防控机制。中国应当构建 MSR 地缘风险预警和防控机制，以提升自身应对 MSR 沿线地缘风险的能力。因此，厘清 MSR 地缘环境的规律和态势，需要在未来持续深化 MSR 沿线地缘环境解析。未来，在推进 MSR 沿线地缘环境多尺度、多要素耦合分析的同时，也要更加关注 MSR 沿线特定区域和国家的地缘环境态势演变，以更好地服务 MSR 建设。

共同富裕不仅是中国的目标，也是全人类的目标。习近平总书记提出了“构建人类命运共同体，实现共赢共享”的中国方案，旨在让世界各国共享发展机遇。在这一理念的指引下，“一带一路”倡议成了实现中国方案的最佳载体。党的二十大报告提出，实行更加积极主动的开放战略，共建“一带一路”已成为深受欢迎的国际公共产品和国际合作平台。自 2013 年提出以来，“一带一路”倡议秉持着共商共建共享的原则，致力于推动全球共同发展，致力于深化互利共赢合作，那么“一带一路”倡议是否促进了该区域的共同富裕？基于国际贸易与投资的双重视角，把“一带一路”倡议作为一项准自然实验，实证检验了“一带一路”倡议对区域国家间和国家内共同富裕的影响效应及其影响机制。研究结果发现：“一带一路”倡议对区域国家间居民收入差距和国内收入差距有明显的缩小作用，也就是说“一带一路”倡议促进了区域内国家间和国家内的共同富裕，对国家间的影响效应大于国内居民收入差距，说明“一带一路”倡议的作用是从提升参与国的整体福利水平开始的，对国内居民收入的影响程度还比较小。“一带一路”倡议对“海上丝绸之路”的国家以及与中国有自贸协定的国家的作用较大，对“陆上丝绸之路”和非自贸协定的国家影响较小。影响机制的实证结果表明，“一带一路”倡议通过贸易渠道和直接投资渠道影响国家间和国内收入差距，贸易渠道的影响效果大于直接投资渠道，说明目前“一带一路”倡议还主要是通过贸易赋能区域内国家的共同富裕。这些结论证实了融入

“一带一路”倡议的必要性，体现了“一带一路”倡议共建人类命运共同体的目标。

为更好地推进“一带一路”倡议和海洋命运共同体建设，可以落实以下政策建议。

持续推动建设高质量“一带一路”，持续拓展合作的广度和深度。中国“一带一路”倡议秉持共商共建共享的原则，应加强与区域间各国家的合作互通，持续推动中欧班列、海陆通道等基础设施建设，保障全球产业链以及供应链的稳定，为“五通”提供坚实的基础支撑。

深化与区域间国家合作，积极签订贸易投资协定以提升国际贸易水平。同为改革开放新布局战略中的重要组成部分，“一带一路”倡议与建立自由贸易区有着相同的背景意义以及功能价值，与中国签订自贸协定的相关国家与其他国家对比来看，收入差距缩小的水平更显著一些。因此，应加强“一带一路”建设与自贸区战略有效衔接与联动，不断推动中国与其他共建国家的自由贸易区建设，促进与区域间各国的贸易往来，以提升各国的贸易水平；积极追求求同存异，在现有背景下寻求最大的均衡点，实现合作共赢。

进一步深化中国对相关国家的直接投资。“一带一路”倡议以市场开放、贸易便利化以及投资自由为目标，然而目前相较于贸易，“一带一路”倡议对于区域间各国的投资水平提升不太理想。因此除建立区域国家自贸区的战略以外，还应整合各国家的市场资源，促进各市场的合作分工，提高各企业的产业效率，支持各产业“走出去”；同时营造良好的投资环境，在尊重东道国文化、法律法规的前提下经营企业，通过负面清单、放宽准入限制等措施扩大对外直接投资；另外在东道国的选择方面，应不仅仅局限于拥有高质量资源的国家，秉持着开放包容性理念，也可以选择有潜力且劳动力市场更合理的发展中国家进行投资以提升国际投资水平。

共同维护海洋命运共同体

改革开放以来，中国陆续建设了一批现代化大型港口，如上海港、深圳港、天津港等。20 世纪 90 年代至 21 世纪初期，中国开始大力发展港口和海运产业，加大对港口建设和管理的投资力度，推动港口与海洋经济的协同发展。港口建设与管理是“海上丝绸之路”发展的重要支撑。随着“一带一路”倡议的深化，近年来，中国港口发展取得了历史性的成就。港口建设成了中国新的标志性成就，轻松夺得了“世界第一”的头衔，“一带一路”倡议给港口发展带来了新机遇，

截至 2020 年，中国沿海港口万吨级以上的泊位数高达 2 530 个。在全球港口货物吞吐量和集装箱吞吐量排名前十的港口中，中国占据了七成的份额。近年来，中国港口生产能力蒸蒸日上，自动化港口建设不断加速，厦门远海、京唐港等多个具备世界先进水平的无人集装箱码头建成投入使用，这些码头自动化程度很高，工作效率和作业吞吐量全面碾压传统港口。

2017 年，上海洋山深水港四期无人化集装箱码头建成投入使用，为中国制造装上了“中国芯”。该港的“大脑”是由上海国际港务集团自主研发的全自动化码头智能生产管理控制系统——TOS 系统。这个系统是自动化码头安全可靠运行的核心。即使受到疫情冲击，该港区仍然能够凭借着无人化优势正常运转，保持 24 小时作业，不停不乱，作业吞吐量更是逆势上升。上海港集装箱吞吐量连续 12 年蝉联世界第一，其中洋山港贡献率超过 50%。在全球范围内，尚无一个国家的港口作业水平能达到这样的水准。除了自动化码头，中国还建成了首个 5G 全场景应用智慧港口。

作为“一带一路”的重要节点，港口在该倡议中扮演着关键角色，起到了举足轻重的作用。中国的港口货物吞吐量和集装箱吞吐量连续十余年位居世界第一。在国内港口迅速发展和港口贸易的支撑下，中国企

业不断完善港口标准化体系，提升全产业链服务能力，积累港口建设、投资和经营实力，并积极投入“一带一路”倡议中。

随着“一带一路”倡议的推进，中国远洋航运业企业不断发展壮大，中国开始向国际航运市场的核心地带进军，中国在国际航运市场上的话语权和地位也在逐渐提高。2016 年 2 月 18 日，中国远洋海运集团有限公司在上海正式宣告成立，中国远洋海运集团有限公司成为全球第三大航运公司。作为中国国际航运业的主力军，中国远洋海运集团有限公司在高质量共建“一带一路”中勇当“开路先锋”，不断创造着令人瞩目的业绩，展现了中国“航运力量”。

海洋命运共同体是习近平总书记在 2019 年 4 月 23 日庆祝中国海军成立 70 周年活动时向多国海军代表团提出的概念。这一概念是将人类命运共同体理念应用于海洋领域的延伸，旨在为全球海洋有效治理提供指导，并成为制定新时代海上战略的重要依据。中国一直坚持和平发展理念，积极与其他国家合作维护海洋的和平稳定，实现共同发展。通过在海外进行人道主义救援、安全合作、友好交流和无私援助等行动，中国树立了和平之师的良好形象。同时，作为海上力量的主要国家，中国承担着维护海洋和平与良好秩序的重要责任。因此，构建海洋命运共同体对于促进全球和平与发展具有重要意义。

海洋自古以来一直是连接不同文明、促进贸易与文化交流的重要通道。随着经济全球化的发展，海洋所面临的问题也越来越凸显：海洋资源的过度开发、海洋环境的污染以及海上安全挑战等。这些问题需要全球各国共同应对。海洋命运共同体理念强调各国在海洋事务上的共同责任、共同利益和共同发展。在这一理念指导下，各国应该加强海上安全合作，共同打击海盗、海上恐怖主义等威胁；加强海洋环保合作，共同保护海洋生态环境；加强海洋资源开发利用的合作，实现资源的可持续利用。

作为一个拥有悠久海洋历史和庞大海洋利益的大国，中国始终坚持

和平发展理念，致力于与世界各国共同维护海洋的和平与稳定。中国深知，海洋的和平与稳定不仅关系到自身的发展利益，也关系到全球的和平与繁荣。

因此，中国在维护自身海洋权益的同时，始终注重与其他国家的友好合作，共同推动海洋事务的和平解决。中国海军的成长和发展，也是海洋命运共同体建设的重要组成部分。近年来，中国海军积极参与国际海上安全合作，为全球海上安全做出了重要贡献。无论是亚丁湾护航、打击海盗，还是在海外进行的人道主义救援行动，中国海军都展现出了专业、高效的作战能力和负责任的大国担当。这些实际行动，不仅增强了中国与其他国家的海上安全合作，也向世界传递了中国维护海洋和平的坚定决心。

中国在海洋科技、海洋经济、海洋文化等领域的交流合作也在不断深化。通过加强海洋科学研究、推动海洋产业发展、促进海洋文化交流等方式，中国与世界各国共同分享海洋发展的成果和经验，为构建海洋命运共同体注入了新的动力和活力。在构建海洋命运共同体的过程中，中国始终坚持平等互利、合作共赢的原则。中国认为，海洋是全人类的共同财富，各国在海洋事务上应该相互尊重、平等相待，共同维护海洋的和平与稳定。同时，中国愿意与各国一道，共同探索海洋的奥秘、开发海洋的资源、保护海洋的环境，为实现全球海洋的可持续发展做出积极贡献。

当然构建海洋命运共同体并非易事，需要各国之间的共同努力和长期坚持。中国愿意与世界各国一道，秉持海洋命运共同体理念，加强海上合作与交流，共同推动全球海洋治理体系的完善和发展。相信在各国的共同努力下，海洋命运共同体的建设一定能够取得更加丰硕的成果，为全球的和平与发展做出更大的贡献。

第五章

当代中国滨海港口与城市建设

中华人民共和国成立之初，滨海港口与城市建设的基础十分薄弱。许多港口设施陈旧，无法满足日益增长的对外贸易需求。同时，城市建设面临着资金短缺、技术落后等诸多困难。然而，中国人民并没有被这些困难吓倒，而是以极大的热情和坚定的信念，投入了滨海港口与城市的建设中。

改革开放以后，我国的滨海港口与城市建设迎来了新的发展机遇。随着对外开放的逐步扩大，滨海港口成了连接国内外市场的重要枢纽。为了满足日益增长的运输需求，国家加大了对滨海港口的投资力度，推动了港口设施的现代化和智能化。许多滨海城市开始注重规划和设计，致力于打造宜居、宜业、宜游的城市环境。在这一过程中，滨海港口与城市的发展相互促进，形成了良性的互动关系。港口的繁荣带动了城市经济的增长，而城市的发展又为港口提供了更加完善的服务和支撑。

回首当代中国的滨海港口与城市建设的历程，其无疑是一段波澜壮阔、充满艰辛与奋斗的历史。从 1949 年 10 月 1 日起的百废待兴，到如今的繁荣昌盛，这一过程凝聚了无数中国人的心血与汗水，也见证了中华民族在伟大复兴道路上的坚韧与不屈。展望未来，我国的滨海港口与城市建设将继续保持快速发展的势头。随着“一带一路”倡议的深入实施和海洋强国战略的全面推进，滨海港口将承担更加重要的角色和使命。要继续推动滨海港口与城市一体化发展，实现港口与城市之间的良性互动和共同繁荣。

中国作为一个拥有漫长海岸线和丰富海洋资源的国家，一直致力于打造世界级民用港口网络，为“一带一路”倡议的实施提供有力支撑。我国进一步加强与国际先进国家在海洋科技与海洋经济教育方面的合作与交流活动；积极参与国际组织、多边机制以及各类论坛和研讨会等活动；展示我国在海洋领域的最新成果和进展；借鉴国际先进经验和成果并结合我国实际情况加以创新和发展。同时，我国鼓励高校和科研机构与国外知名高校和科研机构建立合作关系；共同开展人才培养、科技研发和成果转化等活动；推动教育国际化进程并提升我国在国际舞台上的话语权和影响力。此外，我国还可以通过设立海外研究中心、派遣访问学者等方式拓展国际合作渠道并吸引更多优秀人才来华从事海洋事业相关工作。

第一节　上海国际航运中心发展的奇迹

“中心两翼”布局的实现

上海的港口建设可以追溯到 20 世纪末 21 世纪初。在 1995 年 10 月期间举行的中国共产党第十四次全国代表大会上，一项关乎国家战略层面的重大决策应运而生，旨在积极推进浦东新区的开放与开发，进一步敞开长江沿线城市对外开放的大门，将上海构建成全球瞩目的国际经济、金融及贸易重心之一，从而引领长江三角洲地区乃至整个长江流域经济实现新一轮的跃进式增长。随后，在紧接着的 1996 年 1 月初，国

务院特意召开了专题研讨会，聚焦上海国际航运中心的建设工程，正式决定全力加速推进以上海为轴心，携手江苏、浙江两省共同构建上海国际航运中心。此举深刻彰显了中央政府对上海港口现代化建设的高度重视，并为其明确了未来发展方向。

当时，全球经济一体化进程正在深入推进，世界经济格局正在发生深刻变革。航运业结构重塑，区域港口竞争日趋白热化，韩国、日本等国家纷纷加入东北亚航运中心的角逐。而当年上海港入海航道水深严重不足，制约了大型船舶靠泊，同时上海的深水岸线无法满足 5 万吨以上船舶的需求，这两大弱点使上海面临着沦为周边国家港口补给港的危机。在这种严峻形势下，国家做出了开发洋山深水港的决策。2002 年 3 月，国务院批准同意洋山港建设，一期工程于同年 6 月正式动工，2005 年 12 月竣工投产。

上海国际航运中心建设这一至关重要的战略举措，有力地驱动了上海港由内河水域逐步扩展至长江流域，并进一步挺进浩渺大洋，展开全球化布局。这一发展历程不仅提升了上海的全球吸引力，而且使其影响力广泛扩散，为上海力争成为全球卓越城市铸就了稳固基石。在仅仅三年半的时间跨度中，即自 2002 年 6 月至 2006 年，中国港口建设者在上海附近海域的一片微小岛礁上，以创新精神建成了一个深水优质港口。此项目的顺利完成，不仅弥补了上海港长期缺乏 15 米以上水深集装箱深水泊位的短板，更是凸显了我国在基础设施建设方面的卓越能力和坚定决心。

在 2006 年至 2008 年这一时期，洋山深水港历经了两个关键性的建设工程阶段，分别是土地填海扩充和港口设施构建，涉及第二期和第三期项目。至第三期工程圆满竣工之际，洋山深水港新增了长达 5.6 千米的深水集装箱码头岸线，这条岸线上配置了能接纳 7 万—15 万吨级巨型集装箱船舶停靠的总共 16 个深水泊位。这批泊位总体设计吞吐容量高达 930 万标准箱，有力地助推了洋山深水港的货物处理能力及规模化运营效应的显著跃升。至 2012 年底，上海国际航运中心的集装箱枢纽港已基本完成了“中心辐射、南北两翼”格局的核心港口体系建设。其中，作为中枢的上海港已构建起了以外高桥港区、洋山港区为主导，吴淞港区为辅助的“双核一辅”空间布局；北翼苏州港太仓港区已成功启用长度为 2.9 千米的集装箱专用码头，并配备有 28 台岸桥设施；与此同时，南翼宁波舟山港已初步构建起包括镇海、北仑、大榭、穿山、梅山、金塘六大港区在内的“一港六区”总体结构布局。

经过长期的规划和建设，上海国际航运中心已经初具规模。它以上海深水港为核心，浙江和江苏的港口作为两翼支撑，形成了一个集装箱运输的枢纽网络。在这个布局中，上海港扮演着主导角色，苏州太仓港区承担北翼功能，而宁波港则是南翼的重要一环。这种“中心带两翼”的格局，使得长三角地区的航运实力得到充分发挥，为区域经济的持续发展提供了有力支撑。

“东方大港”传奇的诞生

党的十八大以来，为了打造国家经济发展的新增长极，促进区域协调发展，实现高质量发展。党中央相继提出了一系列国家战略，尤其是“一带一路”倡议、长江经济带建设和长三角一体化发展战略等的实施，为上海港的发展带来了机遇。长三角和长江沿线地区经济发展和外贸往来的增长，带动了上海港的发展，浦东开发开放后，上海港迎来了腾飞的契机。在 20 世纪八九十年代，上海港以建设集装箱码头和老港区改造、外移为重点，港口逐渐从黄浦江向长江迁移，长江沿岸各港口的吞吐量也日渐增加。长期以来，长江口入海航道的水深都维持在 7 米，但随着改革开放的号角吹响，船舶不断大型化和载重船舶数量逐渐增加，加剧了长江口深水航道的负荷，原有水深航道逐渐难以满足航行运输的需要。

上海港作为长江入海口岸，其航道建设与通航条件的改善对整个长江经济带的发展至关重要。为了适应不断增长的航运需求，20 世纪 90 年代，政府着手规划和实施了一项宏伟的长江口深水航道工程。

这项工程按序分步实施，共分为三个阶段。竣工后，无论是低潮还是高潮，第三代和第四代载重达 5 万吨级的集装箱巨轮均能顺利双向穿越长江口；同时，第五代和第六代集装箱船，以及吨位达到 10 万吨级的散货船和油轮，也能在适宜潮汐条件下进出长江。倘若没有此番深水航道的建设，现代化的大型游轮将无法直接驶抵诸如吴淞口一类的内河港口。鉴于此，工程设计预留了对未来航道潜在拓宽与加深需求的适应性考量。

2010 年，《长江口航道发展规划》获得交通运输部批准。这一总体规划提出在 10 到 20 年内重点打造“一主两辅一支”的航道网络，即构建一个以主航道为核心、“两翼辅助”和“一条分支”航道为补充的航道体系架构。“主航道”部分指向当前正在使用的主线航道；“两辅”则分别对应位于南部的南槽航道系统和北部的北港航道系统；而“一支”所指的是北支航道组成部分。随着这些新兴航道的建设和既有航道的改良升级，上海港逐步塑造出了 7 个主要的航运服务中心，实现了航运资源的高度集聚。

现今，有 1 700 余家从事国际海上运输及其相关业务的企业在上海开展经营活动。全球九家顶级船级社均已在上海设立了各自的办事机构。上海港的口岸服务机能不断提升和完善，其中包括海关清关程序、检疫检验服务、边防检查、领航导航、海事行政管理、应急搜救服务、航运信息服务、航运金融服务以及航运法规咨询等一系列配套服务措施，为各类船舶的顺畅通行提供了强有力的支持和优良的服务环境。

上海国际航运中心建设自启动以来，集装箱港口吞吐量便逐年增长，在 1996 年时仅为 200 万箱，2006 年则为 2 171.8 万箱，经过 10 年发展，到 2016 年就达到了 3 713.3 万箱。2010—2016 年，连续 7 年，上海港集装箱吞吐量稳居世界第一。[①]2020 年，国际订单大量回流至国

① 上海国际航运中心建设硕果累累集装箱吞吐量连续 7 年世界第一 [EB/OL].（2017-06-30）[2024-05-26].http://sisi-smu.org/2017/0630/c8824a92483/page.htm.

内，沿海港口集装箱海运爆发式增长，其中以上海港、宁波舟山港两处的增量最为集中，这时便凸显出上海港集装箱运输“以能定产”超负荷运转的问题。为了解决这一问题，建设者新建、改造、挖潜三措并举，成功实现了上海国际航运中心集装箱核心港口基础设施扩容、升级双重目标。有效保障了全球供应链稳定安全，快速提升了港口设施服务能级，创造了一个又一个“东方大港”传奇。

“全面建成”的终极理想

上海正全力推进成为一座具备全球航运资源配置影响力的国际航运重镇。依据国务院的指导方针，上海致力于构筑一个航运资源高度集聚、航运服务体系健全、航运市场竞争优势明显、现代物流运行效能卓越的国际航运枢纽地带。

在确保目标达成的前提下，“十二五”规划周期内，上海港积极推进航空运输枢纽的升级步伐，其中浦东国际机场不仅完成了第四条跑道的建设和行业验收程序，并且已成功进行了试飞作业；与此同时，第五跑道的基础建设工程以及南侧和东侧停机坪的预备工作亦有序展开。同一时期，虹桥国际机场一号航站楼的改造项目也正式破土动工。

到了 2013 年，上海航空港启动了一揽子包含新建、改建、深度开发在内的五项核心工程战略；至 2014 年 12 月，洋山深水港四期扩建工程正式启动施工，历经数年后，在 2017 年 12 月顺利完成一期工程并投入使用。

自此，上海港已成为中国大陆最重要的集装箱枢纽。通过持续优化航线网络和加强基础设施建设，上海国际航运中心的地位不断巩固。2020 年，上海国际航运中心建设从“基本建成”到“全面建成”的阶段性目标圆满实现，标志着上海在全球航运版图中的地位更加突出。上海港已发展成为覆盖全球主要航线、航班密集、服务能力强大的国际集装箱枢纽港。这些成就彰显了上海在推动中国航运业高质量发展中的重要作用。

第二节 “海上港城”的构想

成长为综合性国际中转港的宁波港

宁波舟山港拥有得天独厚的地理优势，是连接内陆与海外的重要枢纽。自 1844 年开埠以来，该港口不断发展壮大，如今已成为中国大陆沿海重要的集装箱中转站。依托地理位置优势，宁波舟山港建立了覆盖全球的航线网络，与 190 多个国家和地区的 600 多个港口保持联系。这为推动区域经济一体化和“一带一路”建设提供了坚实的港口支撑。

宁波港有着上千年的历史，曾是中国最古老、最繁忙的港口之一。中华人民共和国成立后，宁波一直作为备战的东海前哨，在相当长一段时间，宁波港只是一个低吨位、小流通的区域性河岸港，年货物吞吐量仅为 214 万吨。1973 年，周恩来总理提出了一项重要指示，要求在三年内改变港口面貌。1974 年初，镇海港的建设启动，正式开始了从内河港向河口港转型的工作。1978 年 10 月，镇海港区第一期万吨级煤码头竣工，新建新港过程中疏浚了被淤积的航道，还对宁波老港区进行了必要的改造和建设。到 1978 年底，宁波港拥有 500 吨级以上泊位 14 个，船舶靠港能力由千吨级一跃上升到万吨级，港口吞吐能力有了质的跨越。

1984 年 8 月，镇海港区开始进行国际集装箱运输。镇海港口的建设，使得宁波港由传统式的河岸港变为大吨位、大流通的综合性河口港，同时极大地促进了海滨工业的兴起，大型企业依托港口资源陆续建成投产，带来了相当可观的经济和社会效益。

改革开放为宁波港的发展注入了新动力。1979 年，我国着手在北仑港区建造首个能承载 10 万吨级矿石转运业务的码头设施，设计年货物处理能力高达 2 000 万吨，并在 1982 年底圆满竣工。这座重要的港口设施的落成，标志着我国港口作业水平实现了新的跨越，为之后的经济增长提供了强有力的物流支撑和硬件保障。北仑港区地理位置优越，位于镇海口的东侧，距宁波市区 32 千米，有舟山群岛作为天然屏障，背靠穿山半岛，面向金塘水道，港阔水深，水域平均水深 50 米，海水常年不淤不冻，可通行 30 万吨级巨轮，有宽广陆域可以建设服务设施及发展港口工业，是建设大港口的理想地址。

北仑港区的兴建，使宁波港转变为深水海峡港。自 1981 年开始，宁波港重新实行江海联运，组织海轮进长江，开辟沿岸直达航线，同时积极开拓沿海各航线。1985 年 9 月，宁波港建成了当时中国最大的海上驳油平台——北仑号驳油平台，年吞吐功能可达 400 万吨，这是中国第一个海上最大的驳油平台；1986 年 6 月，镇海液体化工专用泊位建成，年吞吐能力达 20 万吨，成为我国第一座 5 000 吨级液体化工专用泊位；1989 年 5 月，北仑港区二期工程开建，1992 年竣工，建成 3 万—5 万吨级国际集装箱和木材通用泊位 6 个，标志着北仑港向多货种、多功能综合性国际中转港转型。在进行港口建设的同时，宁波于 1986 年 12 月建成全长 35.5 千米的北仑至宁波铁路支线，接轨铁路宁波南站。同时新建、扩建接驳北仑港区的疏港公路 3 条。历经多年的不懈投资和基础设施的稳步增强，到 1990 年时，宁波港已经发展为一个兼顾水路运输与陆路运输功能的大型综合性港口枢纽。彼时，宁波港运营着 48 条国内国际沿海货运线路，与全球 56 个国家和地区的总计 189 个港口建立了直接的航运联系。该年度，宁波港的货物总吞吐量达到了 2 554 万吨，同时集装箱吞吐总量也达到了 2.2 万个标准箱，在中国东部沿岸的水陆联运体系中占据了显著的战略地位。

“全球第一大海港”宁波舟山港

2005年，时任浙江省委书记的习近平提出加快宁波舟山港一体化的重要要求。浙江省委、省政府随后大力推动全省海港协同发展。同年12月20日，宁波港和舟山港正式实现战略性合并，统一使用“宁波舟山港”的名称。

一体化后，宁波舟山港发挥了更加明显的规模优势。港口内部各码头间的互动与协作不断加强，在保持大宗货物全球龙头地位的同时，散杂货运输业务保持了高质量发展，这为区域经济发展提供了强有力的港口支撑。

至此，经过多年的持续发展，宁波舟山港已实现了从“世界大港”向“国际大港”、从“交通运输港”向“贸易物流港”的重要转变。如今，宁波舟山港已成为国家级海洋核心示范区。这一转变得益于港口基础设施的持续完善以及功能定位的不断优化。一方面，宁波舟山港继续加强大宗货物吞吐能力，保持全球领先地位；另一方面，宁波舟山港积极拓展贸易物流等高附加值业务，提升综合服务能力。

2006年，全港货物吞吐量突破4亿吨；2009年，货物吞吐量5.77亿吨，一跃成为全球第一大海港。2017年，宁波舟山港成为全球唯一一个货物吞吐量突破10亿吨的港口。2023年宁波舟山港完成货物吞吐量达到13.24亿吨，同比增长4.94%，因此它是中国乃至世界最重要的港口之一，具有极高的战略地位和经济价值。它是全球供应链和物流链的重要节点，对于促进国内外贸易、推动区域经济发展、加强国际交流与合作都具有重要意义。同时，它是中国海洋经济发展的重要支撑和推动力量，对于提升中国海洋经济实力和国际竞争力具有重要作用。

作为中国东海经济区的核心城市之一，宁波一直在加快发展海洋经济，推进港口建设。宁波积极开展与“一带一路”共建国家和地区的航运合作，加强港口互联互通，促进中国远洋航运业的发展，展现出宁波

“港通天下”的宏大气魄。

在建设海上“一带一路”过程中，“海上宁波”这一概念逐渐形成，该构想计划将宁波建设成为一个集海洋观测、绿色能源、智慧港口、智能制造等功能于一体的现代化综合性海洋产业城市。宁波舟山港发展的每一步，都与我国的发展战略紧紧相连，正是借助改革开放的东风，港口发展驶上了快车道，呈现出跨越式发展的良好态势。随着“一带一路”倡议的提出和推进，宁波舟山港发挥了其独特的区位、深水和开放等优势，正成为这一战略的重要支点。

一方面，港口持续优化海上通道，加强与共建国家和地区的海上联系。目前，宁波舟山港的航线总数已达 300 条，其中“一带一路”共建国家和地区的航线多达 120 条，彰显了港口在“一带一路”倡议海上贸易网络中的枢纽地位。另一方面，港口也不断完善陆上基础设施，加强与腹地的联动，构建更加畅通高效的多式联运体系。这种海陆双向发力，使宁波－舟山港成为“一带一路”倡议最佳结合点。

作为国家级海洋核心示范区，宁波舟山港正在发挥着关键的战略支撑作用。港口积极抢抓“21 世纪海上丝绸之路”沿线贸易发展的新商机，不断拓展出口业务，成为名副其实的国际枢纽大港。

这一部港口发展史，也折射出了国家综合实力不断增强的发展进程。如今的“全球第一大港”正在踏上建设“世界一流强港”的新征程，昂首阔步，砥砺前行。宁波舟山港的发展，不仅提升了自身的国际影响力，也为长三角乃至全国的对外开放注入了新动力。作为“一带一路”倡议的重要支点，该港正在发挥着独特的战略价值，为中国经济腾飞持续做出贡献。

连云港濒海文旅带建设的地学价值

海港城市濒海文旅带建设是中国沿海城市发展的重要方向之一。以蓝色基因为底色的连云港市的“海陆统筹”规划理念为例，从地理学角

度解读海港城市的濒海文旅带建设的地理学价值。海港城市作为连接内陆和海洋的重要枢纽，具有丰富的地理资源和独特的地理位置优势。打造集海港、陆港、旅游等多种功能于一体的濒海文旅带，可以促进当地经济的发展，推动全国海洋经济的发展。海港城市濒海文旅带建设还可以推动城市的文化发展，丰富城市的文化内涵，提升城市的形象和吸引力。此外，海港城市濒海文旅带建设还可以促进城市的社会发展，提供更多的就业机会，提高居民生活质量。然而在实现海陆统筹的过程中，也要注重生态保护和可持续发展，保护海洋生态环境。

随着我国城镇化进程的推进和海洋强国战略的实施，沿海海港城市的文旅产业快速发展。然而在建设过程中，沿海海港城市的自然地理环境和人文景观往往被忽视，导致环境污染和资源浪费严重。连云港市作为中国沿海重要的海港城市，一直以来都扮演着连接内陆和海洋的重要角色。近年来，连云港市在濒海文旅带建设方面做出了积极探索，提出了“海陆统筹”的规划理念，旨在打造一个集海港、陆港、旅游等多种功能于一体的濒海文旅带。这一规划理念的提出，不仅对连云港市的发展具有重要意义，也具有深远的地理学价值。

通过对连云港市濒海文旅带建设的地理学分析，阐释海港城市在发展文旅的过程中如何合理利用海洋资源，保护生态环境，构建和谐的人地关系，实现可持续发展。研究发现，连云港市在濒海文旅带建设中，充分考虑了自然地理条件和人文景观资源，采取了一系列符合海陆统筹理念的规划策略。这不仅为连云港市的可持续发展提供了地理学价值支撑，也为其他沿海海港城市的海陆统筹规划提供了宝贵借鉴。本研究通过个案分析，验证和丰富了地理空间规划理论在海港城市濒海文旅带建设中的应用，也为我国海洋强国战略实施和生态文明建设提供了地理学视角的支持。濒海文旅带是指位于海港城市沿海地区的一条地带，以海洋资源和旅游景观为核心，通过开发海洋经济、旅游业和文化产业等多种产业形态，形成一个集经济、文化和旅游功能于一体的综合发展区域。

地理位置优势：海港城市濒海文旅带位于海洋和内陆之间，具有便利的交通和物流条件，可以充分利用海洋资源和内陆资源。

多元化功能：海港城市濒海文旅带不仅具有港口功能，还包括旅游、文化、娱乐、商业等多种功能，形成一个多元化的发展模式。

综合发展：海港城市濒海文旅带将经济、文化和旅游等多个领域进行有机结合，实现综合发展，提升城市的整体形象和吸引力。

濒海文旅带建设是海港城市实现高质量发展的重要举措，其意义和目标多元互补，对城市发展具有重要的战略支撑作用。

提升城市形象和影响力。海港城市具有丰富的海洋自然资源和独特的港口文化，这都是提升城市形象和影响力的独特优势。规划建设濒海文旅带，可以将这些海洋资源有效转化为旅游资本，打造富有海洋特色和港口风貌的旅游目的地。例如，结合盐城港的历史文化，规划建设以“盐”为主题的海洋文化旅游区；依托连云港的热带风情，打造以“南国情调”为特色的海滨休闲区等。规划布局合理、配套服务完善的濒海文旅带，可以成为海港城市新的旅游名片，能有效提升城市知名度和美誉度。特色鲜明的海洋文化旅游区也可以丰富城市的文化底蕴，增强城市魅力。如此可以更好地彰显海港城市的独特风貌，提升其在国内外的影响力。

刺激区域经济增长。规划建设濒海文旅带，可以吸引大量游客到访，带动人流聚集；依托完善的旅游服务设施和业态，可以刺激商品流通，带动物流聚集；旅游业的快速发展也可以带来旅游收入的增加，带动资金流的汇集。大量游客的到来可以直接刺激餐饮、购物、娱乐、住宿等服务业的消费需求，创造新的就业岗位，带动更多的消费支出。这不仅可以促进海港城市第三产业的快速发展，也可以带动周边农业、工业等相关产业的消费需求。濒海文旅带产业的辐射效应，可以带动海港城市及周边地区形成完整的产业链条，实现产业互动共荣。在此基础上，濒海文旅带的建设可以进一步促进区域内部产业的协作配合，实现

产业的协同发展。从而增强区域经济的竞争力和综合实力，刺激区域经济持续快速增长。

保护和合理利用海洋资源。海港城市濒海文旅带建设的重要意义之一是保护和合理利用海洋资源，实现海洋资源的可持续利用。在建设过程中，要加强环境影响评估，遵循科学合理的建设规划，控制旅游开发强度，严格海洋生态红线要求，建立海洋资源监测和管理机制，开发低碳环保的海洋旅游项目，倡导绿色海洋文化理念，提高公众环境保护意识，合理制定游客接待规模，避免超载，采用高科技手段进行海洋资源调查和利用。要通过科学规划建设与动态监管，既满足人们海洋旅游需求，也实现海洋资源的可持续利用。

提升城市宜居性和市民生活质量。在规划建设濒海文旅带过程中，要充分考虑提升城市宜居性和提高市民生活质量，将其打造成为城市居民休闲场所，建设各类海洋主题公园、海滨长廊等休闲娱乐设施，完善公共服务设施如海洋科普场馆、提供就业机会的商业餐饮服务设施，并统筹交通规划与城市无缝对接，改善公共环境卫生与安全管理。在濒海文旅带提供完善的休闲娱乐、公共服务、就业机会以及安全舒适的环境，可以有效提升城市宜居性，丰富市民文化生活，增强居民的幸福感。

推动海洋文化传播和海洋意识培育。海港城市濒海文旅带建设需要以弘扬海洋文化为核心，通过建设海洋文化场馆、举办海洋艺术展演活动、开发寓教于乐的海洋主题游乐设施、与学校合作开设海洋课程、组织海洋志愿者进行文化传播等多种渠道，向公众传播海洋知识，展示海洋文化艺术魅力，增强环境意识，以海洋文化教育的手段培育公众的海洋情怀和海洋意识，推动海洋文明建设。

服务并牵引城市战略发展。海港城市濒海文旅带的建设对服务并牵引城市战略发展具有重要意义。濒海文旅带的建设需要与城市发展战略对接，充分发挥文旅资源的辐射带动作用，推动城市产业结构优化升级，为城市战略发展提供强大动力。

综上所述，对连云港濒海文旅带地理学价值解读如下。

第一，连接陆海枢纽，推动两岸经济发展。连云港地处长三角经济区东北部，背靠苏北平原，面向黄海，既连接腹地经济，又面向海洋开放，是连接内陆与海洋的重要枢纽。

连云港可以依托自身枢纽地位，积极发展滨海旅游，建设港口物流基地。这样可以吸引内陆地区产业向海洋方向转移，实现产业远洋发展。同时可以依托港口运输联动，形成内陆与沿海地区的货物运输体系，促进区域一体化发展。

通过发展旅游业、建设物流基地，促进内陆产业与沿海产业的分工协作。这不仅带动了沿海地区的经济增长，也带动了内陆地区的发展，实现了两岸经济的协调发展。

第二，丰富文化内涵，提升城市吸引力。连云港作为海港城市，拥有独特的海洋文化和丰富的海洋资源。发展滨海旅游，可以依托这些海洋文化资源，打造具有海洋特色的旅游目的地。比如，结合盐文化规划盐文化旅游区，依托亚热带特色打造南国风情旅游区等。

发展特色海洋旅游，可以有效展示连云港海洋文化，丰富城市文化内涵。同时可以通过旅游业的带动作用，带动文化创意产业及相关产业的发展。这可以丰富连云港的海洋文化积淀，提升其文化软实力。

海洋文化的繁荣，可以提升连云港的城市品位和魅力，丰富城市文化生活，使之成为宜居宜业的活力之城。有吸引力的城市文化也可以集聚人才，投资和资源，带动经济高质量发展。

第三，创造就业机会，提高居民生活质量。沿海旅游的发展可以直接推动一些旅游相关服务的发展，如餐饮、酒店、娱乐、交通等，这为连云港居民创造了大量的就业机会。旅游业的繁荣可以带动相关产业链的发展，如海洋渔业和海产品加工业也会受到旅游消费的驱动，创造更多的就业机会。同时旅游业可以促进手工业和其他创意产业的发展。这

为连云港居民，特别是沿海地区居民提供了更多的就业机会，增加了稳定的收入来源，提高了居民的生活质量。居民收入的增加也导致了区域内需市场的进一步扩大。此外旅游业的发展还可以促进居民环境的改善，文化设施的建设，不断提高物质文明和精神文明水平。

连云港“海陆统筹”规划理念剖析

实现海陆统筹，是海港城市可持续发展的重要方向。海港城市濒海文旅带建设需要科学布局海陆资源，发挥海洋资源的独特优势，同时利用良好的陆上交通条件，实现海陆资源的统筹利用和优势互补。合理规划海陆资源的产业分工、空间布局、交通联动等，能够形成海陆互利共生的发展格局，促进海洋经济与陆上产业融合发展，使海洋旅游业、现代渔业、海洋新兴产业等与内陆产业形成协同效应，带动区域经济社会协调可持续发展。

连云港作为一个沿海城市，拥有得天独厚的地理位置和丰富的海洋资源。连云港市地处长江三角洲经济区的东北部，背靠苏北平原，面向黄海与韩国和日本遥遥相对，是我国东部开放重要的海港城市。连云港拥有独特的地理优势，东临黄海，南靠长江入海口，北枕苏北腹地，西连淮河流域，是“两海”之间、“两江”之间的战略支点，是我国沿海开放的重要窗口，长江流域开发的重要基地，也是苏北地区的龙头城市。在海港文旅带建设中，连云港市充分发挥了自身的地理优势，通过整合港口、旅游、文化和商业等多个要素，实现了经济增长、文化交流和环境保护的协调发展。

连云港的经济发展存在区域不平衡问题。过去较多关注内陆工业区建设，而对临海地区的开发不够，导致内陆地区经济快速增长，而沿海地区发展相对滞后。连云港的经济过于依赖石化、煤电等传统产业。新兴产业尚未充分发展，产业结构较为单一。海洋经济的开发利用不足。部分化工企业污染物排放不规范，也对生态环境造成一定压力。此外滨海旅游业发展过度，导致局部滨海地区存在一定生态破坏。随着传统产业发展到一定阶段，连云港经济发展动力减弱，需要开发新兴产业来带动经济增长，而海洋经济的巨大潜力还未充分挖掘。以上都迫切需要“海陆统筹”规划理念的贯彻落实。其内涵主要包括海洋经济与陆域经济融合发展、统筹城市发展和生态保护两个大的方面。

首先，海洋经济与陆域经济融合发展。一是发展临海工业区，推进海洋经济产业布局。在沿海地区规划建设临海工业园区，发展海洋的船舶制造、近海渔业、海水利用等产业，并与内陆工业区形成产业协作链，实现海洋经济和陆域经济的有机融合。二是建设海港物流基地，强化阶段输送功能。应充分发挥连云港港口的作用，打造综合性海港物流基地。依托港口之间的运输联动，实现连云港与内陆地区的货物输送，促进区域经济一体化发展。三是发展滨海旅游业，推动旅游业与其他产业融合。要发展连云港的滨海旅游业，并与周边地区旅游资源实行“点线面”联动。还可以推动旅游业与其他产业的深度融合，如与文化创意产业、渔业等的融合发展。四是建立海陆统筹的空间规划和政策体系。应在区域空间规划上，实现海洋空间和陆地空间的统筹规划，并制定支持海陆统筹发展的财税、投融资等政策体系。

其次，统筹城市发展和生态保护。一是合理界定生态保护红线，科学划定各功能区。在城市总体规划中，合理界定不可开发的生态保护红线，保留住海岸天然生态空间，并科学划定城市各功能区，实现生产空间、生活空间、生态空间的合理配置。二是加强环保基础设施建设，实现污染治理现代化。要建立健全污水、垃圾处理等环保设施，推进污染治理技术改造，实现智能化和无害化处理。严格排放标准，减少企业生产对生态环境的影响。三是发展低碳循环经济，促进绿色发展。应发展循环经济，推动产业链实现碳中和。鼓励绿色智能制造业发展，推广绿色建筑和交通模式。严格执行节能减排和环境保护制度。修复滨海生态系统，建设海岸生态廊道。对部分遭到破坏的滨海湿地和自然海岸进行

生态修复，恢复滨海生物多样性，并以生态优先的理念规划海岸带，打造生态廊道。

整合连云港市内多个滨海景点资源，依托连云港独特的海岸地理环境和生态资源，打造连接云台山、连岛、秦山岛等滨海旅游景观长廊。突出生态环保理念，打造低碳、绿色的滨海旅游目的地，使其成为世界级的滨海生态旅游品牌。

连云港在“水韵江苏+”旅游品牌集群建设中定位为“山海相拥、西游名郡”。这主要基于连云港悠久的历史文化底蕴和独特的山海景观资源优势。“山海相拥”彰显连云港拥有秀美的海岛山水风光。“西游名郡”凸显连云港是大禹治水、夏商文明的发源地，是《西游记》中仙山所在，也是明义军抗清的重要场所，具有丰富的人文历史内涵。按照这个定位，连云港旅游将打造集山海自然风光和历史人文景观为一体的独特旅游品牌。

发挥产业发展平台的作用以推动自贸试验区文化和旅游产业发展。南京、苏州、连云港三大片区要加强特色探索，发展文化旅游等现代服务业，促进文物以及文化艺术品在自贸试验区内的综合保税区存储、展示等，建设开放型文化和旅游业制度集成创新高地。连云港要打造国际邮轮母港、建设邮轮发展实验室。同时连云港云台山跨海交通索道、藤花落考古遗址公园、园博园、连云港市博物馆新馆等项目列入“十四五”时期江苏文化和旅游重点项目。

连云港要继续发挥内外联动的重要作用，促进海陆一体化发展。一方面，要依托黄海海湾独特的地理条件，发展海洋经济，如海洋旅游、海鱼养殖等，提高蓝色经济的产值。另一方面，要发挥陆海交通枢纽的优势，促进腹地经济的发展，促进沿海和内陆地区的一体化。

连云港还应依托沿海自然资源建设海上丝绸之路、盐文化、南方风情等特色旅游品牌，丰富海洋文化内涵。同时要加强海洋科技创新，建设大型海洋科研基地，开发利用海洋生物和深海资源，为建设美丽的海港城市提供科技支持。

连云港通过促进海陆综合开发，可以更好地实现经济、社会、城市环境、城乡规划等方面的协调发展，提高城市的宜居性和产业素质，建设一个具有海洋文化特色的美丽海港城市。

第三节　智慧海港与自动化码头

区域组合港：厦门港航道和港池实现一体化维护

厦门港和泉州港均位于中国东南沿海的福建省，是中国远洋航运业的重要枢纽之一。泉州是中国“海上丝绸之路”的起点，宋元时期的泉州港就被中世纪世界著名旅行家马可·波罗誉为“世界第一大港”；“一带一路”建设开始后，泉州更是被称为“21 世纪海上丝绸之路先行区”。作为福建省两大重要港口，厦门港和泉州港在近年来得到了迅速发展，特别是在“一带一路”倡议下，两个港口积极开展与共建国家和地区的航运合作，推动区域航运发展。

为了适应不断增长的航运需求，福建省采取了一系列举措，旨在提升港口设施的现代化水平和物流运营效率。在这一背景下，厦门和泉州先后建设了一批现代化港口设施，包括码头、防波堤、保税区等，为航运业提供了更加完善的硬件支持。

2023 年，福建省提出了将厦门港和泉州港整合为“区域组合港”的发展规划。这一举措将在通关制度创新、优化营商环境、提高物流质量等方面发挥协同效应。所谓“区域组合港”，是指根据各港口的规模、特点、货种和运输条件等因素，进行统筹规划和合理分工，形成分工明

确、功能互补、有机衔接的港口网络体系。通过这一整合，福建将充分发挥各港口的比较优势，提高港口资源配置效率，增强港口综合实力和竞争力。

目前，粤港澳大湾区的区域组合港已经落地，标志着一个崭新的国际商贸物流一体化进程正在加速推进。福建省正积极响应并积极推动构建一种新型高效的国际物流运作模式，旨在构建陆海统筹、东西双向互动流通的现代化物流体系，以更高水平的互联互通推动地区经济发展。

厦门港与泉州港通过整合组建成为一个紧密协作的区域组合体，实现了两港码头设施与航线资源配置的优势集成与功能互补。这种创新模式对于提升整个区域的通关效能具有革命性意义，不仅能够显著减少企业的通关时间成本，更实现了“一次性申报、一次性查验”的便捷通关流程，为企业带来了实实在在的便利与经济效益。

在此背景下，福建各大港口如厦门港和泉州港正以“丝路海运”项目为核心支撑，持续丰富和完善其国际航线网络布局，力图构建一套涵盖“进口集散—分拨处理—高效配送”各个环节的现代港口物流产业链。同时，依托“丝路飞翔”计划，积极推进国际航空货运航线网络的拓展，以空中走廊拓宽对外交流渠道。

此外，通过加强与中欧班列的有效对接，福建正致力于开辟一条与“丝路海运”相辅相成、无缝衔接的新国际物流路径，从而编织起覆盖海陆空的多式联运网络，有力地促进了地区乃至全球范围内的商品和服务流通，为打造世界级的国际贸易物流枢纽奠定了坚实基础。

近年来，厦门港迎来了越来越多的大型船舶，如“地中海丹尼特”“马士基”等大型集装箱船舶接连靠泊厦门港。为做好大型船舶的通行保障，厦门着力打造深水航道 + 深水码头“两深工程”，实现厦门港航道和港池统一维护的重大升级，让厦门港船舶接待服务能力始终处于世界一流水平。

智慧港口：自动化操作系统为港口提供优质保障

随着科技的不断发展，“智慧港口”建设已成为港口发展的趋势。远程操控塔吊、无人驾驶运输车……越来越多的自动化操作场景出现在中国的港口码头。

作为数字中国理念孕育与实践的启航之地，福建积极发挥先发优势，正大力推动智能港口综合服务平台的全方位构建与发展，以科技创新驱动港口产业的优化升级与高品质成长。通过深化数字化技术在港口领域的应用实践，福建不断探索智慧港口的前沿模式，赋能传统港口服务向智能化、高效化转型，从而有力支撑国家“数字中国”战略下的港口现代化建设迈向新高度。厦门港、福州港、湄洲湾港、泉州港，在福建各港口码头一线，忙碌的工人与车辆，让人们感受到福建港口蓬勃的脉动。智慧绿色港口是新时代港口发展的必然阶段，厦门港是中国第一个自主研发全自动化集装箱码头，国内首个、全球领先的 5G 全场景应用智慧港口。作为首批国家生态文明试验区，福建大胆探索绿色经济发展新模式。2023 年 2 月，泉州石狮市石湖码头 5 号、6 号泊位正式投产使用，建造全过程融入“智慧港口 · 绿色低碳”解决方案，无人集卡作业成为石湖码头上一道亮丽的风景线。

所谓无人集卡作业，是一种依赖先进自动驾驶算法的技术集成应用实例，它结合了 5G 通信、车辆与万物互联（V2X）技术和绿色新能源动力等多个高科技领域成果，并特别针对港口运营环境进行了定制化设计与自主研发。无人集卡作业依托“车—设备—道路”一体化协同运作模式，凭借灵敏的环境感知融合技术、高效的协同计算能力和实时的通信交互手段，得以完美融入港口整体调度管理系统，实现与智能轮胎吊、岸桥等各类自动化装卸设备的无间隙协同工作，从而确保了无论何时都能稳定执行无人化、全流程的连续作业任务。

在港口常规维护工程中，自动化作业技术同样扮演着关键角色。以

厦门港海沧港区为例，部署了一艘专门用于清除沉积物的自航耙吸式挖泥船——“厦港浚 001”号。在执行日常疏浚任务时，船长指导操耙人员精准操控耙吸装置深入水下数十米处，有效地将海底淤泥抽吸至船体底部特设的泥浆舱内。这艘挖泥船独具特色，能够在航行过程中同步开展挖泥作业，一旦泥舱装载达到饱和状态，便会遵循既定路线驶向东碇岛区域进行淤泥卸载处置。

当前，厦门港所有的施工船只均装备了智能作业管理系统，该系统包含实时位置监测、行动轨迹复盘以及视频实时监控三大功能，能够详尽地展现和记录船舶作业全阶段的操作细节，为构建全面的作业流程信息链提供了扎实的数据基础。

通过汇集并分析此类系统生成的大量实时数据，系统能有效地揭示并把握厦门港区域内的淤积演变规律，这些数据在港池航道淤积程度的量化分析、维护作业效能的研究评估，以及对将来维保周期内预估工程量的精算方面发挥了重要作用。长远来看，这种数据驱动的方式无疑有利于对港池航道维护策略和技术方案进行更为精细化和优化的设计实施。

作为全球经济活动的重要连接口，港口扮演着世界贸易关键节点的角色，并且其繁荣程度可视作经济状况的风向标。随着全球商贸往来不断深化及船舶规模持续扩大的行业走势，港口设施更新迭代的必要性和紧迫性正日益显著。中国港口积极布局新一轮“码头革命”，通过探索利用 5G、人工智能等新技术，建设智慧码头，推动港口向智慧码头转型，服务“一带一路”倡议，积极融入世界贸易一体化的大格局。

第六章

成为世界公民，加强海洋环保

海洋不仅承载着生物多样性，还是人类生存与发展的重要资源。海洋有着很强的自愈能力，然而随着工业化、城市化的快速发展，海洋环境正在遭受前所未有的破坏。为了保护这片蓝色家园，强化世界公民的海洋环保意识教育显得尤为重要。其中认识到海洋环境的破坏现状以及培养青少年海洋环保意识，是两个至关重要的方面。

海洋环境破坏的现实非常严峻，为了满足人类对海鲜的需求，过度捕捞现象屡禁不止。这导致许多海洋鱼类种群数量锐减，甚至濒临灭绝。过度捕捞不仅破坏了海洋生物多样性，还影响了海洋生态系统的稳定性。同时，全球气候变化导致海洋酸化、海平面上升等问题日益严重。海洋威胁就此诞生，给珊瑚礁、软体贝等海洋生物带来极大的生存挑战，同时沿海地区的洪涝灾害风险伴随着海平面上升骤然加剧。

因此尽快培养青少年海洋环保意识就显得非常紧迫，他们的环保意识和行为习惯将直接影响未来海洋环境的状况。学校应将海洋环保教育纳入课程体系，通过开设相关课程、组织实践活动等方式，让学生了解海洋环境的重要性和保护海洋的紧迫性。通过参与社会实践活动，如海滩清洁、海洋生物保护等志愿活动，青少年可以亲身感受海洋环境的脆弱性和保护的重要性。这些实践活动不仅可以增强青少年的环保意识，还能提升他们的团队协作能力和社会责任感。

不可否认的是，致力于推进国家海洋战略教育的系统工程，离不开政府、家庭、学校和社会多方面的齐心协力。因此，要形成家校社一体的海洋顶层设计战略教育推进体系，政府应制定相关政策法规，提供资金和资源支持；学校应将海洋教育纳入课程体系，加强师资培训和教材建设；家庭应配合学校教育，引导孩子关注海洋、了解海洋；社会应营造良好的海洋文化氛围，提供实践和学习平台。要从中小学生开始，讲好中国海洋故事，构建国民海洋愿景，使之成为推进国家海洋战略教育的重要一环。要讲好中国海洋故事，从千年巨轮下西洋的壮举，回望海上丝绸之路的光辉，展现现代海洋高新技术的飞速发展，中国的海洋故事充满了传奇与魅力。通过生动的讲述、丰富的教材和多样的活动，中小学生可以更好地了解中国的海洋历史、文化和现状，激发海洋兴趣和探索欲望。

强化世界公民的海洋环保意识教育是一项长期而艰巨的任务，需要认识到海洋环境被破坏的严峻现实，从培养青少年海洋环保意识抓起，通过学校教育、家庭教育和社会实践等多方面的努力，共同为保护这片蓝色家园贡献力量。还需要不断创新教育方法和手段，提高海洋环保教育的针对性和实效性。同时，加强国际合作与交流，共同应对全球性海洋环境问题。

第一节　做海洋环境保护的守望者、传递者

海洋环境保护面临的困境

在浩渺无垠的地球表面，蔚蓝深邃、广袤无边的海洋里繁衍生息着数量庞大的生物种群，从微小的浮游生物到庞然大物鲸鱼，从绚丽多彩的珊瑚礁生态系统到丰富多样的海草床与海底森林，都展现出了海洋生态系统的多样性和复杂性。海洋不仅是地球上最大的生态系统，还发挥着调节全球气候的关键作用，其沟通碳循环，实现生命的延续，吸收二氧化碳并释放出氧气，维持着地球上的物质循环与生态平衡。海洋还是水资源的重要储存库，并蕴藏着丰富的矿产资源，如石油、天然气以及各种稀有金属等。

然而，在人类社会快速发展的背景下，海洋环境正面临着前所未有的挑战。工业排放、塑料污染、油轮泄漏、重金属沉积以及过度捕捞等一系列人为因素，正在严重威胁海洋生态系统的健康与稳定。因此，普及海洋环境保护教育显得尤为迫切和重要，它不仅有助于提升公众对海洋生态系统价值的认知，还能引导大众积极参与到保护海洋的实际行动中来。

海洋环境保护教育的核心在于强化公众对于海洋生态系统复杂性和脆弱性的理解。以珊瑚礁为例，它们被誉为“海洋雨林”，为无数海洋生物提供了栖息地和繁殖场所，是生物多样性的重要宝库。同时它们通过光合作用吸收二氧化碳，蓝色浮游生物在全球物质循环过程中扮演着不可或缺的角色，进而影响着地球的气候变化。通过对这些知识的学习，人们能深刻认识到保护海洋生态环境其实就是在守护人类自身的生存基础，维护地球家园的和谐共生。

当今世界，海洋污染问题日益严重，塑料垃圾已成全球关注的焦点，数以万吨计的塑料废弃物进入海洋，对海洋生物造成了极大的伤害，甚至有些生物因误食塑料垃圾致死，形成了恶性循环。此外，诸如墨西哥湾漏油事件等大型石油泄漏事故，使得大片海域遭受重创，严重影响了当地生态链的完整性。重金属污染物也随着河流汇入大海，逐渐积累在海洋生物体内，最终可能通过食物链传递给人类自身，危及食品安全和人类健康。通过深入剖析实际案例和组织实地考察活动，可以直观感受海洋环境污染的危害，并倡导和推广可持续的生活方式和生产方式，力求减少对海洋环境的负面影响。

海洋环境保护教育倡导人人参与、共同守护的理念。每个人都可以成为海洋保护行动的参与者：在日常生活中尽量减少一次性塑料制品的使用，选择环保包装和绿色产品；支持和推动绿色海洋经济的发展，鼓励渔业采取可持续捕捞方法，避免过度捕捞导致渔业资源枯竭；参加海滩清洁、海洋生物保护等各种公益活动，将保护海洋的意识付诸实践；等等。系统化的海洋环境保护教育，将培养出新一代具有强烈环保意识的公民，他们将成为未来守护蓝色星球、捍卫海洋生态环境的重要力量。

面对当前海洋环境面临的诸多挑战，必须借助海洋环境保护教育的力量，提升全社会对海洋生态保护的认识水平，切实转变生产和生活方式，携手共筑人与海洋和谐共生的美好未来。只有这样，才能确保这片赋予人类无尽恩泽的蓝色疆域能够得到充分尊重和妥善保护，继续滋养着地球上所有的生命。

做海洋环境保护的守望者

经略海洋，矢志报国。在中国广袤的海洋上，有这样一群人，他们

用专业的知识、执着的信念和无私的奉献，守护着海洋环境的健康与生态平衡。

在浩瀚的海洋中，浮标监测技术是揭示海洋奥秘的关键所在。海洋监测浮标一年 365 天在海上监测着大海的风、浪、流等环境信息，实时发回相关数据。科研人员将相关数据收集处理之后，会为国家的海洋和气象预报、防灾减灾、环境保护、科学研究，以及海防安全，提供相应服务。海洋监测浮标，是“开发、利用、监测海洋”的“探测兵”，是“认识、揭秘海洋”的“千里眼”“顺风耳”“瞭望塔”，也是“保护海洋”的“忠诚卫士”，是“预警预报”的“数据源”，是“防灾减灾”的“盾牌”。

在山东省科学院海洋仪器仪表研究所的深厚土壤中，王军成研究员多年如一日地深耕于中国的海洋监测浮标领域。经过系统的考察与对比研究，他敏锐地指出了该领域存在的关键问题，并提出了自主研制海洋监测浮标的必要性与紧迫性。1993 年的一次海上实践，为王军成的研究生涯留下了深刻的印记。当时他在东海进行浮标修理工作，面对狂风巨浪，他毫不退缩，历时 4 小时完成了修理任务。这次经历不仅考验了他的勇气和毅力，更让他深刻体会到了海洋环境的复杂性和恶劣性。

正是这种对科研的执着和对实践的重视，使得王军成带领的团队在 1993 年取得了突破性的成果。他们获取气象水文基本监测数据技术卡口的关键，以及成功攻克浮标系统在恶劣海洋环境下的运作问题，不仅填补了国内空白，更使得中国的海洋监测浮标技术跻身世界先进行列。随后，在 2008 年青岛奥帆赛的重大历史机遇中，王军成和他的团队再次展现了卓越的科研实力。面对挪威浮标设备的频繁故障，他们临危受命，凭借精湛的技术和万全的准备，成功保障了奥运会帆船比赛的顺利进行。这次成功的实践应用，不仅证明了中国海洋监测浮标技术的可靠性和先进性，更让全世界看到了中国在这一领域的实力和潜力。

构建国家海洋教育教科书

从国家层面对海洋教育历史的研究为推动海洋教育的发展提供了扎实的学术支撑。将教育性视为海洋教育的核心特质，而在欧美地区，其侧重点更多在于科学性维度。海洋教育在涵盖欧美所重视的自然属性之外，还蕴含着不可忽视的社会属性，这一点在欧美国家的海洋教育实践中并未得到充分关注，从而凸显了海洋教育在教育层面的重大价值。海洋教育旨在培养面向海洋、驱动海洋战略教育进程的人才，其关键的逻辑线索是海洋与国家、教科书之间的内在联系。

致力于构建一种以海洋决定陆地的新时代海洋观念，我国自小学生阶段即开始传播中国海洋文化，讲述中国海洋故事，以此来构筑全体国民对海洋未来的共同愿景，并逐步建立起立足中国视角的海洋话语系统。进而，构建一个涵盖家庭、学校和社会三位一体的全面海洋战略教育推广体系，并进行整体布局和顶层规划，来有效推动海洋教育事业的发展。作为教育史学新增长点，海洋教育史能够促进教育史在国家战略与历史、现实之间寻找重要平衡。海洋教育史不仅是国家战略计划的重要教育资源，也是连接人类与海洋的重要纽带，即使身处内陆，海洋也与人们的生活息息相关。

海洋教育史的独特价值引起了国内外教育史学者的广泛关注，他们聚焦于全球范围内海洋教育的实践经验与教训，海洋教育史为当今海洋教育的进步提供了丰富的参考素材。从教育规律性的深层次探讨，海洋教育史有力推动了人们对建设海洋强国路径的深入探索。此外，海洋教育史还在不同年龄段教育中体现出深远的战略意义，为各个阶段的海洋教育改革以及民众海洋意识的提升带来了历史性的启迪。

海洋教育史研究的核心任务是对相关核心领域进行深度挖掘，包括系统整理学校海洋教育的历史脉络及提炼其中的教学经验。与此同时，我国的海洋教育始终坚守具有中国特色的新文化立场，紧密联系我国当

下的实际情况。思想政治教育是贯穿各项工作全局的生命线，也是构筑海洋强国不可或缺的着力点。

大学生群体是实施海洋强国战略的关键力量，对于战略的顺利实施至关重要。加强海洋文化意识是海洋强国战略顺利实施的必要保障，也是实现中国式现代化和中华民族伟大复兴的必经之路。加强海洋文化意识对于实现中国式现代化和中华民族伟大复兴至关重要——以海上视角纵观中国近代危机。建设海洋强国要求思想政治教育必须高度聚焦和融合大学生海洋文化教育，才能实现自身创新发展，因此新时期海洋强国建设离不开思想政治教育。

人类居住的蓝色星球并非被海洋分割成孤立的岛，而是由海洋连接成一个命运共同体，各国人民休戚与共。面对人类与海洋关系的历史性定位，以人为中心的海洋认知将重新出发。海洋认知需要有新理论探索。近代中国的落后，与对海洋发展的忽视有一定程度的关系。有学者在总结近代侵略历史时，论断沉溺于大国威名、四海俯首的清政府缺乏对外邦交和国际规划，蓝色国土意识、海洋权益和治外法权意识淡薄，未能开眼看世界，海洋强国和强军科技发展严重滞后，只会“师夷长技以制夷”，军事御敌和统一对外实战力不强。军事、文化、政治、经济等方面对于国家海洋力量建设来说都很重要，但更需要全民海洋素养觉醒，光靠专业推广是远远不够的。

大学生思想政治教育依赖时代与社会内生诉求，真正经世致用，而不是浅尝辄止。纵观时代，坚定马克思主义立场，需要用马克思主义方法和观点，解决发展中的实际问题。恩格斯一针见血指出，马克思笔下的整个世界观，是方法论，并非教义。开拓新视野，把海洋文化融入其中，结合实际打开思维，更能彰显海洋文化雄厚实力，是大学生思想政治教育创新茁壮发展的内生诉求。在科学、高效、协同现代化教育体制下，实质性地适应当前时代和今日社会的要求，紧跟大学生思想政治教育，适时转变旧观念、拓宽路径渠道、优化培育新理论，以新理论指导实践，大学生思想政治教育工作就能不断开拓新领域，融入蓝色文化。

在立德树人领域，海洋教育具有重要德育价值，培养青少年家国情怀，培养中国人社群意识，培养中国人海洋素养与海洋品质。向海则兴，背海则衰，海洋教育水平提高不仅是个人海洋教育水平提高，更需要全民海洋思维强化，在普遍意义上形成新时代海洋观念，具有陆海统筹思想。回望古今，放眼世界，经济发达、综合实力较强国家主要分布在沿海地区，大部分分布在两洋沿岸，海洋对一个国家的影响举足轻重。海洋教育史研究提供必要教育史学术资源支持，使人们更好地了解海洋。国家海洋事业布局，既离不开军事、政治、经济、科技等各个领域支持，也需要教育研究参与，更离不开培养国家海洋意识。

第二节　培养海洋环保意识

共同命运：保护生物多样性

作为社会主义建设者和接班人，青少年对于海洋环境的认知与态度，直接关系到海洋的未来命运。学校作为教育的主阵地，应当承担起培养青少年海洋环保意识的重任。通过丰富多彩的活动，青少年可以更加深入地了解海洋，从而培养保护海洋、保护生物多样性的责任感。

为了增强青少年对海洋环保的初步认识，可以通过邀请海洋专家、学者来校进行主题讲座，介绍海洋的基本知识、面临的威胁及保护措施。举办海洋生物多样性展览，展示各种珍稀海洋生物的图片和模型，引导青少年关注和爱护海洋生物。同时可以组织学生参观附近的海洋公

园、海洋保护区或港口码头，进行研学活动，使学生亲眼看到海洋环境的现状，了解人类活动对海洋生态的影响。如果面向中小学生，应鼓励学生利用废旧物料制作海洋主题的手工艺品，如废纸制作的海洋生物、塑料瓶制作的环保模型等。手工作品既可以用于校内展示，也可赠送给附近的社区和学校，传播海洋环保的理念。还可以组织学生设计并发布关于海洋环保的海报、宣传册和视频，利用社交媒体进行传播。

尽管各国海洋国情各异，面临的海洋环境挑战不尽相同，但在海洋管理方面依然存在普适性的经验可资借鉴。中国应当基于自身国情特点，吸收国际先进的海洋生态环境管理经验，建构一套符合中国国情且具有特色的现代化海洋生态环境治理体系。

这套体系应当具备一系列显著特性：跨层级协作机制，涵盖了超越国家层面、国家层面直至次国家层面的多元地理空间管理；多方参与者整合，囊括政府机构、企业界、非政府组织及广大公众等多元利益相关者；多角度治理途径，覆盖了空间规划编制、污染防控、生态系统恢复、灾害防范预警、保护区设施完善等多个治理领域；复合型策略运用，采取多样化治理工具和手段，确保纵向政策的协调统一与执行效力。

另外，中国亟须强化海洋生态环境治理的民主化进程，鼓励公众广泛参与到决策过程和监管环节之中；坚持法治化原则，严格依照法律法规实施治理，坚决维护生态环境权益；推进规范化运作，建立健全系统的治理规则和操作规程。

借助上述体系的构建，中国有望增强自身的海洋生态环境治理效能，追求成本效益优化的治理效果，形成上下衔接、互动有效的治理格局，并最终促成海洋生态环境保护的全方位、立体化治理网络，切实提升治理的民主化程度、法治化水平以及规范化管理效能，以达到高效治理的目标。

生态治理：地中海行动计划

地中海行动计划作为区域海洋治理创新的引领者和欧洲环保合作的模范案例，依托《巴塞罗那公约》构筑起了全面而细致的治理架构，其内容延展至海洋资源管理规划、环境监控、绩效评估、法规制定和能力建设等多个维度。历经 40 多年的演进历程，地中海行动计划经历两轮重大更新迭代，尤其在 1995 年推出的改良版计划中，工作重心转为综合性的海洋与海岸带管理以及生物多样性和物种保护的强化。这种灵活而富有活力的合作机制促进了成员国间的有效对话与协作。

随着海洋资源开发强度的加大，以及全球气候变化与海洋生态环境压力的增长，海洋发达国家在这一领域取得了显著的进步，积累了宝贵的治理经验。这些成果为中国海洋管理制度的革新与生态环境治理现代化提供了有益借鉴。中国应在实际工作中贯彻海洋全链条治理理念，高度重视海洋环境立法并进行严格的行政执法，科学合理地制定并执行海洋环境保护长远规划；同时，倡导海洋环境保护意识的普及教育，增进公众参与度，激励海洋高科技研发的应用拓展，以及强化区域间海洋环境保护的协作机制。

因此，中国应当积极吸取此类成功经验，以保护本国珍贵的海洋生态环境为目标，并致力于实现海洋资源的永续利用，从而打造出海洋经济发展、生态环境保护与社会和谐相统一的海洋强国形象。其中，尤为关键的是要不断完善海洋环境保护的法律法规体系，严格执行相关的环保规划，积极推动全社会海洋环保意识的觉醒与提升，大力支持海洋高科技产业的创新与发展，并不断深化与周边国家在海洋环境保护上的战略合作。

向海图强：万顷碧波可耕田

党的二十大报告指出，把建设海洋强国作为推进中国式现代化重

要任务和有机组成部分，发展生态海洋环境，加快海洋强国建设。应坚持以习近平新时代中国特色社会主义思想为指导，以新贡献与新作为全面贯彻落实党的二十大精神，推动海洋强国建设不断取得新成绩、新成就，为全面建成中国特色社会主义国家、全面建成社会主义现代化强国与现代化海洋强国贡献力量。世界发展史告诉人们，大国必将崛起于海洋，海洋事业须交出一份出色答卷，中华民族必将实现伟大复兴。

党中央高瞻远瞩，准确分析时代发展局势，总揽国内国际发展全局，为海洋事业发展提供基本依据，深谙时代背景与世界潮流，对新形势下我国海洋事业发展根本目标、主要任务、指导思想做出重大部署与重要论断。要以习近平总书记关于建设海洋强国的重要论述为精神引领，准确把握今后一个时期推进海洋工作要求，立足中国式现代化战略全局，全面深化改革。

建设海洋强国要始终坚持人民至上理念，同时要求内涵多元、成果多样。建设海洋强国不能脱离以人为中心的根本要求，且满足社会公众对海洋多元化、多层次需求。要反映突出痛点和短板，针对当前海洋领域群众切身感受重点施策，建设海洋强国不仅要保障国家能源、水资源、食品安全等战略利益，更要保障公众享有洁净的沙滩、碧海蓝天等亲海权利。持续稳定地供应优质海产品，增强人民群众对海洋强国建设的获得感和幸福感，满足人民群众对美好生活的向往。

坚持在发展中保障和改善民生，就是要不断实现人民群众对美好生活的愿望，享受洁净的海洋环境，拥有亲近大海的权利，获得充足、优质的海产品，保障食品安全，从海洋强国建设中获得实实在在的利益，增强获得感和幸福感。只有不断满足人民群众对美好生活的需求，才能凝聚民心，鼓励为创造美好生活而共同奋斗。

海洋强国建设要立足生态优先，生态文明建设重要内容是加强海洋生态建设。要在守牢生态安全边界、守护广阔美丽蓝色家园、实现在开发保护中发展前提下，进一步完善海洋资源开发保护体系，保护海洋生物多样性，全面提高海洋资源利用效率。习近平总书记在广东考察时强调，走人与自然和谐共生的中国式现代化道路，全面建设社会主义现代化国家的内在要求是顺应自然、尊重自然、保护自然。把协调处理好人与经济发展、人与自然保护的关系，作为一项重大原则来推进工作，落实海洋强国根本要求。

坚持用制度思维和工作方法，立足陆海一盘棋，把陆地和海洋作为一个整体同步规划。陆海统筹资源配置、生态环境保护有效途径和探索产业布局，是陆海一体基本法则。要立足陆海统筹一盘棋基本理念，综合考虑沿海地区经济社会发展状况和陆海互济、高水平开放发展这一特点，对重大生产力和公共资源布局进行优化，立足国家重大发展战略，把握陆海主体功能定位。海洋污染防治和生态保护修复活动要以保证陆海生态系统完整性和连通性为基础，统筹兼顾。对相关开发利用行为布局秩序和空间需求，要统筹考虑。

第七章

提振海洋科技，经略海洋经济

伴随着经济格局和政治格局的进一步变化，海洋的战略地位愈发凸显，它不仅深刻影响着国家的经济发展，更直接关系到国家的安全稳定和长远未来。作为一个拥有漫长海岸线和广阔海域的国家，我国必须高度重视海洋科技与海洋经济教育，将其作为建设海洋强国的重要支撑。海洋科技的发展应进一步凝练主题，以海洋为研究对象，运用现代科学技术手段和方法，探索海洋奥秘，开发海洋资源，保护海洋环境，防范海洋灾害，在深海探测、海洋生物资源开发、海洋能源利用、海洋环境保护等领域取得重要突破，为人类的生存和发展提供新的空间和机遇。

海洋科技是国家海洋事业发展的核心驱动力。只有掌握了先进的海洋科技，才能在海洋资源开发、海洋环境保护、海洋灾害防治等方面取得优势地位，为国家的经济发展和社会进步提供有力支撑。海洋科技是国家安全的重要保障。海洋是国家的重要门户和战略通道，只有具备了强大的海洋科技实力，才能有效维护国家的海洋权益和安全。海洋科技是国家创新体系的重要组成部分。海洋科技的创新和发展，不仅能够推动相关产业的升级和转型，还能够带动其他领域的科技创新和发展，从而提升国家的整体创新能力和竞争力。

海洋经济教育应致力于培养具备海洋经济知识、海洋产业技能和海洋创新意识的高素质人才，培养一批既懂技术又懂管理的复合型人才，推动海洋产业的转型升级、提高海洋经济的竞争力和可持续发展能力。一要推动海洋产业创新发展，培养具备创新意识和创新能力的高素质人才，为海洋产业的创新发展提供源源不断的人才支持。二要提高海洋经济管理水平。海洋经济管理涉及海域使用管理、海洋资源开发管理、海洋环境保护管理等多个方面，需要具备专业知识和技能的管理人才。加强海洋经济教育，培养一批既懂管理又懂技术的复合型人才，提高海洋经济的管理水平和效益。三要进一步促进海洋经济与国际接轨。随着经济全球化进程的加速和海洋经济的国际化趋势日益明显，我国必须加强与国际海洋经济的交流与合作。加强海洋经济教育，培养具备国际视野和跨文化交流能力的人才，为促进我国海洋经济与国际接轨提供有力支撑。

海洋是国家安全的重要屏障和战略资源的重要来源地。随着我国综合国力的不断提升和对外开放程度的不断加深，维护国家海洋权益已成为国家安全面临的重要任务之一。加强海洋科技与海洋经济教育，不仅能够有效提升我国在海洋资源开发、环境保护以及灾害防治等领域的实力与水平，更有助于增强我国在国际交流与合作中的竞争力与影响力，为捍卫国家海洋权益提供坚实支撑。加强教育和培训工作，培养一批既懂技术又懂管理的复合型人才以及具有国际视野和跨文化交流能力的人才队伍，可以为我国在对外交流与合作中争取更多话语权和主动权提供有力保障，进而推动我国在国际舞台上发挥更加积极、主动、建设性的作用。

谁掌握了先进的海洋科技和丰富的海洋经济知识，谁就能在海洋资源开发、海洋环境保护、海洋灾害防治以及海洋经济管理等方面占据优势地位。因此，增强海洋科技与海洋经济教育，培养一批具备高素质、高水平的人才队伍，对于提升我国在海洋领域的整体竞争力具有重要意

义。不断深化教育和培训，将有效提升我国在海洋科技研发和海洋经济管理方面的能力和水平，为国家的海洋事业发展提供坚实的人才保障和智力支持。同时，随着全球海洋经济的不断发展壮大，加强海洋经济与科技教育有助于我国更好地融入全球海洋经济体系，拓展海外市场和资源渠道，推动我国经济持续健康发展。

第一节　中国海洋开发技术与教育

海洋科学认知

在广袤无垠的地球表面，覆盖着约 71% 面积的蔚蓝海域，这就是海洋。这个深邃而神秘的世界蕴含着丰富的生物资源、无尽的化学奥秘和悠久的地质历史。

海洋科学是一门深入探索海洋自然现象、性质及其变化规律，以及海洋开发利用相关知识的综合性学科。其研究范围覆盖了地球表面广袤无垠的海域，包括海水本身、溶解和悬浮于其中的各类物质、繁衍生息于海洋中的生物种群、海底沉积物以及岩石圈构造，乃至海面上的大气边界层和河口海岸带等复杂环境。因此，海洋科学在地球科学体系中占据着举足轻重的地位。海洋科学的研究领域极为广泛，它囊括了对海洋中物理、化学、生物和地质过程的基础性探索，同时涉及海洋资源开发利用和海上军事活动等应用领域。由于海洋本身具有高度的整体性，其内部各种自然过程相互作用、错综复杂，加之研究方法与手段具有共性，这些因素共同促使海洋科学成为一门综合性极强的科学。

海洋地质学深入探索了海洋地壳的形成过程、演化轨迹以及海底地形地貌的沧桑变迁。在浩渺的海洋底部，隐藏着无数珍贵的“时间胶囊”，如锰结核、深海热泉等奇特的地质现象，它们默默记载着地球亿万年的历史秘密，为揭示地球演化的奥秘提供了宝贵的线索。海洋地质学的研究可以探知海洋的前世今生，理解板块构造理论，甚至预测自然灾害，对人类生存环境有着深远的影响。

海洋生物学是一门研究生活在海洋中的各种生物及其与环境相互关系的学科。从微小的浮游生物到巨大的鲸鱼，从色彩斑斓的珊瑚礁到形态各异的海藻，海洋生物的多样性和独特性令人叹为观止。通过对海洋生物学的学习，可以了解这些生物的生活习性、繁衍方式以及它们如何适应严酷的海洋环境，从而深化对生物多样性的理解和尊重。

海洋化学主要研究海洋中各种化学元素、化合物的分布、转化及循环过程。海洋不仅是地球上最大的水库，还扮演着调节全球气候的重要角色。比如，海水中二氧化碳的吸收与释放直接影响着地球的温室效应。学习海洋化学，有助于理解海洋酸碱度的变化、营养盐的循环以及污染物在海洋生态系统中的行为等，从而更好地保护和利用海洋资源。

海洋技术教育

自 20 世纪 50 年代起，随着科技力量的突飞猛进，现代海洋技术应运而生，并逐渐演变为人类探索深海奥秘、开发海洋资源的得力助手，在推动海洋事业发展中发挥着举足轻重的作用。海洋技术教育作为培养这一领域专业人才的关键途径，涵盖了海洋探测技术和海洋开发技术两大核心板块，不仅关乎人类对海洋世界的认知深化，也影响人类社会未来的可持续发展。

海洋探测技术是现代海洋技术的基石，旨在通过各种高科技手段获取海洋环境、生物资源以及地质结构等信息。它包括海底地形地貌测

绘、水文参数测量、海洋生物及微生物采样、海洋沉积物分析、深海矿物勘探等诸多方面。例如，声呐技术的应用使人们可以“看”到深海内部的地形地貌，遥感卫星则能实时监测海表温度、盐度变化以及洋流流向等重要数据。此外，无人潜水器的运用极大地拓展了人类深入海底探索的能力，让人类有机会触及那些未曾涉足的深海世界。

海洋开发技术是以科学合理的方式利用海洋资源，促进经济社会发展的关键技术，涉及海洋能源开发（如潮汐能、波浪能、海洋温差能、海上风电等）、海洋矿产资源开采（如海底石油天然气、锰结核、富钴结壳等）、海水淡化和利用、海洋生物资源养殖与捕捞等一系列领域。随着工程技术的进步，深海钻探技术的发展让人类能够更加高效地开采海底油气资源；同时新兴的海洋可再生能源项目为解决全球能源危机提供了新的可能。

海洋开发技术教育不仅要让学生掌握先进的开发方法和技术原理，更要培养他们尊重自然、绿色开发的理念，强调在追求经济效益的同时兼顾环境保护和社会责任。

海洋经济教育

海洋经济学作为一门研究海洋资源开发利用中经济关系及经济活动规律的新兴学科，在海洋科学与经济科学的交会点上熠熠生辉。它不仅是知识领域的拓荒者，更是推动海洋经济健康、可持续发展的智力引擎。而海洋经济教育，则如同一盏明灯，照亮人类认识、理解并合理利用海洋资源的道路，为海洋产业的蓬勃发展注入源源不断的动力，成为推动海洋事业迈向新高峰的重要力量。

海洋经济涵盖了许多领域，包括海洋矿业、海洋渔业、海洋旅游、海洋能源开发、海洋交通运输等。海洋经济教育让人们了解到这些行业如何将海洋资源转化为实际经济效益。例如，养殖业通过科学管理提高渔业产量；海洋石油和天然气开采为人类提供了重要的能源供应；海洋风电、潮汐能等可再生能源技术的发展，则展示了未来清洁能源的可能性。

海洋经济教育强调对海洋资源的可持续利用。它教会人们尊重自然规律，秉持绿色发展理念，在获取海洋经济效益的同时注重保护海洋生态环境，避免过度捕捞、污染排放等问题。比如，学习并推广生态养殖模式，不仅可以提升渔业产出效率，还能减少对海洋生态系统的影响。

海洋经济教育有助于培养具备国际视野与战略思维的专业人才。在经济全球化背景下，海洋经济的竞争日益激烈，国家间的海洋权益纷争也时有发生。因此，掌握海洋法律、海洋政策及国际贸易规则等相关知识，对于我国参与国际海洋事务，维护和拓展海洋权益具有重要意义。

海水淡化造水

海水淡化技术，作为一种关键的水资源处理技术，旨在从海水中去除盐分，从而生产出适用于人类生产和生活的淡水。在现有的海水淡化技术中，热解法、逆渗透法、电解法和离子交换法等各有特色，其中逆渗透法因其广泛的适用性和高效性而备受青睐。逆渗透法主要依赖精心设计的逆渗透膜，这种膜能够过滤海水，将盐分、微生物、有机物等杂质阻隔在膜外，而只允许水分子通过微小的膜孔。逆渗透膜通常由多层薄膜构成，其孔径极其微小，仅有几纳米大小，能够有效地阻止盐分等大分子物质的通过，确保只有水分子能够自由穿越。这种技术的淡化效果显著，通常能够将海水的盐分浓度降低到 50mg/L 以下，从而满足各种生产和生活的用水需求。然而，逆渗透法也存在一些固有的局限性。由于其工作原理需要较高的压力将水推过膜孔，因此能耗相对较高。此外，膜污染也是一个需要关注的问题，污染物可能附着在膜上，影响淡化效果并缩短膜的使用寿命。为了克服这些问题，实际应用中常采取一

系列预处理措施，如过滤和加药等。这些措施旨在减少进入逆渗透系统的杂质，降低膜污染的风险，并延长膜的使用寿命。这些措施可以更有效地利用逆渗透法，为人类社会提供更为可靠和可持续的淡水资源。综上所述，逆渗透法作为一种高效的海水淡化技术，在解决水资源短缺问题方面发挥着重要作用。尽管其能耗和膜污染问题仍需关注，但通过不断优化和改进预处理措施，有望进一步提高其效率和可靠性，为人类的可持续发展贡献力量。

防垢处理是海洋平台造水机运行中不可或缺的一环。鉴于设备内部易形成垢层和污染物的特性，必须借助特定的化学药剂来实施预防策略。对于这些化学药剂的管理，应秉持严格审慎的态度，确保每一环节的添加和处理均遵循行业标准，进而保障其安全性与效用性。此外，设备稳定运行十分重要，因此，在设备运行期间，要坚持执行周期性的清洗与维护措施，旨在确保造水机能够持续、稳定地发挥其功效，为海洋平台的长期运营提供坚实保障。

在海洋平台上，造水机的运行不仅关乎淡水资源的生成，更涉及废水和废弃物的妥善处理。任何未经处理的废水和废弃物都可能对周边环境造成潜在污染和不良影响。因此，应采取一系列先进的处理措施，确保这些废弃物得到安全、高效的处置，从而守护海洋的纯净与美丽。此外，应高度重视造水机的能源消耗问题。通过精细化的管理和控制手段，努力降低设备的能耗，减少其对环境的负担。同时，应致力于提高能源利用效率，使每一滴能源都能发挥出最大的价值。这样不仅能保护海洋环境，还能为平台的可持续运营贡献力量。

在海洋平台上，造水机所生产的淡水质量至关重要，它直接关系到平台的日常运作与人员安全。因此，应严格遵循相关水质标准，对造水机产出的淡水进行定期检测，确保每一滴水都达到安全使用的标准。同时，应密切关注设备的运行参数，通过精准监测与详尽记录，为设备的调整与优化提供有力依据。这样不仅能够保证淡水的质量，更能确保造水机长期稳定运行，为海洋平台的持续运营提供坚实保障。

海洋平台造水机，其核心使命在于将浩渺海水转化为供人类饮用、工业生产及灌溉等多重用途的淡水。然而，海水中盐分与微量元素丰富，未经处理直接利用，无疑会对人体健康与各类生产活动构成严重威胁。因此，对海水的严密监测与高效处理，无疑是造水机运行管理的重中之重。监测海水是确保水质的首要步骤。海水虽以水和盐为主，但不同地区海水中的微量元素种类与数量千差万别，如重金属、硫酸盐、氯离子等，皆需细致关注。在淡化之前，需对海水的物理特性、化学成分及微生物含量进行全面监测，诸如水温、盐度、pH 值、氨氮、总磷等关键指标，均需通过高精尖仪器与科学方法精确测定。应针对海水中不同成分，采取有针对性的处理技术。目前，海水淡化技术已日臻完善，蒸馏法、多效蒸馏法、多级闪蒸法、逆渗透及电渗析等技术均得到广泛应用。其中，逆渗透与电渗析尤为出色。逆渗透技术，依托半透膜之纳米级孔径，将海水巧妙分离为淡水与高浓度盐水，成本低廉、效率卓越、占地面积小，已成为当前主流的海水淡化手段。而电渗析技术，则利用离子交换膜与电场能的相互作用，实现离子的高效分离，具有节能、高效、适应性强等诸多优点。综上，海洋平台造水机的水质监测与处理至关重要。唯有确保海水质量达标，方能保障淡水的纯净与安全，为人类的生产与生活提供源源不断的清新之源。

随着海洋经济的蓬勃发展和海上能源利用的日益广泛，海洋平台供水设备正面临着日益严苛的要求。造水机，作为供水设备的核心部件，其重要性日益凸显，受到广泛关注。同时，推广和应用海水淡化设备，对于节约资源具有重大意义。目前，海洋平台的淡水需求多依赖陆地运输，这不仅导致成本上升，还对环境产生了一定压力。若在海洋平台上配备海水淡化设备，不仅能有效减少淡水运输量，降低成本，还能显著减轻运输活动对环境的影响。特别是油田、港口等对水资源需求巨大的海洋平台，采用海水淡化设备更能确保生产和运营的顺利进行，避免因

水资源短缺而影响生产效率和经济效益。

然而，使用海水淡化设备同样面临诸多挑战。首先，造水机的运作往往需要消耗大量能源，这在能源供应紧张的情况下，无疑增加了海水淡化设备推广和应用的难度。其次，水质问题不容忽视。由于海水中富含盐分和矿物质，造水机在运行过程中需添加特定的防垢化学药剂，以维护管道和设备的完好。然而，这样的处理过程可能导致淡水质量不符合直接饮用或食品加工等高标准要求。因此，如何有效应对这些挑战，是未来海洋平台海水淡化设备推广和应用的关键所在。要深入探索，寻求创新解决方案，以推动海水淡化技术的持续进步和广泛应用。

海洋平台海水淡化设备的运用与发展意义重大，它不仅能够确保平台淡水资源充足，还有助于节约资源、降低成本、减轻环境影响。尽管推广过程中面临挑战，但随着科技的持续进步与创新，这些难题将逐渐得到解决。未来，海水淡化设备的推广与应用将更加广泛，为海洋平台的可持续发展提供有力支撑。

海洋钻井平台

随着陆地油气资源逐渐减少，各国很早就将目光投向了海洋。从全球范围看，各大石油公司对于浅海油气资源的勘探与开采早已开始，而深水甚至超深水的石油钻探项目变得更加普遍和必要。

中国海上油气钻采主要集中于浅海地区，最近几年才开始对东海与南海等深海区块进行开发，目前还是以南海深水油气开发为重点。而要进行海洋石油开采，所有的活动必须在海上钻井平台上进行，因而海上钻井平台必不可少。之前，我国大多从美国、挪威等国租用钻井平台，日租金高达 50 万—65 万美元。自升式钻井平台示意图如图 7–1 所示。

图 7-1 自升式钻井平台示意图

海上钻井平台被称为“流动的海上国土”，因空间有限，需要综合考虑如何设计人员生活空间、钻井及安全救生设备等各方面问题。

中国在 20 世纪 80 年代开始进行海洋钻探活动，20 世纪 90 年代初开始建设海洋钻井平台。进入 21 世纪，我国的海上钻井平台建造实力也在快速提升。2011 年，我国第一艘作业水深达到 3 000 米的深水半潜式钻井平台“海洋石油 981”建成；2012 年，“海洋石油 981”钻井平台在南海正式开钻作业。“海洋石油 981”钻井平台示意图如图 7-2 所示。

图 7–2 “海洋石油 981”钻井平台示意图

“海洋石油 981”是一座长方形的海上平台，其长度达到了 114 米，宽度为 89 米。该平台采用半潜式设计，通过 4 个坚固的立柱支撑起巨大的结构，下方则稳稳地“踩”着两个船体，确保在海面之上的稳定与安全。其甲板空间宽敞，面积相当于一个标准足球场，能够满足各种海上作业需求。而整个平台的高度更是相当于 45 层高楼，非常雄伟壮观。此外，甲板室顶部还配备有直升机起降平台，为海上作业提供便捷的空中交通支持。

我国南海蕴藏着高达 300 亿吨的丰富资源，然而其中 70% 均位于深水区域。在“海洋石油 981”建造之前，国外深水钻探技术已达到 30 000 米的深度，而国内深水钻井能力仅停留在 500 米，这极大地限制了南海资源的有效开发。然而，“海洋石油 981”石油钻井平台的成功开钻，标志着中国已具备独立的深水油气勘探开发能力，这一重大突破使我国成为首个在南海自主开展深水油气资源勘探开发的国家，展现了我国在海洋资源开发领域的雄厚实力。

“海洋石油 981”作为中国首座自主设计并建造的深水钻井平台，其最大钻井深度达到了惊人的 12 000 米，这使其成为当今世界上技术最先进的第六代超深水半潜式钻井装备。这一重大成就标志着中国在油气资源勘探开发领域正式迈入了深海时代，展现了我国在海洋工程领域的强大实力与深厚底蕴。

海洋类传感器

海洋类传感器以其高精度和多样化的特性著称，但应用环境通常较为恶劣，人工干预的难度较大，且布放与回收的成本也相对较高。由于这些传感器需要长时间自主运行，受限于结构尺寸，它们往往无法携带大量能源，因此超低功耗成了一个至关重要的指标。然而，在实际应用环境中，对这类传感器的运行状况进行直接对比观察显得尤为困难。在科学实验场景中，多种传感器往往需同时工作，这就要求对各个传感器进行统一的数据收集，并同步对比数据质量，以确保实验的准确性和可靠性。我国设计并研制了一款海洋类多传感器数据的自动收集与比对平台。该平台采用了超低功耗的微控制器，集成了多种通信接口，并配备了高容量的 SD 卡，用于实现多传感器的通信与数据采集。同时，我国还引入了高精度的实时时钟，以确保数据的同步管理。为降低系统能耗并提升能源利用率，我国应用了多种电源管理方案，使其更适应海洋应用环境。在观测实验中，该平台展现出了良好的性能，实现了对多传感器数据的自动收集与精准比对。

该系统的核心组件包括微控制器（MCU）、通信模块、SD 卡存储器、实时时钟和电源管理模块。通信模块采用 UART、SPI、I2C 等多种接口，与不同子设备实现高效通信。为满足 RS-232 和 RS-485 通信方式的需求，系统特别设计了相应接口。电源管理模块不仅负责整体能源供应，还对各部分进行动态管理，确保传感器供电稳定可靠且满足低

功耗要求。此外，LED 二极管和蜂鸣器作为附属指示模块，在特定操作中为工作人员提供多样化的提示信息。整个系统结构紧凑，功能全面，为海洋类多传感器数据的自动收集与比对提供了强有力的支持。

在硬件设计中，微控制器作为核心，负责任务管理、资源调配、硬件驱动、通信协议处理及数据整合。传感器数据经通信接口传输至微控制器，经处理后格式化存储于 SD 卡。采用 MSP430F5438A 超低功耗控制器，可以确保长时间稳定运行。通信模块兼容 RS−232 和 RS−485 接口，实现多类型传感器数据的接收。RS−232 接口支持低功耗待机及线路检测，实现串口复用与连接状态检测。RS−485 模块在接收状态下功耗极低，发送速率高效，可以满足海洋应用需求。整体设计充分考虑功耗及兼容性，确保系统的可靠性与扩展性。

强化海洋战略

国家海洋战略科技力量位于国家整体海洋科技力量的核心，应具有国家属性而非部门属性，彰显集成和一体化布局，集成最优秀海洋创新资源和要素。综合国际国内已有相关研究，学者对国家战略科技力量理论内涵、时代特征、形成趋势进行初步论述，对国家海洋战略科技力量还没有进行系统探索和准确的认识，在理论认识上存在着显著差距。体系与资源是成就我国海洋科技繁荣进步的关键。2021 年 5 月 28 日，在两院院士大会上，习近平总书记明确指出国家战略科技力量的重要性，并特别强调了海洋科技创新领域的核心作用。在这一领域，我国自然资源部（国家海洋局）、生态环境部、农业农村部等部门下属的海洋科研机构，以及中国科学院的海洋研究机构，作为国家海洋科研的骨干力量，发挥着举足轻重的作用。涉海类高校和大型企业也是国家海洋战略科技力量体系的重要组成部分。这些机构与企业共同构成了我国海洋科技创新的主力军，为推动国家海洋事业的发展提供了坚实支撑。

协同国家海洋科研机构共推国家海洋战略科技力量体系化是服务国

家整体发展历史使命。为满足加快建设海洋强国的总体要求，我国应紧扣海洋领域的重大战略需求，致力于建设一批具有国际领先水平的一流科研机构。通过夯实物质与技术基础，我国将全面加速自主创新步伐，力求在海洋科技领域取得更多突破。同时，我国还将加快构建结构完整、功能完备的国家科研体系，为海洋事业的蓬勃发展提供有力支撑。这些举措将共同推动我国海洋强国建设达到新的高度。以中国科学院为代表的国家科研机构应高度重视导向性基础研究和应用性基础研究，推动海洋相关学科综合交叉发展，以更好地适应国家发展整体战略布局全方位需要。

建设国家标准实验室是强化国家科技力量的重要抓手，是国家科研创新体系的核心。在少数国家技术封锁背景下，搭建学科交叉融合海洋领域的国家标准实验室至关重要。此外，还要在海洋科研人才支撑上做好梯队建设，通过配套激励制度提升科研破冰能力。

国家海洋战略科技力量的重要支撑是涉海科技领军企业，它既是一个创新机构，也是促进科技独立和自我完善的基础。在进行体系化布局国家海洋战略科技力量的同时，必须保持开放且包容的态度，并积极关注新海洋科技力量在这个多元开放战略科技力量体系中的巨大增长潜力。同时应该密切关注在市场经济和开放全球经济体系中具有巨大发展潜力的新型涉海科技企业。

科技人才是实现民族振兴和赢得国际竞争主动权的宝贵资源，同时是推进国家战略科技力量的重要助推器。在加快建设海洋强国的进程中，培育海洋战略科技力量尤为关键，而建设高水平研究型大学则是实现这一目标的重要途径。因此，必须高度重视海洋科技人才的培养，通过打造一流的科研平台和教育体系，为海洋事业的发展提供坚实的人才保障。

基于海洋科学的演进趋势和大科学时代的背景，未来海洋科学学科布局应聚焦于地球物理学和化学海洋学等基础学科，同时强化极地海洋

学、海洋观测技术科学及工程海洋学等交叉学科的发展。这样的布局将有助于更深入地探索海洋的奥秘，推动海洋科学的全面进步。顶尖研究型大学要以理论研究为重点，进一步巩固理论基础、加强跨学科研究能力，围绕国家战略强化与目标和任务互动，探讨关键科学问题跨学科合作研究布局。在科技创新活动中，产、学、研一体化融合发展趋势愈加明显。结合自身优势，高水平研究型大学应制定学科发展路线图，促进大学建设目标有机衔接国家战略长期、中期和当前需求。顶尖研究型大学应根据自身优势，为专业发展制订一个行动计划。这样我国能逐步形成以基础研究为本、持续加强有组织科研、大力推进学科交叉的科技创新体系。

总而言之，加强国家海洋战略科技力量需要各就其位、统筹布局、协同发力，是一项复杂的系统工程。打造国家海洋实验室 + 国家海洋研究机构 + 研究型海洋类大学 + 涉海科技企业 + 其他协助新型协同创新模式，是提升我国海洋战略科技力量的关键所在。

挺起蓝色脊梁

海洋强国建设对于保障国家安全、促进社会经济发展等方面的重要性日趋凸显。新形势下世界各国纷纷制定海洋规划与开发战略，建设海洋产业布局。2022 年 4 月，习近平总书记亲赴三亚海洋研究院考察，强调建设海洋强国是实现中华民族伟大复兴的重大战略任务。为完成这一任务，必须在海洋科技领域增强战略科技力量，深入挖掘前沿技术和研发创新。这一举措对于推动海洋经济高质量发展、促进社会主义现代化国家的全面建设具有深远而重大的意义。不断加强海洋科技的研究与应用，将为海洋强国的建设奠定坚实基础。

随着海洋开发与利用力度不断加大，现代海洋产业发展面临产业结构优化升级、海洋产业结构转型升级深度调整。一系列海洋产业领域战略科技需求充分显现出来，尤其要求进一步缩短海洋相关产业之间技术差距，加强企业间技术渗透融合，推动海洋创新链产业链深度融合，为新时代海洋经济迭代升级提供有力技术支持。构建地区间产业分工合作机制，需要提升集群资源配置能力、产业配套能力和辐射带动综合能力，尤其是重点推动海洋产业结构多样化，从海洋生物医药、海水淡化、新材料运用、海洋技术、绿色环保装备、海洋能源等海洋新兴产业入手，加快国家体系化海洋战略科技力量建设，推进各类海洋产业创新要素高度集聚，为海洋新兴产业领域强化国家海洋战略科技力量奠定坚实基础。

当前，随着数字信息化、绿色智能新材料等新技术不断融入海洋经济各产业，我国面临着一系列挑战。需加强海洋科技创新，提升自主研发能力，以推动海洋经济的持续发展。在当前大国博弈的背景下，必须坚定强化国家海洋战略科技力量，并有效实施海洋基础研究计划。构建基础研究与技术突破之间的良性互动循环，旨在显著提升海洋领域的原创性。特别是在海上大规模超稠油热采和海上工程设施大规模定制等关键领域，应致力于创造更多具有创新性和实效性的成果。这些努力不仅有助于推动海洋科技的进步，还能有效保障国家的海洋权益与安全。

“十四五”规划明确提出加强国家战略科技能力建设相关实施机制。我国亟待通过强化国家海洋战略科技力量实现对海洋战略性新兴产业发展规划引导，加强对海洋战略性新兴产业研发资金投入以及相关资金扶持，落实好国家海洋战略科技力量健康有序支撑海洋新兴产业高质量发展具体政策和措施。加强国家海洋战略科技力量体制机制重塑，必将刺激和吸引资金流入新兴海洋产业领域，助推海洋领域共性技术服务平台建设，充分彰显政府在国家海洋战略科技力量体系建设中的主导和推动作用。

第二节　整合海洋科研力量，开展中国海洋科考

潜得再深一点：深海探测器的探索

大海深处的样子会是什么？那里的生物又会是什么样子？大海的深处，是一个充满未知与神秘的领域。在那里，压力巨大、光线微弱，却孕育着独特的生命。中国作为一个海洋大国，始终对深海奥秘抱有极大的好奇心和研究热情。早在 8 000 年前，人类就通过潜水的方式探索海洋世界。直到今天，人类探索海洋的步伐仍未停止。

20 世纪 70 年代，中国深海探索事业刚刚起步。当时国内深海探测技术几乎是一片空白，科研人员面临着巨大的挑战。然而正是这股初生牛犊不怕虎的劲头，推动着中国深海探索事业不断向前。这一阶段，中国科研人员主要进行了深海探测技术的初步研究和探索。通过学习和借鉴国外先进技术，他们逐步掌握了深海探测的基本原理和方法，同时国内开始了深海探测器的自主研发工作。虽然这一时期的成果有限，但为后续的深海探索奠定了坚实的基础。

20 世纪 80 年代，中国深海探索事业迎来了关键发展期。这一时期，国内深海探测技术取得了重大突破，一系列深海探测器相继诞生。20 世纪 90 年代，我国开始逐渐拥有了“潜得再深一点”的动力与科技条件，最具代表性的是 1986 年中国第一艘深潜救生艇的完成试验，这艘深潜救生艇的下潜深度达到了 300 米，虽然与现在的深海探测器相比仍有较大差距，但在当时具有划时代的意义，标志着中国深海探测技术取得了重要突破，为后续的深海探索提供了有力支撑。1997 年，“CR-01”号水下深潜机器人带着五星红旗，深潜到了 5 179 米深处，再次刷新国内深度纪录。

跨越式发展：深海科学考察的拓展

进入 21 世纪，中国深海探索事业迎来了跨越式发展。这一时期，国内深海探测技术取得了突破性进展，深海探测器不断升级换代，深海科学考察活动也得到了大幅拓展。

2002 年，中国启动了具有历史意义的 7 000 米载人潜水器重大专项，标志着中国深海探测技术迈出了重要步伐。此后，中国相继成功研制出“蛟龙”号、“深海勇士”号和“奋斗者”号等深海潜水器，不断刷新世界同类潜水器的下潜深度纪录。其中，“蛟龙”号作为中国首台自主研制的载人潜水器，其最大下潜深度达到 7 062 米，彰显了中国在深海探测领域的领先地位。而“深海勇士”号和“奋斗者”号则在“蛟龙”号的基础上实现了技术升级和换代。特别是 2020 年 11 月 10 日，“奋斗者”号在马里亚纳海沟成功坐底，刷新了我国载人深潜纪录，下潜深度达到惊人的 10 909 米。这一壮举标志着中国已经具备进入世界海洋最深处进行科学探索和研究的能力，展示了中国在深海科技领域的强大实力。

我国载人深潜事业经历了从无到有，再到跻身世界前列的壮丽历程，这一成就的背后离不开杰出人物叶聪的卓越贡献。作为我国自主研发建造的首艘万米级全海深载人潜水器“奋斗者”号的总设计师，叶聪以其深厚的专业知识和创新精神，引领着我国深海探测技术的飞速发展。与此相对照，尽管地球的最高点——海拔 8 848.86 米的珠穆朗玛峰——至今已有 4 000 多人成功登顶，但深海探索的难度与挑战同样不容忽视。叶聪及其团队的努力，使我国在这一领域取得了举世瞩目的成就，彰显了我国在深海科技领域的雄厚实力。地球的最低点是深约

11 000 米的马里亚纳海沟，它是太平洋海底一个新月形的洼地，这里的水压超过 1 100 个标准大气压，迄今为止仅有不足 50 人造访过，其中超过一半是我国“奋斗者”号的潜航员。

科技驭海：构筑海洋强国半壁江山

中国海洋文化有希望和梦想、风险和挑战、智慧和力量、激情和勇气，既包含着无限可能与惊奇，也承载着独特传统和历史。

海洋可持续发展在全球范围内正遭遇前所未有的挑战。对此，习近平总书记强调，海洋科研对于推动我国海洋强国战略至关重要，其核心在于坚持国家海洋科技的自主研发。为实现这一目标，应积极攻克海洋科技领域的难关，特别要聚焦关键核心技术的突破。同时，应充分利用国家海洋资源的丰富优势，加大基础科学研究的投入力度，并赋予科研人员充分的自主选择权，以激发他们的创新活力，从而在全球海洋科研领域取得更加显著的成果。进入 21 世纪，中国将持续密切经贸往来、加强互联互通、深化互利合作、推动人文交流，为世界贡献中国智慧、中国成果，助力海洋治理与海洋命运共同体建设。建设海洋强国是一项艰巨而伟大的任务，需要实干争效、深学争优、敢为争先的精神。这一征程任重道远，但我国将坚定信心，以海洋经济发展为核心，深度融入国家战略，持续为高质量发展注入强大动力。同时，将大力传承和弘扬中华海洋文化，以文化为魂，为海洋强国建设贡献更为强大的力量。通过不懈努力，我国必将推动海洋事业不断迈上新台阶，实现海洋强国的伟大梦想。

科技扬帆：守护蓝色海洋灾害监测

从宇宙的宏观视角审视，人类居住的地球犹如一颗璀璨夺目的蔚蓝宝石。海洋以其广袤无垠的疆域，占据了地球表面的绝大部分，对全球气候与生态系统的稳定运行发挥着举足轻重的作用。这片蓝色领域蕴藏着丰富的生物资源和矿产资源，对于人类的经济繁荣与社会进步具有不可估量的价值。

当今时代，卫星通信、卫星遥感以及北斗导航等尖端航天技术，在海洋资源的开发、利用、保护以及管理等领域发挥着重要作用。卫星通信技术的快速发展，为海洋信息的实时传输与共享提供了可能，极大地提高了海洋资源的开发效率与利用水平。卫星遥感技术则能够实现对海洋环境的全天候、大范围监测，为海洋生态系统的保护与恢复提供了重要支持。而北斗导航系统的精准定位与导航功能，则为海洋资源的开发与管理提供了精确的数据支持，助力我国在海洋领域取得更多的创新成果。

在 21 世纪的崭新背景下，海洋研究正逐渐聚焦于 GPS 在海洋灾害监测领域的深入应用，这亦是一个需要海洋学家、测绘学家和地球物理学家等跨学科专家共同攻克的复杂技术难题。海洋灾害监测的核心任务是系统探究导致灾害性海况的各类因素及其动态演变机制。这里所指的"灾害性海况"涵盖了风暴潮、巨浪、地震、海啸、海上强台风以及严重海冰等一系列自然现象，它们对人类社会与自然环境构成了严重威胁。

灾害性海况的形成与演变不仅受到大气环流、气候变化等宏观因素的影响，还受到海底地质构造、板块运动等微观因素的作用。通过综合运用 GPS 等现代测绘技术，对这些因素进行高精度、高分辨率的监测与分析，可以揭示其内在规律和潜在风险。研究目标在于通过精准监测和有效预报灾害性海况，为防灾减灾工作提供科学依据和技术支持，从而最大限度地减少海洋灾害对生命和财产安全的潜在威胁。历史数据表明，我国沿海及近海海域曾多次遭受严重的海洋灾害，如 1998 年的海洋灾害造成了超过 20 亿元的直接经济损失，而 1986 年广东、广西和浙江三省（自治区）所遭受的 4 次风暴潮灾害也带来了巨大的经济损失。这些案例充分说明了深入研究并应用 GPS 进行海洋灾害监测的重要性和紧迫性。

海洋灾害监测技术中的一项重要突破在于建立高精度且稳定可靠的海底大地测量控制网。对海底板块运动和地壳形变进行长时间（如 2—3 年）的连续观测，能够深入探究灾害性海况的信息。GPS 技术的诞生为构建这一控制网提供了创新的技术手段。目前，GPS 海底大地测量控制网的布测方法已得到广泛应用，该方法通过 GPS 信号精确测量船载接收天线的实时位置，并同步测量海底声标与测量船之间的水下声距，从而准确计算出每个海底声标的位置。模拟计算结果表明，在船载 GPS 实时点位二维位置精度为 ±5 米，且船位高度和水下声距测量精度亦达到 ±5 米的条件下，声标点的平均中误差可控制在 ±4 米，最大中误差不超过 ±10 米，这一精度足以满足某些海底工程建设的需求，备受海洋学界的关注。

随着技术的不断发展，卫星技术在海洋领域的应用已远远超出传统的导航和通信范畴，正朝着更深入、更精细化的方向发展。为了获取更高分辨率的海洋观测数据、扩大监测范围，并实现更实时的灾害预警和应急响应，我国正加大自主研发力度，努力攻克卫星技术在海洋应用中所面临的关键技术难题。这些努力不仅推动了卫星技术在海洋领域的广泛应用，也为建设海洋强国提供了坚实的技术支撑。

海洋 GIS 作为海洋技术专业的重要组成部分，将 GIS 的理论、方法和技术与海洋数据的采集、处理、管理、分析以及制图等环节紧密结合。它利用空间思维解决海洋学的相关问题，为海量海洋观测数据的管理和分析提供了一个先进的科技平台。处理多源异构数据，能够获取地形、气温、气压、风场、温度、盐度、密度、海流、海浪等丰富的海洋信息，为各种数值模拟和模型提供必要的边界条件和初始场。

在海洋综合管理和宏观决策中，海洋 GIS 发挥着不可替代的作用，为海洋功能区划、海域使用管理、海洋环境整治和评价以及海洋渔业资源利用等方面提供了重要的信息支持。

深耕海洋科技，点燃蓝色引擎

党的二十大报告指出“发展海洋经济，保护海洋生态环境，加快建设海洋强国”，将海洋强国建设作为中国式现代化进程中的关键一环和核心使命。这一战略部署充分体现了以习近平同志为核心的党中央对海洋强国建设的深刻认识和坚定决心，彰显了我国在海洋领域的雄心壮志与长远规划。通过这一部署，我国不仅致力于提升海洋经济的综合实力和竞争力，更将致力于保护海洋生态环境，实现海洋资源的可持续利用，从而为建设一个更加繁荣、富强、美丽的海洋强国奠定坚实基础。在新时代建设海洋强国的征程中，提升全民海洋意识，普及海洋科学知识，弘扬海洋文化是提升海洋强国软实力的核心手段。海洋科普出版作为宣传海洋的重要阵地，出版品种日益增多，出版内容不断丰富，出版方式积极创新，在提升全民海洋意识方面发挥越来越重要的作用。海洋科普出版的高质量发展成为海洋强国建设的重要支撑。

海洋科普的广泛传播深刻彰显着海洋科学的智慧与精髓，不仅是弘扬海洋科学精神的重要载体，更是提升国民海洋社会科学素养、助推海洋强国建设的文化基石。我国作为拥有漫长大陆海岸线、岛屿岸线以及辽阔管辖海域的海洋大国，海洋事业的兴衰直接关系到民族的生存与发展，乃至国家的荣辱安危。在建设海洋强国、构筑蓝色梦想的伟大征程中，迫切需要社会对海洋的深刻认识与普遍认同，从而形成全社会共同关注、支持和参与海洋事业发展的强大合力。

建设海洋强国，筑牢蓝色梦想，亟须社会对海洋深入了解和对海洋意识普遍认同。加强海洋意识教育，青少年是关键，科学素质是公民素质的重要组成部分，海洋科普出版物不仅要讲解海洋科学知识，更要激发青少年对海洋的兴趣和科学精神。自孩童时代起，青少年便被深耕“关心海洋、认识海洋、经略海洋”的理念。海洋科普作品，以文章、图书、音频、视频等丰富多彩的形式呈现，不仅为人们的生活增添了色

彩，更成为人们亲近海洋、探索海洋奥秘的桥梁。

党的十八大以来，习近平总书记对科普工作给予高度重视，多次作出重要指示。他强调，科技创新与科学普及是实现创新发展的双翼，科学普及应与科技创新并重。党的二十大报告更明确指出要加强国家科普能力建设，发展素质教育，加快建设教育强国、科技强国、人才强国。这些重要论述，为海洋科普工作指明了方向，也为我国海洋事业的发展注入了强大的动力。

建设世界科技强国、实现高水平科技自立自强等宏伟目标，对科普工作提出了更为严苛与迫切的要求。海洋科技领域广阔无垠，涵盖海洋生物、物理海洋、海洋地质、海洋化学、海洋水文等诸多学科，其复杂性与多元性令人叹为观止。近年来，我国海洋科技创新取得了举世瞩目的突破性成果，以“蛟龙”号、“深海勇士”号、“奋斗者”号、“海斗”号、“潜龙”号、“海龙”号等为代表的一系列先进潜水器，实现了海洋探测运载作业技术的质的飞跃，彰显了我国在深海科技领域的雄厚实力。自主建造的“雪龙 2”号破冰船，更是填补了我国在极地科考重大装备领域的空白，展现了我国在极地科学考察方面的领先地位。我国在海洋油气勘探开发方面实现了水深 3 000 米的重大跨越，为我国能源安全提供了有力保障。在海洋药物研发领域，我国自主研发的海洋药物占全球已上市品类的近 30%，充分展示了我国在海洋生物资源利用方面的创新能力。

深入开展海洋科普出版工作，能够生动呈现以上最新海洋科技创新成果，弘扬海洋科学精神，培育海洋科技创新人才，不但对深入推进科技强国建设具有重要意义，而且能够有效服务于高水平海洋科技自立自强的战略目标。在接下来的工作中，应进一步加强海洋科普，提升公众对海洋科技的认知与兴趣，激发全社会参与海洋科技创新的热情与活力，共同推动我国海洋事业取得更加辉煌的成就。

海洋科普出版物为全民阅读提供更为丰富、优质的阅读产品，为

"书香中国"贡献海洋力量。自党的十八大以来，全民阅读活动连续10余年被载入历年的政府工作报告之中，不仅是人民群众对精神文化生活向往的生动体现，更是实现社会主义文化强国宏伟目标的重要战略举措。全民阅读，作为提升国民素质、传承优秀文化、推动社会进步的重要途径，正日益成为国家文化软实力的重要支撑，展现出其在建设社会主义文化强国征程中的独特价值和深远意义。结合传统出版和数字出版融合发展的海洋科普出版物，进一步丰富了全民阅读的品类，并已深度参与农家书屋、职工书屋建设，成为宣传和展示中华优秀海洋传统文化、海洋生态文明建设、海洋经济发展和海洋科技创新成果的重要载体，受到读者的喜爱，使公众更全面地认识海洋、了解海洋事业发展。

"蛟龙"号载人潜水器入海

深海大洋，作为人类社会可持续发展的宝贵战略资源宝库，亦是大国间激烈博弈的重要战略空间。在过去的漫长岁月里，由于我国在深海调查作业技术方面的缺失，我国海洋科学研究领域与国际先进水平存在一定差距。在国际公海资源的竞争中，我国一度处于被动地位，面临着严峻的挑战。

为扭转这一局面，我国在20世纪90年代便提出了宏伟的"上天、入地、下海"战略规划，旨在全方位提升我国的科技实力。2002年4月，国家海洋局提交的《关于启动7 000米级载人潜水器重大专项的请示》获得了批准，正式纳入国家"863计划"之中，并明确由中国大洋协会负责该专项的实施工作。这一重大举措标志着我国在深海科技领域迈出了坚实的步伐，研制大深度载人潜水器的工作也由此驶入了高速发展的轨道。自此，我国开始积极探索深海奥秘，致力于打破技术壁垒，提升深海资源开发能力，为国家的海洋事业和可持续发展贡献重要力量。

2010年5月至7月，我国首台自主设计并集成研制的作业型深海载人潜水器——"蛟龙"号，在中国南海的深邃水域中成功执行了多次

下潜任务，其最大下潜深度达到了惊人的 7 020 米，彰显了我国在深海技术领域的卓越实力，为我国深海矿产资源的勘查工作提供了坚实的技术支撑。通过“蛟龙号”的深入探索，我国得以更加深入地了解南海深处的奥秘，为未来的深海资源开发奠定坚实的基础。

“蛟龙”号载人潜水器的研制与海试项目被确立为中国国家高技术研究发展计划的重大专项，主要将用于海洋资源的开发利用。载人潜水器是寻找海洋资源的重要工具，在开采海洋资源、进行水下设施安装时，载人潜水器也可以助一臂之力。另外在海上事故的救援打捞中，载人潜水器也是很好的作业装备。

“蛟龙”号及其同期的深海潜水器系列，包括“海龙”“海马”遥控潜水器、“潜龙”自治潜水器以及“海燕”水下滑翔机等，为我国的科学研究领域，特别是大洋地球系统、深海极端生命以及深海环境等前沿学科，提供了前沿的技术装备，推动了相关科研论文的涌现和研究成果的产出。这些技术设备同样为我国的深海矿产资源勘查工作，如富钴结核、多金属硫化物以及多金属结核等，提供了强有力的技术支持。

2012 年 6 月 3 日上午，中国备受关注的“蛟龙”号载人潜水器，从江苏出发，搭乘母船，前往马里亚纳海沟，展开了一场针对 7 000 米深度的挑战。

2012 年 6 月 27 日，“蛟龙”号与母船完全脱离，在马里亚纳海沟 7 062 米深度坐底开展相关试验。

7 062 米，这一数字突破了中国载人潜水器的最新纪录，创造了国际同类作业型载人深潜器的最大下潜深度纪录。凭借这一壮举，我国自豪地跻身于全球仅 5 个具备大深度载人深潜作业能力的国家之列。

经过 5 年的不懈探索，2017 年 6 月，“蛟龙”号试验性应用航次圆满落幕。自从踏上海上试验的征程，“蛟龙”号累计成功下潜高达 158 次，其中 17 次潜入的作业水深超越了 6 000 米的深渊。在这连续的大深度安全下潜过程中，它历经了 517 天的考验，总航程达到了惊人的

8.6 万余海里。每一次下潜都带回了珍贵的海底样品，摄录了丰富多彩的海底视像资料，取得了众多国际前沿的科研成果。

“蛟龙”号勇敢地挑战了深海的“第四极”，象征着我国在深海资源研究与勘察方面已具备在全球 99.8% 以上海域开展工作的能力，向世界宣告了中国正式跨入了载人深潜的新纪元，这一伟大的里程碑将永载中国海洋探索的史册。

“蓝色国土”上的“天眼”

在推动海洋强国建设过程中，海洋卫星是不可或缺、无可替代的技术手段。2000 年 11 月，中国政府发表首部《中国的航天》白皮书，明确指出要建立长期稳定运行的卫星对地观测体系，海洋卫星就是其中的重要组成部分。2002 年 5 月 15 日，我国首颗海洋卫星——“海洋一号”卫星发射。此后 20 年间，海洋卫星在我国得到了大力发展、广泛应用。

早在 1986 年，我国就已开始组织开展海洋卫星的研制与发射论证工作。1997 年，“海洋一号”卫星被正式批准立项研制。“海洋一号”卫星示意图如图 7-3 所示。

图 7-3 “海洋一号”卫星示意图

2002 年 5 月 15 日，我国成功发射“海洋一号”卫星，我国在海洋卫星领域实现从无到有的历史性跨越。5 月 29 日上午，“海洋一号”卫星成功与地面站建立通信，第一轨遥感图像数据得以顺利传输。自此，我国广袤无垠的“蓝色国土”终于拥有了自己的“天眼”，以更高的视角、更精准的观测，守护着祖国的海疆安全，开启了我国海洋监测和科研的新篇章。

“海洋一号”卫星的成功发射，实现了多项关键技术的重大突破。为了降低卫星的整体重量，“海洋一号”卫星创造性地采用了单轴驱动器驱动两个太阳翼技术，这一设计在国内属于首创，即便在国际上也堪称罕见，充分展现了我国在卫星轻量化设计方面的前瞻性和创新能力。“海洋一号”卫星巧妙运用网络技术的最新成果，对星务信息系统进行高效管理。这一创新举措，成功解决长期以来困扰卫星研制的电信号干扰等难题，为卫星的稳定运行和精准监测提供了有力保障，为全球海洋监测和科研事业贡献了宝贵的中国智慧和中国方案。

2007 年 4 月 11 日，我国第二颗海洋水色卫星“海洋一号”B 星成功发射，海洋卫星家族喜添“新丁”。“海洋一号”B 星以其卓越的观测能力，相较于前代“海洋一号”卫星，进一步提升在轨运行的稳定性与可靠性，其实际在轨寿命长达 9 年 10 个月，展现了出色的持久性能。2018 年 9 月 7 日，我国迎来了第三颗海洋水色卫星——“海洋一号”C 星的升空，标志着我国民用空间基础设施中长期发展规划中海洋业务卫星的新篇章正式揭开。随着“海洋一号”A、B 星的退役，“海洋一号”C 星肩负起了我国海洋水色观测的重任，在海冰监测、赤潮预警、溢油识别、森林火灾探测以及围填海活动监控等方面均取得了显著成就。

2020 年 6 月 11 日，“海洋一号”D 星成功发射，与“海洋一号”C 星共同构成了我国首个海洋民用业务卫星星座，实现了双星上、下午组网观测的壮举，极大地提升了对海洋水色、海岸带资源与生态环境的观测效率和能力，为我国在海洋卫星领域的探索与创新注入了新的活力，开启了加速推动海洋科学发展的新篇章。自 2002 年我国首颗海洋卫星“海洋一号”A 星问世，至海洋一号 D 星的发射，我国海洋水色卫星星座在太空中熠熠生辉。如今，海洋卫星与海洋站、雷达、浮潜标、海底观测网、志愿船、断面调查等多种手段协同作战，共同构建了一个覆盖全球的海洋立体观测网络，为深入探索海洋奥秘、保护海洋生态环境提供了强大的技术支持。

2011 年 8 月 16 日，我国首颗海洋动力环境探测卫星——“海洋二号”卫星荣耀升空，并于 2012 年 3 月 2 日正式投入服务。其以卓越的技术实力，全面捕捉全球海面风场、海洋动力场等关键海洋动力参数，为海洋环境监测与预报、海洋调查与资源开发等多元领域提供精准数据支持。“海洋二号”与“海洋一号”卫星的协同作业，通过微波、光学两种尖端观测技术，将海洋动力环境监测与海洋资源探测完美融合，展现了我国在海洋科技领域的卓越成就。

2018 年 10 月 25 日，我国海洋动力环境监测网的首发星——“海洋二号”B 星成功发射，标志着我国海洋环境监测能力迈上新台阶。该卫星具备连续、稳定的海洋环境监测与数据获取能力，能够全面监测海面风场、海浪、海流、海面温度、海上风暴和潮汐等关键要素，为我国“织就”了一张覆盖全球的海洋动力环境监测网。这张网在海洋防灾减灾、海洋环境预报、海洋资源开发等领域发挥着举足轻重的作用，为我国的海洋事业注入了新的活力。

2020 年 9 月 21 日，我国海洋动力环境监测网再添新力军——“海洋二号”C 星成功发射。这颗卫星具备测量全球海洋表面风矢量和海面高度，船舶自动识别以及信息的接收、存储，转发海上浮标测量信息等强大功能。与“海洋二号”B 星携手组网，大幅提升了我国海洋观测的范围、效率和精度，为我国海洋科学研究与资源开发提供了更加坚实的技术支撑。这一系列成就充分展示了我国在海洋卫星技术领域的深厚底蕴与创新能力。

2021 年 5 月 19 日，“海洋二号”D 星的辉煌升空，展现了我国首个海洋动力环境监测网的完美建成，与“海洋二号”B 星、C 星共同在轨组网，共同织就了一张覆盖全球的海洋监测巨网。三星协同运行后，我国对全球海洋的监测覆盖能力已跃升为 80% 以上，监测效率和精度均达到国际领先水平，为我国海洋防灾减灾、海上交通、海洋经济发展等领域提供了高效而精准的服务，彰显了我国在海洋科技领域的卓越实力。

在推进海洋科技发展的同时，我国积极展开国际合作，尽显大国风范。2018 年 10 月 29 日，我国与法国携手成功发射了首颗中法海洋卫星（CFOSAT），该卫星以其卓越的技术性能，实现了对海洋表面风和浪的大面积、高精度同步观测，同时具备观测陆地表面的能力，为获取土壤水分、粗糙度和极地冰盖等关键数据提供了有力支持。其数据在海上船只航行安全、全球海洋防灾减灾、海洋资源调查等领域发挥着不可替代的作用，为全球海洋事业的繁荣与进步注入了新的活力。

除“海洋一号”“海洋二号”系列卫星的辉煌成就，我国还成功发射了“高分三号”系列卫星，标志着我国海洋卫星正式进入组网观测时代。这些卫星以其卓越的性能和高效的观测能力，共同形成了对全球海域的连续高频次观测覆盖，为我国的海洋事业发展提供了强大的技术支撑。

温差能发电系统的核心技术

海洋温差能发电装置的技术体系中，泵与涡轮机技术堪称其核心中的核心。这两项技术，作为发电装置稳定运行的关键要素，已步入成熟阶段。然而，鉴于其在发电装置中的不可替代性，任何微小的故障都可能导致整个系统的瘫痪，备用机组的设置显得尤为重要，这如同为发电装置加上了一道坚实的保险。为确保涡轮机的平稳运行，需采取一系列预防措施。安装探测器以实时监控设备运行状况，可以有效防止外来物体对叶片的潜在损害。涡轮机的材料选择也极为考究，钢、碳钢和铬等优质材料的应用，确保了其结构的稳固与耐用。

在涡轮机的日常运转和维护方面，我国已建立起一套相对完善的体系。为确保其连续运行，通常会安装两倍于额定功率的涡轮机，这既保证了发电装置的稳定运行，又为定期的维护保养提供了便利。针对涡轮机使用中可能存在的工质泄露问题，利用传感器进行环境检测，以便及时发现并处理这一问题。

当前，泵与涡轮机技术的研究正不断向纵深发展。远程监控技术的引入，可以对泵与涡轮机的运行状态进行实时监控，大大提高了发电装置的可靠性和安全性。目前，我国也正致力研发适用于开式循环和较低压力环境的泵与涡轮机技术，以适应更广泛的应用场景。

在平台技术层面，温差能发电装置主要展现出岸基式和平台式两种卓越形态。平台装置尤为引人注目，涵盖了半潜式、船式和全潜式三大类别。其中，半潜式平台凭借在油气工业中积累的成熟建造经验，展现出稳定可靠的特性；而船式装置则巧妙运用浮式生产储存卸货装置技术，实现了高效能的集成。全潜式平台尽管在冷水管连接方面表现优异，但鉴于其水下安装的复杂性，安装难度、成本及后续维护均成为挑战。

在平台定位技术领域，随着海上油气工业的蓬勃发展，定位技术亦取得长足进步。如今，锚链定位技术已能深入 3 000 米的海底，结合先进的计算机模拟技术，能够精确模拟并优化锚链系统，确保其在极端海洋环境下的稳定性。借助 GPS 定位系统和水下声呐技术的融合，锚链的放置精度得到了显著提升。目前，平台定位系统已趋近于成熟，仅需针对特定场景进行细微调整，便能适应多变的海洋环境。

热交换器作为海洋温差发电系统的核心组件，其性能直接关系到整个系统的效率、结构设计和经济性。热交换器的性能优化关键在于型号和材料的选择。尽管钛材料以其卓越的热传导和防腐性能著称，但其高

昂的成本仍是制约其广泛应用的重要因素。研究表明，经过改进的钎焊铝换热器在腐蚀环境下仍能保持 30 年以上的使用寿命，为降低成本提供了新的可能。板式热交换器凭借其紧凑的结构、高效的传热性能以及低廉的成本，在闭式循环中展现出巨大的应用潜力。至于热交换器表面生物附着的问题仍需不断探索更为环保、高效的解决方案，以推动海洋温差发电技术的持续发展与优化。

深水冷水管技术是 OTEC（海洋热能转换）技术发展的关键环节，面临着重大的技术挑战。目前，冷水管主要采用高密度聚乙烯等优质材料，通过先进的拉挤成型技术，打造出具有独特中空结构的管壁，以优化其性能。然而，由于海洋温差较小，为了获得所需的功率，必须确保海水流量足够大，这就要求冷水管的直径达到惊人的规模，商业应用中预计需达到 5 米之巨。

冷水管的长度也是至关重要的因素，要求必须足够长，以便深入海洋深处，获取温度更低的海水。对于岸式系统而言，冷水管的长度更是需要达到惊人的 2 000 米，方能触及 600—900 米的深海区域。冷水管还需具备出色的强度和保温性能，以确保其能够在恶劣的海洋环境中长期稳定运行，并维持高效的热效率。

在平台水管接口技术方面，目前拥有软管连接、固定连接和万向节连接等多种技术选择。固定连接以其简单易行的特点，在日常运营和维护中展现出优势；而万向节连接虽然建造相对容易，但需要定期进行清理和润滑，以确保其顺畅运行。相比之下，软管连接的建造过程较为复杂，维护难度也较大，尤其是在冷水管直径较大的情况下，其技术可行性受到一定限制。在实际应用中，通常会根据具体情况选择合适的连接方式。垂直管通常采用固定连接，以确保其稳定性和安全性；而水平管则更多地采用软管连接，以适应其特殊的铺设需求。综合考虑各种因素，固定连接和万向节连接在工程放大方面展现出更大的潜力和优势。

我国首次环球科考探索之旅

早在“一带一路”倡议提出之前，我国就已提出了“建设海洋强国”的海洋战略目标。随着“一带一路”倡议的不断推进，我国在远洋科考方面也取得了重要突破和进展。海洋约占地表总面积的71%，蕴藏着丰富的自然资源，对全球气候变化、生态环境平衡有着根本性影响，是解决人类社会未来生存和发展问题的关键。探索海洋，作为解决人类社会未来生存和发展问题的关键，早已成为人类的重要使命。早在20世纪50年代，我国便踏上了这片蓝色疆域的征途，开启了对海洋的深入探索之旅。

1956年，中国科学院海洋生物研究所，亦即日后著名的中国科学院海洋研究所，凭借其前瞻性的视野与卓越的科技实力，成功将一艘重达820吨的拖船改造为近海专用的“金星”号调查船，此举标志着我国现代化海洋调查船时代的正式开启。1957年6月，“金星”号自青岛港扬帆起航，承载着国人的期望与梦想，踏上了我国首次综合性海洋调查的壮丽征程。

“金星”号船上配备的物理、化学、生物、地质等6个实验室以及一个气象观测室，均采用了当时最为先进的科技设备，其配置之精良、功能之齐全，均达到了国际领先水平。船上配备了自记水温计、无线电测向仪等尖端仪器，能够自动记录海洋的温度、海流、深度等关键数据，为浅海的综合调查提供了强有力的技术支持。

在20多年的时间里，“金星”号如同一位忠诚的海洋使者，在渤海、黄海、东海的广阔海域中穿梭，不断积累着宝贵的海洋资料。它的每一次航行、每一次探测，都为我国的海洋科学事业积累了厚重的底蕴，因此被誉为我国的“元老级海洋调查船”。

到了1980年，我国海洋科技事业又迎来新的里程碑。在上海沪东造船厂，一艘全新的海洋科学综合考察船——“科学一号”成功下水。

该船集十大功能实验室于一体，配备了一系列先进的海洋调查仪器、卫星通信和导航系统，能够进行包括地质、地球物理、物理海洋、气象、化学、生物和环境保护在内的综合性考察。在当时，“科学一号”无疑是我国海洋调查船中的翘楚，代表着我国在海洋科技领域的最高成就，也昭示着我国海洋科学事业的蓬勃生机与无限未来。

从 1980 年建成，到 2016 年退役，36 年间，“科学一号”海洋科学综合考察船多次承担国家重大航次项目和国际合作项目，其航迹遍及渤海、黄海、东海、南海及广袤的太平洋等海域，累计航程 60 余万海里，其足迹之广、探索之深，为我国海洋科学事业的蓬勃发展谱写了浓墨重彩的篇章。

中国在海洋地质调查建设领域持续加大投入，与全球先进水平的差距正在稳步缩小。回顾历史时刻，2010 年 10 月，“科学号”深远海科考船在武昌船舶重工有限责任公司隆重开工，象征着我国海洋科研事业迈出了坚实的一步。经过精心打造，2011 年 11 月 30 日，这艘巨轮顺利下水，并于 2012 年荣耀交付给中国科学院海洋研究所，成为我国海洋科研的得力助手。

相较于先前的“科学一号”海洋科学综合考察船，“科学”号堪称一艘庞然大物。其船身全长 99.8 米，宽达 17.8 米，深 8.9 米，排水量高达 4 600 吨，最大航速可达 15 节。该船配备了先进的可控被动式减摇水舱系统，即使面对 12 级大风，也能稳如磐石，确保科研任务的顺利进行。

“科学”号具备海上自给自足航行 60 天的能力，意味着它能够在远离陆地的海域长时间作业，极大地拓宽了我国海洋科研的探索范围。其全球航行能力和全天候观测能力，使得我国海洋科研事业得以在全球范围内展开，为揭示海洋奥秘提供了强大的技术支撑。船上装配的升降鳍板、侧推加盖及翻转机等设备，均为国内首创，展现了中国在海洋科研装备领域的创新实力。

“科学”号深远海科考船工程的辉煌成就，构筑了国际领先的深海综合探测技术体系，引领了我国新一代科学考察船建设的崭新篇章，推动我国深远海科学研究登上崭新的高峰，实现了深远海综合探测能力的历史性飞跃。历经 70 余载的砥砺前行，自 20 世纪 50 年代伊始，我国已逐步锻造出一支威武雄壮的科学考察船队，包括“科学”“实验”“探索”“创新”四大系列共计 9 艘科学考察船，这些巨轮在海洋科考、极地征途、深海秘境、大洋矿产及气候变化研究领域均取得了举世瞩目的卓越成就。

2005 年 4 月 3 日，“大洋一号”科学考察船在万众瞩目中缓缓驶离青岛港口，踏上了我国首次横跨太平洋、大西洋、印度洋的壮丽环球科学考察之旅。

此次环球科学考察之旅采用了一系列尖端的科技装备，包括我国自主研发的现代化船舶网络系统、能够深探至 6 000 米的光学深拖系统以及具备 4 000 米测深侧扫功能的声学深拖系统等。除此之外，“大洋一号”科学考察船还配备了 3 000 米浅地层岩芯钻机、3 000 米电视抓斗、能够连续观测海底景象的 3 000 米海底摄像系统，以及船载深海嗜压微生物连续培养系统等前沿设备。

“大洋一号”科学考察船，作为我国精心打造的 5 600 吨级综合性远洋科学考察巨轮，具备在广阔无垠的海域自由航行的能力。它融合了海洋地质、海洋地球物理、海洋化学、海洋生物、物理海洋、海洋水声等多学科的先进研究技术，能够开展对海底地形、重力和磁力、底质和构造、综合海洋环境、海洋工程以及深海技术装备等多方面的深入调查和试验工作。这艘科学考察船的建成与投入使用，为我国在海洋科学研究与深海探索领域注入了强大的动力，展现了我国在海洋科技领域的卓越实力与深厚底蕴。

“大洋一号”这艘昔日属于苏联的海洋地质与地球物理考察巨轮，拥有长达 104 米的雄伟身姿与 16 米的宽广胸怀，其 5 600 吨的排水量

彰显着其强大的航行能力。原名“地质学家彼得·安德罗波夫号”的它，于 1984 年在苏联基辅造船厂荣耀诞生。1994 年，这艘船跨越国界，被中国慧眼识珠购入，并经过精心改装后，以崭新的面貌——“大洋一号”亮相于世，成为中国首艘现代化综合性远洋科学考察船的璀璨明星，更是我国远洋科学调查的坚实后盾。

“大洋一号”首次环球考察之旅，以波澜壮阔的姿态横跨了太平洋、大西洋、印度洋，总航程长达约 6 万千米，历时 300 天。此次考察内容丰富多彩，涵盖了 6 个独具特色的作业区，对地质、地球物理、地球化学、水文以及生物等多元领域进行了深入而细致的综合考察。考察的收获堪称丰硕，成功获取了三大洋目标区域海底热液口附近的硫化物、岩石、沉积物以及生物等珍贵实物样品，对这些海底区域内的热液硫化物资源分布状况进行了初步而细致的勘探。

“大洋一号”这艘功勋卓著的科考船，不断驰骋在远洋调查的广阔天地，陆续执行了中国大洋矿产资源研究开发专项的多个远洋调查航次以及大陆架勘查的多个航次任务。它以其卓越的航行能力与科研实力，为我国的海洋科考事业谱写了不朽的传奇，展现了我国在海洋科技领域的卓越成就与无限潜力。

中国的深海发现、勘探之旅

继 2005 年第一次环球科学考察之后，“大洋一号”科学考察船又分别于 2009 年、2010 年进行了两次科学考察。“大洋一号”所展开的三次环球科考，其核心使命皆聚焦于一项与未来经济发展息息相关的重大任务——探寻并捕获深藏于海底热液区的硫化物“黑烟囱”。这些神秘的“黑烟囱”犹如海底热液区的灯塔，坐落于大陆板块与海洋板块交会的火山口之上，因其形态酷似陆地上的烟囱而得名。它们不仅是自然界的奇观，更是蕴藏着丰富稀有金属的宝库，成了各国竞相争夺的珍贵矿产资源。在这些深邃的海底世界中，“大洋一号”以其卓越的科研实力和探索精神，不断探寻着这些宝藏的踪迹，为人类的未来经济发展贡献着智慧与力量。

2009 年，我国启动了声势浩大的第二次环球科学考察，历时 300 余日，科学家深入开展了多项调查工作，包括深海底热液区多金属硫化物、深海海山区、富钴结壳、深海洋盆、多金属结核以及深海生物多样性等领域，取得了令人瞩目的科研成果。

在此次考察中，我国在海底多金属硫化物的调查领域取得了划时代的突破，成功发现了 11 个海底热液区及 4 个热液异常区，使得此次科考被誉为“史诗般的发现之旅”，为人类的深海探索历程谱写了新的篇章。“大洋一号”的前两次环球科考，为第三次环球科考勘探征程打下了坚实基础。第三次环球科考开始于 2010 年 12 月，历时 376 天，行程 4.5 万海里。参与这次科考的，有来自国内 37 家单位的 431 名科考队员。

为确保这次旅程的圆满成功，早在出发前科研人员就做足了准备。“大洋一号”共四层，第三、四层船舱设有多波束和浅剖实验室、重力和 ADCP 实验室、磁力实验室、地震实验室、综合电子实验室、地质实验室、生物基因实验室、深拖和超短基线实验室等十几个实验室，还配有我国自行研制的深海浅层岩芯取样钻机，可以在水下 3 000 米海底的坚硬岩石上钻取直径达 60 毫米，长度达 500 毫米的岩芯。这种钻机具有自动调平功能，可以在坡度 30 度以下深海海底工作。

“大洋一号”船尾安装有深海可视采样系统，海底微地形地貌图像可实时传输到科学考察船上，这一设备使“大洋一号”犹如生了“千里眼”，可根据需要随时抓取海底表面上的矿物样品和保真采集海底水样。此外测深侧扫声呐可以监听海洋中所有异常的声音，并可利用声波回声定位得到海域海底地形地貌的电子地图，使“大洋一号”具有了“海洋顺风耳”功能。

“大洋一号”科学考察船上，最令人振奋的莫过于拖曳式探测系统、深海底中深孔岩芯取样钻机以及“海龙”号 3 500 米无人遥控潜水器等

尖端设备的引进。这三大高科技“神器”的加盟，为本次“勘探之旅”注入了强大的动力，使其如虎添翼，势不可当。

在“大洋一号”的第三次环球科学考察中，科研团队共发现了 16 个海底热液区，并首次在中深钻硫化物区进行试用，成功取得样品，为深海资源的勘探与开发开辟新的道路。科学考察队在南大西洋首次捕获了疑似新物种的深海鱼和大量盲虾等热液生物，获取了不同深度水体中的微生物滤膜样品以及大空间尺度不同环境的基因资源样品等，这些珍贵的资料将为后续的科学研究和资源勘探提供有力的支撑和指引。

第八章
建设强大海军，保卫蓝色国土

海军是国家海上力量的主体，是维护国家海洋权益、保障海上通道安全、应对海上威胁与挑战的重要力量。在经济全球化的今天，海洋已成为连接世界的重要通道，海上贸易、海上能源运输、海上文化交流等日益频繁。同时，海洋也是国家间竞争与合作的重要领域，海洋资源的开发与利用、海洋环境的保护与治理等都需要强大的海军力量作为支撑。对于中国来说，海军建设具有更加特殊的战略意义。中国拥有漫长的海岸线和广阔的海域，是国家安全与发展的重要屏障。同时，中国作为一个正在崛起的大国，需要更加积极地参与国际事务和全球治理，海军的建设与发展是中国走向世界、展示国际形象的重要窗口。

我国海军的发展历程可谓波澜壮阔、历经坎坷。从中华人民共和国成立之初的几乎一无所有，到如今的拥有航母、驱逐舰、护卫舰等现代化舰艇编队，中国海军的建设取得了举世瞩目的成就。中华人民共和国成立之初，我国海军建设面临着巨大的困难和挑战。当时的中国海军力量薄弱，舰艇数量少、性能落后，难以应对海上的威胁与挑战。然而，在中国共产党的领导下，我国海军开始了艰苦卓绝的建设历程。通过引进技术、自主研发、人才培养等多种途径，中国海军逐渐发展壮大起来。进入 21 世纪后，中国海军建设进入了快车道。随着国家综合实力的不断提升和科技水平的不断进步，中国海军开始向着现代化、信息化、智能化的方向发展。航母、驱逐舰、护卫舰等现代化舰艇相继下水服役，海军的作战能力和综合实力得到了显著提升。

中国海军始终秉持着和平、合作、共赢的理念，致力于维护地区的和平与稳定。在应对海上安全威胁、打击海盗和海上恐怖主义等方面，中国海军发挥了积极作用。同时，中国海军积极参与国际海上安全合作，与各国海军开展联合演习、反海盗行动等多元化合作，共同维护海上通道的安全与畅通。中国海军还承担着海上人道主义救援、海上搜救等任务。在自然灾害、海上事故等紧急情况下，中国海军总是第一时间出动舰艇和飞机进行救援，为受灾国家和地区提供力所能及的帮助和支持。随着中国海军的不断发展壮大和积极参与国际事务，中国海军的国际形象也得到了显著提升。越来越多的国家开始认识到中国海军是一支和平崛起的国际力量，是维护地区和平与稳定的重要力量。在国际舞台上，中国海军积极参与各种国际海军活动和交流机制，与各国海军开展广泛而深入的合作。通过联合演习、互访交流等形式，中国海军与各国海军建立了良好的合作关系和互信机制，为共同应对海上安全挑战奠定了基础。

第一节　当代中国海军的发展

当代中国海军的起步

1949 年 2 月 12 日，原国民党海军“黄安”号军舰在青岛胜利起义，这时距黄安舰属于国民党海军的时间还不到 2 年。1947 年 7 月 26 日，

这艘护航舰作为日本战后赔偿，由国民党当局接收，1947 年下半年被编入国民党海军，正式命名为黄安舰。1948 年秋，在中国共产党的不懈努力下，黄安舰伺机发动起义。

1949 年 2 月 12 日，正是农历正月十五，黄安舰上警戒相对松懈。晚上 7 点，起义骨干迅速占领舰船各个重要部位，从开始行动到控制全舰，仅用了半个多小时。晚上 8 点 50 分，在机器的轰鸣声中，黄安舰缓缓起航离开青岛港驶向外海。第二天凌晨大约 4 点，黄安舰驶抵苏北解放区连云港外的东西连岛海面。为防止国民党轰炸，黄安舰开到北面的陈家港隐蔽起来。为消除起义带来的影响，国民党 1949 年 2 月 18 日在青岛《大民报》上谎称黄安舰驶抵渤海湾，被空军侦获炸沉。

当时的连云港叫“新海连特区”，黄安舰抵达连云港的第二天，当时的特委书记接见了舰起义骨干，并召开隆重的欢迎大会。当时的中央军委副主席周恩来亲自拟写了中央军委贺电，高度评价黄安舰起义“是实行毛主席所规定之 1949 年争取组成一支可用的海军的首先响应者”。

在黄安舰起义的热烈浪潮刚刚过去不久，国民党海军的另一支核心主力“重庆”号巡洋舰也紧随其后，毅然选择了起义的道路。这一行动无疑给当时的海军战场投下了震撼的巨石，引起了广泛的关注。紧接着，这股起义的浪潮并未停歇，国民党海防第二舰队也在 1949 年 3 月 23 日这一天，毅然举起了起义的大旗。他们共计 30 艘舰艇、1271 名官兵，在南京以东的长江江面上，用实际行动表达了对中华人民共和国的向往与支持。而在同一天，第二海防舰队第 3 机动艇队的 24 艘炮艇、300 余名官兵也在镇江地区选择了起义。他们不畏强权，不惧风险，只为追求一个更加公正、和平的未来。3 月 24 日，这一连串的起义行动得到了中国人民革命军事委员会主席毛泽东、中国人民解放军总司令朱德的热烈庆祝。他们高度评价了“重庆”号巡洋舰官兵的起义行动，并借此机会提出了建立强大海军的迫切要求。这一要求不仅反映了中华人民共和国对海上力量的重视，也彰显了国家对于维护海洋权益、保障国家安全的坚定决心。

1949 年 4 月 23 日，在渡江战役的隆隆炮火中，靠着这些最初起义的舰艇和官兵，中国人民解放军华东军区海军宣告成立，人民海军就此诞生，张爱萍任司令员兼政委。首举义旗的黄安舰成为人民海军的第一艘军舰，在之后解放沿海岛屿的战役中屡立奇功。

1950 年 2 月，黄安舰被中国人民解放军海军命名为“沈阳舰”，1955 年用苏式武器进行了改装。1980 年，这艘对当代中国海军建设功不可没的护航驱逐舰正式退役，长达 30 余年守护海疆的使命宣告完成。

不断研发海军装备

中华人民共和国成立之初，工业非常落后，组建海军舰队时依靠的还是起义的那些军舰和从苏联购买来的破旧舰艇，中国在苏联援助下，建立起军用造船工业基础。之后中苏关系破裂，海军武器装备建设陷入困境。

1974 年 1 月，西沙海战爆发，中国人民解放军海军南海舰队对入侵西沙群岛的南越军队进行自卫反击。当时参战的中国海军主力舰艇是猎潜艇和扫雷舰，装备还很落后，参战的海军各舰群将舰船开到和敌舰极近的距离，集中火力近战歼敌，甚至扔起了手榴弹。

西沙海战是一次维护国家领土主权的战争，经过四个多小时激战，中国海军南海舰队共击沉敌军护航炮舰一艘，击伤、驱逐宋三艘。海战后，中国海军暂时取得制海权。海军陆战队乘胜追击，登陆被南越军队侵占的永乐群岛中的甘泉岛、珊瑚岛、金银岛，收复了这三个岛屿，成功守护西沙群岛领土完整，赶走在西沙群岛及附近海域闹事的来犯敌人，沉重打击了南越当局的扩张主义。

从 20 世纪 50 年代中期开始，一直到 60 年代中期，中国发扬奋发图强、自力更生的精神，开始独立研制国产舰艇，研发急需的海战武器装备，自行批量生产了高速导弹艇、护卫艇、猎潜艇、常规潜艇、军辅

船等传统武器，形成了第一次造舰高潮。

在深入研发传统武器的同时，我国还成功研制出了一系列五大兵种急需的新型装备，包括导弹护卫舰、导弹驱逐舰、超声速喷气式战斗机等。这些装备的研制成功，不仅彰显了我国军事科技的飞速发展，也进一步提升了我国国防实力。值得一提的是，1970 年，我国自行设计建造的第一艘导弹驱逐舰——济南舰正式下水，如图 8-1 所示。这艘舷号为 105 的驱逐舰，不仅代表了我国在海军装备领域的重大突破，更承载了党和国家领导人的深切期望。1979 年 8 月 2 日，邓小平同志亲自登上济南舰，进行了长达 6 小时的海防视察。他深入了解了舰上的装备设施、官兵训练等情况，对济南舰的优异性能和官兵们的精神风貌给予了高度评价。视察结束后，邓小平同志还亲笔题词："建立一支强大的具有现代战斗能力的海军"。这一题词不仅为济南舰赋予了更高的荣誉，也为我国海军的发展指明了方向。

图 8-1　我国自行设计制造的第一艘新型导弹驱逐舰——济南舰

济南舰，被誉为"海军装备试验的开路先锋"，是中国海军历史上的重要里程碑。1971 年 12 月，这艘具备远洋作战能力的大型水面作战舰艇正式服役，标志着中国海军在装备建设上迈出了坚实的步伐。服役期间，济南舰以其出色的性能和稳定的表现，完成了众多重要任务。它先后参与了多种武器系统、舰载机系统以及作战指挥系统等共计 1 400 多项装备试验，不仅为海军的现代化建设提供了宝贵经验，也为提升我国海军的战斗力做出了重大贡献。济南舰的足迹遍布四海，它曾多次执行太平洋远航任务，展现了中国海军的远洋作战能力。同时，它还参与了南沙战备巡逻和军事演习等重大战备训练任务，为保卫国家海洋权益和维护地区和平稳定发挥了重要作用。此外，济南舰还以其开放的姿态，接待了来自 10 余个国家的高级军事代表团。通过与各国海军的交流与合作，济南舰不仅提升了中国海军的国际影响力，也促进了各国之间的友好关系。2007 年 11 月 13 日上午，济南舰在完成了长达 36 年的征战生涯后，光荣退役。它告别了万里海疆，成了中国海军博物馆的荣誉展品。这艘曾经驰骋海疆的战舰，如今静静地诉说着中国海军的辉煌历史与光荣传统，激励着后人继续前行，为祖国的海防事业贡献力量。

1971 年 8 月 22 日，中国海军历史上迎来了一个激动人心的时刻——我国第一艘核潜艇首次以核动力驶向试验海区，展开了航行试验。这一壮举标志着我国海军在核动力技术方面取得了重大突破，为国家的海防事业注入了新的活力。仅仅 3 年后，1974 年 8 月 1 日，我国第一艘攻击核潜艇正式亮相，并被命名为“长征一号”，舷号 401。这艘核潜艇的加入，进一步提升了中国海军的作战能力，成为维护国家海洋权益的重要力量。而在 1975 年，我国又取得了另一项重要成就——第一艘国产导弹护卫舰交付部队。这一装备的列装，不仅丰富了中国海军的武器装备体系，也提升了中国海军的综合作战能力。与此同时，1971 年研制的导弹驱逐舰也圆满完成了多次科学实验和对外出访任务，展现了中国海军的先进技术和良好形象。进入 1978 年，中国海军迎来了现代化建设的新时期。在这一时期，中国海军不断引进新技术、新装备，加强部队训练和管理，为国家的和平发展提供了坚实的保障。

从引进到制造，海军武器装备进入快速发展阶段。这个大发展，特别是新一代核潜艇的顺利发展，增强了中国海军在海洋世纪海基战略核反击自卫作战的能力。

升级中国海军装备

迈入 20 世纪 90 年代，中国海军的现代化建设步入了崭新的发展阶段。在这一时期，人民海军不仅肩负着捍卫国家海洋权益的重任，更在支援国家经济建设和推动海洋事业发展中发挥着举足轻重的作用。为了积极响应国家经济建设的号召，海军部队频繁出动，参与了一系列海上抢险救灾、护渔护航等紧急任务。他们不畏艰难，不惧风险，全力保障海洋科研活动的顺利进行，为海上运输和海洋工程建设提供了坚实的保障。同时，海军承担着海洋测量和海洋大气观测的重要使命，通过精准的测量和观测数据，为国家的海洋科学研究提供了有力的支持。此外，为了提升海上交通的安全性和便利性，海军还积极参与无线电导航系统的建设和各种助航标志的设置工作。他们出动大量舰船，累计达到 20 多万艘次，为国家的海上交通和海洋开发建设事业创造了有利的条件。可以说，在 20 世纪 90 年代，中国海军不仅在维护国家安全和海洋权益方面取得了显著成就，更在支持国家经济建设和推动海洋事业发展中展现出了强大的实力和担当。他们的辛勤付出和无私奉献，为国家的繁荣富强和海洋事业的蓬勃发展做出了重要贡献。

进入新世纪后，中国海军舰队迅速壮大，中国海军武器装备得到了进一步发展，重点对海军的一些高新技术项目和关键技术环节进行了攻关，使一批高新技术成果应用于急需的海战装备建设，一批新型武器装备提前完成研制并交付海军各兵种的部队使用，并在远航能力方面有了质的飞跃。

20 世纪 90 年代，中国曾从俄罗斯引进了 4 艘现代级驱逐舰，但是买来的终究不是自己的，052 驱逐舰的研发工作随即上马。从早期的

052 型和 051B 型驱逐舰到 052B 型再到更先进的 052C 型，中国造舰能力开始向世界一流水平迈进。052C 型驱逐舰是我国首艘装备垂直发射系统和相控阵雷达的主要水面作战舰艇，被誉为“中华神盾”，标志着中国海军舰艇进入现代化阶段。

052D 型驱逐舰则解决了 052C 型的不足，一定程度上超过了日本海上自卫队，整体性能达到了美国“伯克”级驱逐舰标准，居于世界领先水平。052D 型驱逐舰作为现役主力舰艇，是航母编队的核心成员，终结了中国海军不能远洋作战的历史。

近年来，中国海军的武器装备发展迅猛，不断取得令人瞩目的成果。在数字化和网络化时代，中国海军紧跟科技潮流，将数字网络技术和各型舰载自动化指挥系统推向成熟应用阶段。这不仅提升了海军作战的指挥效能，还使得舰队的协同作战能力得到了极大增强。在导弹技术领域，中国海军也取得了重要突破。新型导弹护卫舰、导弹驱逐舰等主力战舰陆续问世，它们的出现极大地提升了海军的远程打击和防御能力。同时，隐身导弹艇的研发成功，使得海军在隐蔽性和突然性打击方面具备了更强的实力。此外，新型常规潜艇的研发取得了显著进展，它们的静音性能和潜伏能力得到了大幅提升，为中国海军的深海作战提供了有力支撑。在航空领域，高性能岸基作战飞机和舰载直升机的列装，使得海军的空中打击和侦察能力得到了全面加强。远海补给船装备整体水平的提升，更是为中国海军的远洋作战提供了坚实的后勤保障。这些进步不仅展现了当代中国海军的强大实力，还极大地提高了其远海综合作战能力的现代化水平。值得一提的是，052D 型驱逐舰的出现标志着中国海军技术水平达到了世界一流水平，而 055 型驱逐舰更是代表着中国在技术水平上登上世界巅峰。这些先进战舰的服役，不仅是中国海军建设的重要里程碑，也为维护国家海洋权益、保障海上安全提供了坚实保障。

055 型驱逐舰是世界第一款，也是目前唯一采用双波段相控阵雷达

的大型驱逐舰，配备了海红旗 -9B 防空导弹，拦截距离可以达到 200 千米，防空能力超越了目前大部分全球舰载机和战斗机所配备反舰导弹。也就是说，现役的战机根本不能在 055 型驱逐舰的防区外进行远程打击，所以 055 型驱逐舰被称为“现役最强驱逐舰”，毫不夸张。这样 055 型驱逐舰就能够承担航母战斗群旗舰的作用，成为当今保障中华民族和平发展的重要力量。

回顾往昔，远洋事业的发展需要坚强可靠的保障，那么海军就是为远洋事业保驾护航最坚实的保障。当代中国海军成立于 1949 年 4 月 23 日。经过几十年的发展，中国海军已经成为一支多兵种合成、具有现代化综合作战能力的海上力量。目前，我国已经进入多航母时代，海军装备精锐优良，成为一支作风优良、敢打敢拼的威武之师。但在 100 多年前，清政府的海军只知道一味避战逃避，唯唯诺诺，在占据优势的情况下，依然不敢主动出击，最终精锐的北洋舰队落得全军覆没的地步。而在抗日战争时期，由于经济落后、技术落后，中国军队的海军力量薄弱，在很大程度上使得中国军队长期处于不利的境地，无法提供及时的支援。中华人民共和国成立后，毛泽东同志和朱德同志热烈庆祝“重庆号”巡洋舰官兵起义，深刻认识到国防建设的重要性。他们强调，除了陆军，还需要建立自己的空军和海军。随后，通过接收国民党起义投诚的舰艇，我国逐步组建起了一支保卫沿海沿江的海军力量。历经 70 余载风雨洗礼，中国海军已发展壮大至 23.62 万人，形成北海、东海、南海三大舰队。每支舰队都配备了水面作战舰艇、潜艇、海军航空兵以及岸防部队，构成了完整的作战体系。随着新时代的到来，国家持续深化海军体制改革，为海军的发展注入了新的活力。如今，航母编队已初具体系作战能力，海军航空兵正在加速转型，两栖作战力量日益增强，海外基地保障能力逐步显现，新型人才培养体系也日益完善。中国海军正以前所未有的速度和规模，书写着新的辉煌篇章。现在的中国海军，装备精良，拥有三艘航母，还有世界上最先进的驱逐舰南昌舰，面对强敌的威胁，重拳出击，南昌舰自己便可威胁到整个敌方航母战斗群。危急时刻，中国海军还将得到商船和渔船的支援，同时中国拥有亚洲最大的潜艇部队。中国海军时刻保卫着祖国海洋的安全，为远洋事业的发展保驾护航。

继往开来，中国巨轮正以更加坚定的步伐驶向深海探索的新征程。未来，我国将继续秉承开放、创新、合作的精神，不断提升深海科技创新能力，为全球海洋事业的繁荣发展做出更大的贡献。

第二节　增强保家卫国的能力

海军是国家海防的主力军

海军作为国家安全的重要支柱，其建设和发展对于维护国家利益、拓展国际影响力具有重要意义。中国是一个拥有漫长海岸线和广阔海域的国家，海军建设一直是中国军事战略的重要组成部分。近年来，随着国家经济的快速发展和国际地位的提升，中国海军建设的步伐不断加快。近年来，随着国际形势的变化和国内经济发展的需要，中国海军建设取得了显著成就，成为世界海军的重要力量之一。中国建设强大海军既是维护国家安全的需要，也是拓展国际影响力的必要手段。

中国人民解放军海军，以舰艇和海军航空兵为骨干力量，负责执行海上作战任务，是海上的主要战斗力量。它是在中国人民解放军陆军的基础上逐步发展壮大的。如今的海军，包括舰艇部队、潜艇部队、航空兵部队、海军陆战队、岸防部队和后勤部队等多个组成部分，共同构筑起我国海上安全的坚实屏障。

中国海军建造潜艇的开端

中国海军的潜艇发展史可以追溯到 1950 年。中华人民共和国成立之初，我国组建海军时就明确指出：以现有力量为基础，重点发展海军航空兵、潜艇和鱼雷快艇等新力量（简称“空、潜、快”），逐步建设一支强大的国家海军。

中国海军装备建设，优先选择了发展潜艇。1951 年，中国成立潜艇学习大队到苏联去学习。1954 年，中国第一支潜艇部队成立，装备只有俗称“M 级”的“新中国 11 号”和“新中国 12 号”两艘小型潜艇。

之后我国又陆续接收了苏联的两艘潜艇“国防 21 号”和“国防 22 号”，这两艘俗称“C 级”的斯大林级中型潜艇，在当时大多执行巡逻戒备任务。

当时中国的潜艇其实就是一种在水下航行的船，船上的装备只有舰炮，战斗时必须浮在水面上才能射击，“C 级”与“M 级”相比，只是舰炮口径较大。

1953 年，苏联有偿转让 W 级常规鱼雷潜艇的制造权，这是中国自行建造潜艇的开端。

1955 年 4 月，我国首制艇在江南造船厂开工，1956 年 3 月下水，1957 年 10 月验收入列。截至 1963 年，我国一共生产了几十艘这种潜艇，其中有甲板炮的五艘潜艇称为 W-4 型，其他的全是 W-5 型。

W 级潜艇是中国生产的第一型潜艇，被称为 6603 型潜艇，后来又改名为 03 型潜艇。这种型号的潜艇发射深度 30 米，艇内可携带 12 枚射程 8 000 米的 53-51 型鱼雷，或携带 22 枚水雷。我国一共制造了 21 艘 W 级潜艇，20 世纪 90 年代以后，这种潜艇就已全部退役。

中国核潜艇的首艇和首航

中国的核潜艇经历了极为坎坷的发展历程。1958 年，核动力潜艇工程项目启动，1965 年 8 月，第一代核潜艇正式开始研制。

在中国的国防科技发展历程中，核潜艇的研制无疑是一个重要里程碑。在那个时代，我国面临着技术上的巨大挑战，尤其是在缺乏先进计算设备的背景下。然而，科研人员并没有被困难所吓倒，他们凭借着手摇计算器和计算尺、算盘，凭借着对科学事业的执着追求，逐步攻克了一个又一个技术难题。1970 年 8 月 30 日，是一个值得永远铭记的日子。在这一天，核潜艇陆上模式堆成功实现了满功率运行。1970 年 12 月 26 日，我国自主研制的第一艘核潜艇成功下水，这一成就震惊了世界。这艘核潜艇的零部件数量高达 4.6 万个，所需的材料种类有 1 300 多种，全部由我国自主研制，无一依赖外国。这一成就不仅展示了我国科研人员的智慧和勇气，也标志着我国成为世界上第五个拥有核潜艇的国家。随着科研工作的深入，1974 年 8 月 1 日，第一艘核潜艇被正式命名为“长征一号”，并编入海军战斗序列，编号为 401 艇。这是我国第一代核潜艇的代表，它的成功研制和服役为我国海军力量的壮大奠定了坚实基础。随后，402、403、404、405 艇也相继建成并投入服役，进一步增强了我国的海上作战能力。而在 1982 年 10 月 12 日，中国再次向世界展示了其强大的科技实力。在这一天，我国第一枚潜射固体战略导弹“巨浪 -1”由导弹潜艇水下发射试验成功，标志着我国成为世界上第五个拥有水下发射战略导弹能力的国家。

1987 年 12 月 31 日，中国海军核潜艇首次远航训练获得圆满成功。在浩渺无垠的蓝色海域上，中国潜艇部队的英勇官兵驾驭着先进的核潜艇，圆满完成了各项严苛的训练任务。此次壮举不仅刷新了中国海军潜艇水下航行的最长时间、最远航程以及最高平均航速的纪录，更彰显了中国海军潜艇部队的精湛技艺与坚定意志。本次远航训练所使用的核动力潜艇全部由中国自主研发、设计并建造，从机械到设备，无一不是国产的骄傲。这些核潜艇，作为中国海军的瑰宝，具备着续航能力强大、航行速度迅猛、潜航时间长久以及隐蔽性能卓越等诸多特点。它们是中

国海军发展史上的重要里程碑，象征着中国海军从浅蓝走向深蓝的坚定步伐。其中，中国海军装备的首种攻击核潜艇，在国内被赋予了 091 型的代号，而在国际舞台上，它则被赋予了“汉级”的荣誉称谓。至今，中国海军已经装备了 5 艘汉级核潜艇，它们分别是编号为 401、402、403、404 和 405 的我国第一代潜水艇。这些战略性武器被中国海军精心部署于保卫京畿重地的北海舰队，它们如同忠诚的卫士，时刻守卫着祖国的政治、经济、军事心脏。

1988 年的春天，中国核潜艇首次勇敢地穿越台湾海峡，远赴中国南海进行了一系列高难度的试验。它们成功进行了极限深潜、水下全速航行和深海捞雷等多项挑战，试验的结果充分证明，中国的核潜艇完全具备隐蔽作战、突袭能力，并且适应中远海、大深度、远距离的作战需求。这些成就不仅提升了中国海军的作战能力，更为国家的和平与发展提供了坚实的保障。

之后，中国海军陆续装备第二代攻击核潜艇。1998 年，第一艘第二代攻击核潜艇在中国辽宁渤船重工开工建造，2002 年下水海试，2006 年服役，外界将这一级核潜艇称为“商级”。

军事力量持续现代化改造

其中核潜艇作为现代军事力量的重要组成部分，具有深远的影响力和巨大的战略价值。自中国第一艘核潜艇研制成功以来，核潜艇在中国海军中的地位日益凸显，对于维护国家安全、提升国际地位具有重要意义。中国核潜艇的研制始于 20 世纪 50 年代，经历了从无到有、从小到大的发展历程。在早期，中国缺乏自主研发核潜艇的技术和经验，因此采取了与苏联合作的模式。然而随着中苏关系的恶化，中国核潜艇的研制工作被迫中断。直到 20 世纪 70 年代初，中国才重新开始核潜艇的自主研发工作。在自主研发的过程中，中国面临着技术封锁和国际社会的重重阻力。然而在科研人员的不懈努力下，中国成功研制出了第一代核潜艇，并在 20 世纪 80 年代初实现了核潜艇的实战化部署。此后中国核潜艇的发展步伐不断加快，逐步实现了从近海防御向远洋作战的战略转变。从开始研制到核潜艇下水，这中间克服了重重的困难。黄旭华担任我国第一代核潜艇的总设计师，隐姓埋名 30 年，为了中国核潜艇事业奋斗终生。在研制的初期，由于国外对我国的技术封锁，我国几乎没有任何关于核潜艇的资料，仅有的是研究人员从美国带回来的核潜艇的玩具模型。尽管如此，黄旭华和其他研究人员并没有退缩，他们想尽办法，就是没有想过放弃。研制部门中最为繁忙的是一位木匠，他是通过严格的技术考核筛选出来的。因为，核潜艇的模型是按 1 ∶ 1 的比例完全用木头制作的，它有着逼真的五脏六腑，宛如一艘超级玩具。国产核潜艇就是在阳宗海湖边的一条木壳“大雪茄”里孕育出来的。它被拆拆卸卸，敲敲打打，已逾几度寒暑。那些尖端科学的精英就在纷纷扬扬的锯末与刨花中获取了大量的感性及理性知识。从木壳到铁壳，中国的第一艘核潜艇终于移师到葫芦岛军港开工建造了。在那个计算机不发达的年代，我国第一代核潜艇的各种数据就是靠着研究人员手里的算盘一点点算出来的。正是由于黄旭华和无数兢兢业业的核潜艇工作者，夜以继日地攻坚克难，中国第一艘核潜艇才最终于 1970 年下水。

目前，中国核潜艇的数量和性能已经达到了世界先进水平。中国拥有多款不同型号的核潜艇，涵盖了战略导弹核潜艇、攻击核潜艇等多种类型。在武器装备方面，中国核潜艇装备了先进的导弹、鱼雷等武器系统，具备了强大的攻击和防御能力。在技术方面，中国核潜艇采用了多项创新技术，如新型推进系统、降噪技术、新型材料等，使得其水下航速、静音性能和隐蔽性得到了显著提升。此外，中国还在积极开展核潜艇智能化、网络化等新一代技术的应用研究，为未来核潜艇的发展奠定了坚实基础。

2022 年 6 月 17 日，福建舰的壮丽下水，标志着中国航母建设迈入新的征程。这艘完全由中国自主设计建造的弹射型航母，以其平直通长

的飞行甲板、先进的电磁弹射和阻拦装置，展现出强大的作战能力。满载排水量达 8 万余吨的福建舰，不仅使中国海军进入多航母时代，更以其庞大的规模，被誉为“全球最大的常规动力航母”。

从无到有，从改装到国产，中国海军在建设世界一流军队的征程上迈出了坚实的步伐。党的十八大以来，中国海军阔步星辰大海、逐梦万里海天才刚刚开始！新时代以来，中国海军有了更多第一：首次远海实战训练、首次实际使用武器……一个个历史性突破标志着中国海军阔步前行的坚实足迹。

革新战略弹道导弹核潜艇

在 1988 年的金秋时节，我国战略导弹核潜艇成功实施了水下发射运载火箭的壮举，这一辉煌成就标志着中国成为世界上第五个具备水下核打击能力的国家。这一历史性时刻的缔造者，正是我国自主研发的 092 型“夏”级弹道导弹核潜艇。

“夏”级核潜艇的研制从 1970 年开始，凝聚了无数科研人员的智慧与汗水。经过 10 年的努力，这艘核潜艇于 1980 年正式服役。而在 1988 年，它更是成功发射了一枚潜射弹道导弹，彰显了中国水下核打击力量的强大实力。这一力量不仅是中国“三位一体”战略核反击力量的重要组成部分，更是中国作为世界大国地位的有力象征，展现了中国在国防科技领域的卓越成就。2009 年，中国海军成立 60 周年大阅兵时，“夏”级弹道导弹核潜艇首次公开亮相。

092 型夏级弹道导弹核潜艇开始服役，随后中国着手研制新一代核潜艇——094 型“晋”级战略核潜艇。

“晋”级艇的设计研发工作始于 20 世纪 80 年代末至 90 年代初，历经数年的精心策划与准备。首艇于 1999 年开启建造，经过数年的艰苦努力，在 2002 至 2003 年间成功下水。2004 年 7 月，这艘崭新的核潜艇顺利完成建造，展露出其强大的实力。到 2009 年秋季，已有 2 艘

“晋”级潜艇正式服役，并成功完成极限深潜、水下高速航行以及深海发射战雷等一系列重要试验与考核。至 2018 年，中国海军的“晋”级艇数量已达到 6 艘，彰显了中国在核潜艇领域的强大实力与卓越成就。

从 1958 年开始探讨摸索、1965 年正式立项研制，到 1974 年第一艘核潜艇试验试航成功交付海军部队，经过半个多世纪的艰苦奋斗，中国核潜艇经历了研制、建造、使用、维修和退役的全过程，如今已发展了两代核潜艇，造就出了一支训练有素、保障有力的核潜艇部队，大大提升了中国的国防力量和中国在世界上的战略地位。

第三节　蓝鲸入海，牵云伴浪

中国早期主力驱逐舰

在海军建设中，驱逐舰作为一种多用途军舰，可以执行防空、反潜、反舰、对地攻击、护航、侦察、巡逻、警戒、布雷、火力支援以及攻击岸上目标等多种作战任务，成为各强国海军的主要作战舰艇，更是现代海上作战体系中不可或缺的“多面手”。中国海军在建设之初，就致力于发展本国驱逐舰，立志打造一支现代化远洋舰队。

中国最早的驱逐舰要追溯到 20 世纪 50 年代。1953 年 6 月 4 日，中国政府与苏联政府签署了《关于海军交货和关于在建造军舰方面给予中国以技术援助的协定》。根据这份关于海军装备的正式文件，我国向苏联订制引进了 4 艘驱逐舰，这就是“鞍山”级驱逐舰。

随着这 4 艘驱逐舰的加入，我国拥有了属于自己的大中小舰艇。这 4 艘驱逐舰服役后，分别被命名为鞍山号（舷号 101）、抚顺号（舷号

102）、长春号（舷号103）和太原号（舷号104）。在中国早期驱逐舰中，这四艘主力驱逐舰的装备吨位和性能最好，被海军官兵亲切地称为“四大金刚”。

1969年5月，“抚顺”舰率先改装成导弹驱逐舰，1970年，其余3艘也陆续完成改装。“四大金刚”直到1992年才完全退役，为当时缺少大型舰船的共和国海军撑起了脊梁，也为中国海军驱逐舰的后续研发建立了基础。

在“四大金刚”之后，中国开始打造第一代051型驱逐舰。1968年，导弹驱逐舰105“济南”号开工建造，1971年交付海军；1988年，166“珠海”号开工建造，1993年交付海军。这是中国自行设计建造的第一型导弹驱逐舰051型，该级舰先后建造17艘，是中国海军装备数量最多的导弹驱逐舰。

中国第一代051型驱逐舰服役后，根据新技术发展和作战需求变化，中国在后续建造中对051型不断进行改型升级，最终形成了包括051基本型、051D型、051Z型、051G型等在内庞大的驱逐舰家族。051型驱逐舰的研制装备，为中国海军装备建设积累了宝贵的经验和成果，表明中国具备了研制大型水面作战舰船的实力。051型驱逐舰是新世纪以前中国海军驱逐舰队的中坚力量，也是奠定中国海军现代舰船发展的重要基石，是中国舰船工业一个重要里程碑。

中国驱逐舰升级发展

20世纪80年代，随着海洋意识的增强，中国开始关注南海问题。中国海军需要深入南海争夺逐渐被蚕食的岛屿，急需一种全新的、适应现代作战形式的现代化水面作战舰艇。在这种情况下，052型驱逐舰应运而生。

1985年，052型导弹驱逐舰设计工作正式展开，1989年设计完成，采用了大量西方国家的技术标准和武器系统，是中国人民解放军海军首艘配备有完善的战斗数据系统的军舰。与 051 型相比，052 型舰体适航性明显提高，对舰体长宽比进行改进后，在恶劣天气状态下稳定性得到了提升，考虑到人机环境工程要求，舰员的居住条件也有了明显改善。

设计工作完成后，1990 年 5 月，052 型首舰 112“哈尔滨”舰开始铺设龙骨，1994 年 5 月交付中国海军；1992 年 2 月，二号舰 113“青岛”舰开始铺设龙骨，1996 年 5 月交付中国海军。这两艘 052 型驱逐舰全部隶属北海舰队，舰上配备自动化作战系统，服役后成为当时中国海军吨位最大、技术等级最高的水面作战舰艇。

20 世纪 90 年代中期，中国海军主力舰艇中，只有两艘 052 型驱逐舰具备近程防空能力。为提升中国海军的区域防空能力，20 世纪 90 年代后期至 21 世纪初，中国从俄罗斯进口了四艘现代级驱逐舰。

现代级驱逐舰安装有顶板坐标雷达和导弹防空系统，舰艇具有强大的对陆攻击火力、较强的反舰和防空能力以及一定程度的反潜能力。这四艘现代级驱逐舰交付之后，海军舰艇第一次拥有了区域防空能力，迅速成了海军的绝对主力。现代级的引进，有效缓解了当时海军舰艇战力不足和技术落后的窘境，中国自主建造的 052B 型驱逐舰，就使用了不少和“现代”级相同的设备和系统。052B 型驱逐舰总计建造了两艘，分别是 168“广州”号和 169“武汉”号，两舰均在 2002 年下水，2004 年服役。之后中国海军一系列舰艇所采用装备的研制，都参考和借鉴了现代级驱逐舰上的装备。

中国海军“中华神盾”

20 世纪 90 年代，防空驱逐舰得到进一步发展，世界各国纷纷开始发展自己的防空驱逐舰，中国海军也拥有了第三代导弹驱逐舰 052C 型驱逐舰。2003 年，052C 首舰 170 下水，被命名为“兰州”号，2005 年 10 月到中国海军南海舰队服役。10 月 29 日，比 170 舰稍晚开工的 171 舰下水，被命名为“海口”号，12 月于海军南海舰队服役。

这是中国人民解放军海军装备的首型拥有有源相控阵雷达及垂直发射系统的第一批的052C型驱逐舰，中国海军第一次拥有了远程区域防空能力，可以单独或协同海军其他兵力攻击水面舰艇、潜艇，具有较强的远程警戒探测和区域防空作战能力。052C型驱逐舰是中国海军第一种安装四面有源主动相控阵雷达的战舰，因此也被外界誉为“中华神盾”。

以052C型导弹驱逐舰为基础，中国又发展了052D型导弹驱逐舰。该型驱逐舰延续了052C型的总体设计，体现了中国海军“平台通用化、装备模块化”的设计思路，是中国人民解放军海军自2014年起装备的主力导弹驱逐舰。

与052C型相比，052D型改用了相控阵雷达，显示中国已经发展出使用液冷系统（在天线内部实施冷却）的主动相控阵系统。同时舰上导弹发射槽的长、宽比原本增加，可以容纳更大型的导弹。052D型驱逐舰首先实现了解放军海军水面舰艇防空、反舰或反潜等多种舰载武器的共架发射，可单独或协同海军其他兵力攻击水面舰艇、潜艇，具有较强的区域防空和对海作战能力，甚至对地打击能力。

2012年8月28日，052D型首艘舰“昆明”号下水，此后我国海军在8年时间里共下水052D驱逐舰25艘。从第14艘开始，052D基本型全部转为加长版052DL型，解决了机库、后甲板小的问题，可以起降直20反潜型直升机，远海反潜能力大大增强，成为中国海军航母战斗群内的专职反潜舰。经过改进的加长型052D型驱逐舰，将052系列驱逐舰潜力挖掘到了极致。为使我国海军驱逐舰达到世界领先水平，中国海军和舰船工业将继续推动新一代国产大型驱逐舰的发展。

第四节 航母、舰载机和“带刀护卫”

中国迎来国产航母时代

自20世纪70年代起，中国人民解放军海军就已开展航母的研究工作。中国第一艘航母平台，由购自乌克兰的“瓦良格”号改建而成，2005年开始大规模整修。2012年9月25日，中国海军迎来了一个历史性的时刻——001型航母正式交付，并命名为“中国人民解放军海军辽宁舰”，舷号“16”。这一天，标志着我国海军建设迈入了崭新的篇章，我国拥有了属于自己的航母，成了世界上少数几个拥有航母的国家之一。辽宁舰，作为我国首艘航空母舰，从零开始，逐步成长，从近海驶向远海，不断书写着传奇。它不仅仅是一艘军舰，更是我国海军的骄傲和象征。辽宁舰经历了从“试验训练平台”到“备战打仗先锋”的华丽蜕变，每一步都凝聚着无数海军官兵的心血和汗水。服役仅仅两个月后，辽宁舰便迎来了一个激动人心的时刻。2012年11月23日，舰载机试飞员戴明盟驾驶着歼-15飞机，成功地在辽宁舰上完成了阻拦着舰，这标志着中国海军实现了舰载战斗机上舰的历史性突破。此后，一批批优秀的舰载战斗机飞行员驾驶着歼-15飞机，在辽宁舰上成功完成了阻拦着舰和滑跃起飞考核，并通过了航母飞行资质认证，他们的英勇与技艺为辽宁舰增添了更多荣耀。

随着时间的推移，辽宁舰的战斗力不断提升。2015年7月，辽宁舰首次组织实弹射击，并取得了全部命中的好成绩，展示了其强大的作

战能力。自 2016 年起，以辽宁舰为核心的航母编队多次赴南海、西太平洋等海域开展实战化训练，推动全要素、全流程整体训练，不断深化实战化部署演练。在这一过程中，辽宁舰探索和实践了航母编队远海作战运用的方法，一步步实现了从试验训练到备战打仗的华丽蜕变。服役至今，辽宁舰不仅展示了强大的战斗力，更为后续航母部队输送了千余名骨干人才。这些优秀的官兵在辽宁舰上锤炼技艺、积累经验，成了我国海军建设的中坚力量。辽宁舰充分发挥了航母首舰“种子”部队的作用，为我国海军的未来发展奠定了坚实基础。

2019 年 12 月 17 日，中国海军迎来历史性时刻——首艘国产航母山东舰正式入列，标志着中国海军迈入“双航母”时代。山东舰的诞生，不仅彰显了我国海军建设的崭新成就，更体现了国家自主创新能力的巨大飞跃。这艘航母完全由我国自主设计、建造和配套，在建造过程中，我国成功突破了船体结构和动力核心设备等重大技术难题，攻克了发电机组、综合电力系统等一系列关键技术。经过数年的辛勤努力，2017 年 4 月 26 日，山东舰在大连造船厂成功下水；2 年后，它在海南三亚某军港正式入列，并被中央军委命名为“中国人民解放军海军山东舰”，舷号“17”。山东舰的入列，无疑是我国海军发展史上的重要里程碑。

山东舰作为我国首艘国产航母，其表现可谓惊艳。在短短的一年多时间里，它便实现了从首次舰载机着舰起飞到最大集中出动回收保障能力的重大跨越。不仅如此，山东舰还成功完成了歼 -15 舰载机的多类回收引导、高海况下的武器实弹射击、海上补给，以及跨区机动等一系列复杂且关键的试验任务，这些成就不仅彰显了山东舰的卓越性能，也标志着我国航母事业在多个方面取得了历史性突破，战斗力得到了显著提升。由此，中国海军正式宣告进入国产航母时代，这无疑是我国海军建设史上的重要里程碑。

2022 年 6 月 17 日，中国船舶集团有限公司江南造船厂迎来了激动人心的时刻——中国第三艘航空母舰正式下水并命名。这艘被命名为“中国人民解放军海军福建舰”、舷号为“18”的航母，不仅是中国完全自主设计建造的首艘弹射型航空母舰，更是采用了先进的平直通长飞行甲板，并配备了电磁弹射和阻拦装置，其满载排水量 8 万余吨。福建舰的下水与命名，无疑为我国海军的发展注入了强大的动力。

如果说航母是一把宝剑，那么航母上的舰载机就是宝剑上最锋利的刀锋。从第一艘航母服役到第一架舰载机上舰，相隔只有不到 2 个月。歼 −15 舰载机是我国第一型舰载机，新技术多，探索性强，风险性高。2012 年 11 月 23 日，歼 −15 舰载机在辽宁舰首次成功起降，从这一天起，中国海上没有舰载机的时代成为历史，中国战斗机也实现了从陆地向海洋的跨越。但在初期，由于缺乏经验技术，中国最开始想从俄罗斯购买苏 33 战机，却遭到了俄方的高价“勒索”，为了摆脱对外的依赖，我国决定自主研发国产舰载机。中国对苏 33 原型机进行了全方位的考察和改造，以沈飞的国产化歼 −11B 为基础，成功实现了苏 33 的国产化。歼 −15 战机不仅继承了苏 33 战机的优点，如大载荷、大航程、强大火力等，还在诸多系统上进行了升级和优化，如航电、电子战、雷达火控等。随后中国又推出了弹射型号的歼 −15T 战机。歼 −15T 战机是针对福建舰及未来超级航母而设计的弹射型号，其性能表现堪比世界先进水准。歼 −15T 战机采用了先进的国产子系统，在起飞和作战方面得到了极大的提升。歼 −15T 战机将与歼 −35 隐形舰载战斗机形成高低搭配的组合，为中国海军提供更强大的空中打击能力。自歼 −15 入伍以来，10 年间，歼 −15 体系作战能力也越来越强，作为航母编队体系中的关键一环，从首次着舰到昼夜起降航母，从海空突击训练再到伙伴式加受油，从单舰到双航母时代，歼 −15 规模战斗力已经形成，与中国海军共同圆梦深蓝，壮志凌云驰骋海天。歼 15 体系与 3 艘航母一同成为守护祖国的利剑。

护航驱逐的中国护卫舰

护卫舰是一种轻型水面战斗舰艇，主要担负反潜、护航、巡逻、警戒、侦察及支援登陆作战任务以及提供无人舰载机的起飞和降落。护卫舰的主要武器是导弹、舰炮、深水炸弹及反潜鱼雷，在世界各国海军中，护卫舰的建造数量最多、分布最广、参战机会最多，也被称为“护航舰”或“护航驱逐舰”。

中国护卫舰的发展历程可以追溯到 20 世纪 50 年代。最早的中国护卫舰如“青岛”级、“上海”级、“南京”级等都由苏联引进，依靠苏联转让技术及设备材料，我国制造了一批 01 型（601 型）护卫舰——火炮鱼雷护卫舰，装备有 100 毫米主炮、37 毫米副炮、533 毫米反舰鱼雷及反潜深弹，配备雷达、声呐、指挥仪，又有大功率蒸汽轮机系统，为我国指战员及设计建造技术人员直接学习现代护卫舰战术奠定了物质基础。

到 20 世纪 60 年代，我国已经能够自行研究设计制造 65 型（江南级）火炮护卫舰。1966 年 8 月，我国自行研制的第一艘护卫舰 65 型护卫舰服役。65 型护卫舰是我国自行设计、建造的第一型护卫舰，所用材料、主机及配套设备均为国产。该型舰的研制成功，为中国大中型水面作战舰船从仿制到走向自行研制奠定了基础。

到 20 世纪 70 年代初，中国开始研制“江姐”级护卫舰。这是中国第一款自主研制的护卫舰，也是中国海军第一款具有现代化水平的护卫舰。这款护卫舰采用了先进的武器系统和雷达系统，具有较强的作战能力。

1974 年 12 月，我国建造的第一艘防空护卫舰 053K 型导弹护卫舰服役，第一次装备了舰空导弹，使得中国海军在那个时代拥有了对空防御能力，这对中国海军有非常重要的意义。1975 年 12 月，我国建造的第一艘对海导弹驱逐舰 053H 型导弹护卫舰服役，继承了 053K 型舰体和采油动力装置，并第一次装备了对海导弹，填补了对海火力弱的不足。

随着中国经济的发展和技术的进步，中国护卫舰的研制也得到了迅速发展。20 世纪 80 年代，中国开始研制“旅大”级护卫舰和“广州”级护卫舰。这些护卫舰采用了更加先进的武器系统和雷达系统，具有更强的作战能力。

到了 20 世纪 90 年代，中国研制出“052”型护卫舰。这是中国第一款采用 Aegis 系统的护卫舰，拥有当时最先进的武器系统和雷达系统，具有强大的防空和反潜能力，也是中国海军第一款具有全球作战能力的护卫舰。而到 90 年代后期，053 型护卫舰则挑起了大梁。1992 年 7 月，我国海军迎来了一项重大突破——首艘多用途护卫舰 053H2G 型导弹护卫舰正式服役。这款护卫舰的加入，极大增强了我国海军的作战实力。紧接着，053H3 护卫舰作为我国自行设计建造的第二代全封闭导弹护卫舰，更是彰显了我国海军装备建设的崭新面貌。它具备强大的对海、对空、对潜攻防能力，特别是在防御掠海反舰导弹方面有了显著提升。这型护卫舰攻防均衡，技术层次远超先前的“江湖”级护卫舰，足以胜任较远海域的多样化任务，包括海面攻击、海岸巡逻、火力支援等，为我国海军的现代化建设注入了新的活力。

053H2G 型导弹护卫舰是中国海军第二代第一型兼具对空对海导弹攻击能力的护卫舰，也是第一型搭载舰载直升机的护卫舰，首次具备较为综合的防空、反舰和反潜能力，为后续 053H3 的设计制造积累了宝贵经验。

1999 年 6 月，053H3 型导弹护卫舰服役。这是我国建造的第一艘具备防御反舰导弹能力的护卫舰，防空火力与防御反舰导弹的能力提高，舰体设计更加封闭，隐身性与适航性进一步提高。

21 世纪初，中国海军主力舰艇急需更新换代，在 053 型护卫舰基础上改进型号。首先建造了两艘采用全新舰体设计的 054 型护卫舰马鞍

山舰和温州舰，主要舰载设备仍照搬 053H3 型护卫舰的成熟系统，充当试验性质的过渡型舰艇，在防空导弹、垂直发射系统等新装备研制定型后，054A 型护卫舰建造历程开启。

2005 年 2 月 18 日，我国建造的第一艘具有隐身外形和远洋作战能力的护卫舰“江凯 I”级（054 型）护卫舰服役，标志着中国建造护卫舰水平迈上了一个新台阶。

2008 年 1 月 27 日，我国第一艘具备区域防空能力的护卫舰 054A 型导弹护卫舰服役。054A 型导弹护卫舰是新一代护卫舰，火力较 054 型护卫舰强劲许多，也是为中国人民解放军海军装备的第一种区域防空型护卫舰，优异的性能受到了军方肯定。

要说到整个航母战斗群的“带刀护卫”，那必然是中国自主研制的 055 型驱逐舰。055 型的驱逐舰排水量在万吨以上，055 型导弹驱逐舰还升级了可参与对空防御的 130 毫米主炮，其火控系统、精度、射速、可靠性等战技性能指标都有很大提高，作为副炮的密集阵近防系统更是增加到 11 个发射管。导弹驱逐舰这一舰种自诞生以来就因可执行防空、反导、反潜、反舰、对陆打击等最为多样化的任务，被誉为“海上多面手”。055 型导弹驱逐舰武器系统齐备，综合作战能力强，隐身性强，适航性好，续航力大，自动化水平高，可谓世界导弹驱逐舰家族中的翘楚。

2013 年 2 月 25 日，我国建造的新型多用途轻型护卫舰 056 型护卫舰服役，舰适航性好，船员生活空间大，执行近海巡逻等轻度任务。

2011—2022 年，10 年时间里，中国海军的舰艇从旧型号到新型号，从绿水到蓝水，从近海到远海，越来越能承担起保卫领海的职责；中国人民海军的装备越来越先进，舰艇总吨位数增长了四倍，仅次于美国海军，位列世界第二。

第五节　大国担当，外海护航

惊涛骇浪，大国博弈

近年来，随着我国海军大型舰艇的陆续下水服役，一支世界超一流的海军队伍正以肉眼可见的速度壮大起来。中国远洋航运业在不断发展壮大的同时也曾遭遇过许多挑战和困难，其中最为著名的事件之一，就是曾经在世界上引起轰动的 1993 年“银河”号事件。

“银河”号事件是我国外交史上一件著名的案例，是指发生于 1993 年的“银河”号货轮危机。

“银河”号是中国远洋运输总公司广州远洋运输公司所属中东航线上的一艘集装箱班轮，一直从事远洋运输业务，固定航线为：天津新港—上海—香港—新加坡—雅加达—迪拜—达曼—科威特。

1993 年 7 月 7 日，“银河”号从天津新港装货出发，目的地是阿联酋名城迪拜，航行途中要停靠上海、香港，还有新加坡和雅加达 4 个港口并将集装箱装船，之后一起运往波斯湾。

这本是一次普通的运输任务，“银河”号在离开雅加达时，船上已按计划装好全部 628 个集装箱，按计划将于 8 月 3 日抵达迪拜港卸货，之后装货返航。

全船 38 名船员都没有想到，这次普通的贸易运输将会成为中美博弈的交锋点，风平浪静的表象下，一场巨大的风波正等待这艘中国货轮。

7 月 23 日，美国驻华大使突然约见我国外交部负责人，声称美国方面得到“确切情报”，握有确凿证据，指责中国“银河”号货轮装载有运往伊朗的化学武器原料硫二甘醇和亚硫酰氯。

1993 年 1 月 13 日，包括中国在内的 130 个国家，在联合国教科文组织总部共同签署了《禁止化学武器公约》。该公约规定，对这两种化学品的转让必须进行严格控制。早在 1990 年，中国政府就对这两种化学液体的运输和买卖制定了严格的限制措施。

美国以此为借口，派出军舰、飞机对“银河”号跟踪监视，要求“银河”号返航，并凭借武力关掉 GPS，在印度洋的国际公海海域把“银河号”无理逼停并扣留长达 33 天。

8 月 1 日，我国外交部明确回应指出，“银河”号上都是正规物品，并无任何美国指责的违反国际法的违禁品。美方坚持要进行检查，双方一直僵持不下。我方提出折中办法，停靠第三方港口，让第三国和中方一同参与检查。美国却强行威胁有意让银河号停靠的国家装聋作哑，同时暗中散播谣言，利用媒体舆论继续对“银河”号进行污蔑。

中美谈判一直进行了 22 天，“银河”号就在美国海军的重重包围下，被迫在公海漂了 22 天。缺少供给的“银河”号食物和淡水即将消耗殆尽，为了逼迫我方服软，美方动用军用电子干扰器，意图以此切断“银河”号与外界的联系，让“银河”号“自生自灭”。我国一直在为“银河”号安全靠港而努力，为了船员的安全，我方同意与第三方联合检查的提案，美国却坚持只承认美方检查标准，没有美方参与的方案不予认可。为了尽快让船员安全靠港，双方各退一步，我方同意美国检查，但必须以技术顾问的方式进行，美国则是动用全副武装的军舰和直升机，“陪伴”着“银河”号到达沙特阿拉伯的达曼港口。

8 月 28 日，按照协议，中美沙三方检查组开始登船检查，美国以技术顾问身份辅助登船。最终检查结果一切正常，所谓的“美国调查组”一无所获，只好向中沙人员和世界媒体宣布没有违禁品这一事实，并在所谓的“调查报告”上签字。9 月 25 日，历经磨难的“银河”号载着数十名船员悉数安全回归。

“银河”号事件让中国更加认识到了保护海上通道航行安全的重要意义。从印度洋沿岸经东南亚通往我国南部和东部港口这一海上运输线，承担着运输国内生产所必需的各类能源、资源，以及货物出口的重任，在一定程度上甚至决定着中国经济运转的效率和可持续性，其战略意义不言而喻。

护航“生命线”亚丁湾

亚丁湾是连接亚、非、欧三大洲的海上咽喉，被称作“世界航运的生命线”，每年经过亚丁湾的各国商船数以万计。然而这片海域也是全球海盗活动最频繁的区域之一。

自 2008 年起，在海天一色的亚丁湾，中国海军多次派遣护航编队赴亚丁湾、索马里海域执行护航任务，护航编队包括驱逐舰、护卫舰等先进装备，护送中外船舶通过亚丁湾高风险海域，在深蓝航道上犁出一道道壮美航迹，成功保护了数百艘中外商船免受海盗袭击，保障了国际航行安全。

2008 年 12 月 26 日下午，三亚军港的气氛格外庄重。数百名中国海军官兵整齐列队，目送着一支舰艇编队缓缓驶离港口，他们即将踏上一段特殊的征程。当天，中国人民解放军海军的一支强大编队从海南三亚启航，肩负着前往亚丁湾、索马里海域执行护航任务的重任。这是中国首次派遣军事力量赴海外，维护国家的利益，也是中国海军首次在遥远的海外海域，保护重要运输线的安全，并履行国际人道主义职责。此次护航编队阵容强大，由“武汉”号和“海口”号两艘导弹驱逐舰领衔，辅以“微山湖”号综合补给舰，同时搭载了两架舰载直升机以及一批精锐的特战队员，共计 800 余名官兵。他们的使命光荣而艰巨，不仅要保护中国航经亚丁湾、索马里海域的船舶和人员安全，还要确保世界粮食

计划署等国际组织运送人道主义物资船舶的畅通无阻。

“我是中国海军护航编队，如需帮助，请在 16 频道呼叫我。”这条用中、英两种语言播发的通告，自 2008 年 12 月护航行动开始以来，便一直回响在亚丁湾、索马里海域的上空。一批批编队接力传承、履职尽责，他们用实际行动诠释了中国作为一个负责任大国的有力担当。在这条充满挑战与风险的航道上，中国海军护航编队以坚定的信念和过硬的素质，为国际社会的和平与稳定贡献了中国力量。

距离人民海军首次派遣舰艇编队远赴亚丁湾执行护航任务已 10 余载。在这漫长的岁月里，中国海军舰艇编队肩负着光荣而艰巨的使命，始终坚守在亚丁湾、索马里海域，为保障中国航经该区域的船舶与人员安全以及确保世界粮食计划署等国际组织的人道主义物资运输畅通无阻，付出了巨大的努力。

过去的十几年，中国海军舰艇编队始终秉持着高度的责任感和使命感，严格遵守联合国安理会的有关决议和《国际法》，忠实履行着国际义务。他们不仅与各国护航舰艇开展密切合作，共同应对海盗等海上威胁，还在必要时积极参与人道主义救援行动，展现了中国军队的人道主义精神和大国担当。

在亚丁湾这片广袤的海域，中国海军舰艇编队不仅守护着国际贸易的黄金航线，更在驱赶海盗、协助局势紧张国家和地区的撤侨行动、救助遇险中外船舶等方面屡建奇功。他们的英勇事迹和无私奉献，赢得了国际社会的广泛赞誉，被公认为和平的守护者。

近年来，中国军队在平等协商、互利合作的基础上，与各国军队在反恐、国际维和、灾难救援等领域开展了深入而广泛的合作。中国军队积极参与国际事务，为维护地区和世界的和平稳定做出了重大贡献。未来，中国军队将继续与各国军队携手同行，加强包括维护国际海上通道安全在内的各领域合作，共同应对新挑战、新威胁，为构建人类命运共同体贡献力量。“国家利益所至，舰艇航迹必达。”迄今为止，在漫长的护航线上，中国海军护航编队已安全护送 1 500 多批 7 100 余艘次船舶，其中外籍船舶超过 50%。这些护航任务充分展示了中国海军建设成果，中国海军为维护国际重要水道安全做出了重大贡献。

奋起直追，挺进南极

南极大陆周围海域蕴藏着大量珍贵的海生动物资源，在全球资源危机日益严重的今天，南极洲的资源极具吸引力。中国对南极科学考察工作起步很晚，从 1984 年中国首次派出南极科考队出征南极，到今天跻身世界极地科考大国行列，我国参与南极科考工作只有短短的 40 年。

1976 年 3 月，我国迎来了首次远洋科学调查的启航，历经 50 余日的航行，成功完成了对南太平洋的深入科学调查。在接下来的两年里，我国科考团队三次深入太平洋，为我国首次洲际导弹的发射靶场选址提供了实时数据支持，确保了发射的成功。这一系列的成就，不仅彰显了我国在海洋科技领域的实力，也为我国海洋事业的发展奠定了坚实基础。1977 年 12 月，全国科学技术规划会议更是明确提出“查清中国海、进军三大洋、登上南极洲”的宏伟目标，这标志着我国海洋科技现代化、海洋事业迈向极地深海的征程已经正式拉开序幕。

虽然我国在地缘、经济、科技等方面没有什么优势，但是我国的南极科考发展速度很快，目前我国已经在南极建设了 4 个科学考察站。我国第 5 个科考站建在罗斯海。之所以选择这一区域，是出于长远考虑：这里是南极地区岩石圈、冰冻圈、生物圈、大气圈等典型自然地理单元集中相互作用的区域，具有重要的科研价值。同时这里是名副其实的“科考热点区域”，除了中国，美国、德国、意大利、新西兰和韩国均在罗斯海周边建有自己的科学考察站。中国在罗斯海周边建设新的科学考察站，可以有效填补中国在南极科考重点、热点地区的空白，也可以促进中国和其他国家的科学考察合作，有利于人类共同和平开发南极，从而造福全人类。为了保障考察任务的顺利进行，海军舰艇为科研人员

提供了有力支持和重要保障，如运输物资、提供生活保障等。

南极科学考察是我国一项长远任务，2023 年 4 月，我国第 39 次南极科学考察圆满完成，考察队全部返回上海国内基地码头。本次科学考察第三次实施“双龙探极”，由“雪龙”号科学考察船和“雪龙 2”号科学考察船共同执行考察任务，于 2022 年 10 月下旬出发，共历时 163 天，行程 6 万余海里。

其中的“雪龙 2”号极地考察船（H2560）是中国第一艘自主建造的极地科学考察破冰船，于 2019 年 7 月交付使用。“雪龙 2”号是全球第一艘采用船艏、船艉双向破冰技术的极地科考破冰船，能够在 1.5 米厚冰环境中连续破冰航行，填补了我国在极地科考重大装备领域的空白。

本次考察主要围绕南大洋重点海域对全球气候变化响应与反馈等重大科学问题开展考察工作，经过 5 个多月的深入现场作业，科考人员完成了对南大洋特定海域以及南极大陆相关区域的调查任务。不仅如此，科考人员还成功对中山站至南极冰穹 A 断面的所有站点进行了冰雪环境监测和天文观测，同时深入开展了伊丽莎白公主地等区域的冰下地形探测工作。此外，我国科考人员还顺利完成了南极长城站和中山站的物资补给和人员轮换工作，确保了科考站点的正常运转和科研工作的持续推进。

积极履行大国责任

随着中国经济的快速发展和国际地位的提升，中国海军建设在维护国家利益、推动国际合作和应对全球挑战方面承担着越来越重要的责任。中国海军建设的大国担当不仅体现在对地区和平稳定的贡献上，还体现在对全球海洋治理和国际合作的积极参与上，具体体现在以下几个方面。

维护地区和平稳定。中国海军在维护地区和平稳定方面发挥着重要作用。一方面，中国海军积极参与海上安全演习和联合巡航等活动，提升与其他国家的互信与合作。另一方面，中国海军通过对外援助和技术合作等方式，为地区国家提供支持和帮助，推动地区安全与稳定。

推动国际合作与交流。中国海军注重与世界各国海军的交流与合作，通过互访、联合演习、学术研讨等方式增进了解与友谊。此外，中国海军还积极参与国际救援和人道主义援助，向受灾国家提供物资和人员支持，展现了负责任大国的形象。

应对全球非传统安全挑战。随着经济全球化的深入发展，非传统安全挑战日益凸显。中国海军在应对海盗、恐怖主义、跨国犯罪等非传统安全挑战方面发挥着重要作用。中国海军派遣舰艇参与国际反海盗行动，为商船提供护航和支援服务。同时，中国海军与其他国家开展联合巡航和打击恐怖主义活动，共同维护海上安全和地区稳定。

促进国际关系和谐发展。中国海军建设的迅速发展为地区和世界的和平稳定提供了有力支撑。通过与其他国家的交流与合作，中国海军为国际关系的发展注入了正能量。同时，中国海军的对外援助和技术合作为发展中国家提供了更多的机会和支持，推动了全球的均衡发展。

提升全球海洋治理水平。随着经济全球化的深入发展，海洋治理成为各国共同面临的挑战。中国海军建设的迅速发展为全球海洋治理体系的完善提供了有力支持。中国海军积极参与国际海洋治理机制的建设和完善，推动全球海洋治理水平的提升。同时，中国海军通过参与国际渔业管理、海洋科研等领域的合作，为全球海洋可持续发展做出贡献。

引领国际军事合作潮流。中国海军在对外交流与合作方面积极探索新的模式和途径，为国际军事合作注入了新的活力。通过与其他国家开展联合演习、互访交流等活动，中国海军展示了开放、包容、合作的精神，引领了国际军事合作的潮流。同时，中国海军倡导共同、综合、合作、可持续的安全观，推动国际社会共同应对安全挑战。

中国海军建设的大国担当体现在多个方面。在维护地区和平稳定、

推动国际合作与交流以及应对非传统安全挑战等方面，中国海军都发挥了重要作用。同时，中国海军的建设对世界产生了深远的影响，促进了国际关系的和谐发展、提升了全球海洋治理水平并引领了国际军事合作的潮流。中国海军在新时代背景下，肩负着保卫国家安全、维护海洋权益、参与国际事务等重要使命。通过多年的发展，中国海军已经具备了较强的综合实力，展现出大国担当。未来，中国海军将继续加强建设，提升战斗力，为维护世界和平与稳定做出更大的贡献。

第九章

挖掘海洋文化，完善科普教育

针对当前海洋教育存在的问题和挑战，完善海洋教育体系对于提升我国海洋意识和加强海洋素质教育具有重要意义。加强海洋教育，可以增进学生对海洋的了解和认识，培养他们对海洋的敬畏和热爱之情。强化海洋历史、文化、遗产教育，有助于学生更好地传承和弘扬我国悠久的海洋文化，增强民族自豪感和文化自信。提升海洋意识和加强海洋素质教育，有助于为我国培养一批具备国际视野和创新能力的海洋人才，为我国在全球海洋竞争中赢得主动。

海洋历史、海洋文化、海洋遗产方面的教育，对于提升全民海洋意识、培养知海懂海、热爱海洋的人才具有重要意义。我国通过制定实施战略规划、加大投入支持力度、加强课程体系建设和实践平台建设等措施，可在海洋教育领域取得更加显著的成就。政府应将海洋教育纳入国家教育整体发展规划中，明确海洋教育的目标、任务和措施，确保海洋教育的持续健康发展。制定和实施海洋教育战略规划，加大对海洋教育的投入和支持力度。政府应增加对海洋教育的经费投入，改善海洋教育的基础设施和教学条件，提高海洋教育的师资力量和教学水平。

政府还应不断加强海洋教育实践平台建设。政府应积极推动海洋教育实践基地和实践平台建设，为学生提供更多的实践机会和资源，促进理论知识与实践技能的结合。政府应组织专家学者制定科学系统的海洋教育课程体系，明确海洋历史、文化、遗产等方面的教育内容和要求，确保海洋教育的全面性和系统性。政府还应积极参与国际海洋教育交流与合作项目，借鉴和学习国际先进经验和做法，提高我国海洋教育的国际水平和竞争力。

海洋历史、文化、遗产，作为中华民族悠久历史和灿烂文化的重要组成部分，承载着丰富的历史信息和深厚的文化底蕴。强化海洋历史、文化、遗产教育，对于提升全民海洋意识、弘扬海洋文化、促进海洋强国建设具有重要意义。然而，当前我国在海洋历史、文化、遗产教育方面仍存在一些不足，急需借鉴国外优秀办法，加以改进和完善。应强调：社区参与和公众教育，把海洋博物馆、海洋文化中心等分散的海洋历史文化遗产资源进行集中展示和教育；通过广泛的社会宣传和教育活动，提升公众对海洋历史文化遗产的认知度和保护意识。例如，举办“海洋文化遗产日”“海洋文化节”等活动，吸引公众参与和互动。加强与媒体、企业、社区等各方面的合作，共同推动海洋历史文化遗产教育的普及和发展。

第一节　海洋文化与海洋文化遗产

海洋文化的传承者

数千年来，中国先民不仅享受着海洋带来的便利和利益，也逐渐形成了与海洋相关的观念、思想、习俗和行为，构建了丰富多彩的海洋文化。这种文化涵盖了海纳百川、四海一家、人海共生、尚新图变等内容，成为中华优秀传统文化的重要组成部分。人类依海而居、食海而渔、赖海而商、敬海而祭、欢海而歌、识海而传。

海洋文化包括海洋意识、海洋社会礼仪、海洋宗教信仰、海洋风俗习惯、海洋文学艺术、海洋体育和海洋遗产等方面的文化形态。中国海洋文化处于社会文化和区域文化层面。在人类社会的发展和变革中，文化往往起着先导作用，并将新的价值观念融入整体发展格局中，形成新的人文精神。人们世世代代依海而居，是海洋文化的重要传承者，积淀了丰富的海洋文化。这种传统的海洋文化被称为“原生海洋文化”。而“新海洋文化”最显著的特征在于“新”字，相对于传统的“原生海洋文化”，“新海洋文化”是在传统基础上萌发的创新文化，是对“原生海洋文化”的重新构建和塑造，是在当地文化背景中形成的新的地域文化。其作用机制是利用文化建设的新机遇，充分利用海洋资源优势，挖掘文化内涵，传承传统“原生海洋文化”的精髓，并注入新的文化元素，积极推进海洋文化创新，赋予海洋文化新的生命和活力，构建适应时代潮流和发展的新海洋文化格局，营造和烘托海洋文化氛围，赋予海洋文化新的时代特征。

构建“新海洋文化”可以从以下几个方面入手：增强海洋文化意识和观念，展现海洋文化的独特魅力，打造“新海洋文化”城市，树立新的城市海洋文化精神；传承、丰富和发展传统的“原生海洋文化”，挖掘海洋资源的优势，加强海洋经济的创新和发展；依托“新海洋文化”推动海洋经济的转型升级，为创新文化建设提供强大的文化支撑。构建创新文化是符合“一带一路”倡议的，是试点区的先进模式，是海洋经济发展的创新模式，能够推进海洋经济转型升级。

海洋文化教育

海洋文化教育就是引导人们探索、理解和传承与海洋息息相关的文化遗产的过程。

海洋文化涵盖了从古至今人类与海洋互动的历史记忆和经验智慧。它包括航海技术的发展历程、海事法律制度的建立、沿海地区的民俗传统以及海洋文学艺术等多元领域。通过海洋文化教育，人们可以了解到先民如何凭借勇敢和智慧征服海洋，开辟海上丝绸之路，促进东西方文化的交流融合，从而加深对人类文明演进过程的理解。

在许多沿海民族的文化中，海洋被尊奉为生命的源泉，保护海洋生态、合理利用海洋资源的意识早已融入其生活哲学之中。学习这些海洋文化，有助于培养人们的环保意识，倡导尊重自然、顺应自然的生态文明观，对于推动全球海洋可持续发展具有深远影响。

海洋文化教育也关注现代海洋产业与海洋休闲活动的发展。如帆船运动、潜水探险、海滨旅游等活动，既体现了人们对海洋的亲近与热爱，又承载着丰富的精神文化内涵。普及海洋文化知识，可以激发大众对海洋的兴趣和热情，进一步推广和发展健康的海洋休闲生活方式。

深化海洋文化教育，普及新时代中国海洋文化，将有助于增强文化软实力。海洋文化教育的目标在于提高全民海洋意识，增强中国海洋文

化的感召力和国际影响力，从而提升文化软实力，为海洋战略提供理论支持，争取海洋话语权，最终实现中国倡导的全球海洋治理新理念。

坚持海洋文化创新

海洋文化是民族文化的灵魂，具备生机勃勃的生命力、创造力和凝聚力。中华优秀传统文化本质上也是开放的海洋文化，中国改革开放的历史实际上也是一部海洋文化史。改革开放初期，中国率先将改革发展的目光投向海洋，从东部沿海开始，设立 4 个经济特区，随后又开放 14 个沿海城市，进一步提升了开放的广度和深度。这一举措推动了海洋经济的蓬勃发展，同时促进了海洋文化的创新。

海洋文化的创新应当遵循两大原则。一是坚持海洋文化的中国特色，以满足中国海洋事业发展的需要。中国海洋文化强调团队精神，这种集体主义精神在保持团队稳定性的基础上注重灵活性，实现了二者的有机统一。二是坚持海洋文化的地域特色，为地方海洋经济发展提供文化支撑。以广东为例，其海洋文化根植于海洋农业，具有自身的特色。广东海洋文化强调人与海洋的关系，形成了“靠海吃海”的自然人生观；重视自然资源开发和保护并重的原则；具有商业性的特点，成就了世界范围内的经济繁荣。在新的历史时期，推进海洋文化创新，需要具备全球视野和海洋经济文化的理念。航海经济建设应发展海洋文化产业、繁荣海洋文化市场、增强国际竞争力。这些举措可以进一步推动海洋文化的创新发展，为我国的海洋事业注入更强大的精神动力。

国家、民族对海洋的重视程度、对所属海域历史与现状的维护、对海洋开发利用的深度、对海洋权益争取和维护的力度，都直接关系到国家的强弱、民族的兴衰。中国是一个海洋大国，海洋与中华民族的命运紧密相连。爱国主义是推动海洋强国建设的精神动力。从海洋意识角度看，它是对海洋知识体系中的核心价值以及海洋文明传统所造就的归属感的集中体现。从建设海洋强国角度看，它是对建设海洋强国的政治认同，是“忠于祖国海洋，热爱祖国海洋”的道德承诺，也是为维护祖国海洋主权而努力奋斗的政治责任。从海洋情感角度看，它是以海洋视野观察世界，以积极而理性的态度参与海洋事务，将爱海洋与爱祖国紧密结合，在建设海洋强国的进程中逐渐形成的民族海洋意识、海洋性格和海洋气概。

海洋不仅是经济活动的舞台，也是文化交流的桥梁。要贯彻习近平总书记提出的“海洋命运共同体”重要理念，促进各国在海洋领域的合作与交流，共同推动蓝色经济的发展，弘扬海洋文化，增进海洋福祉。

海洋文化作为连接人类与海洋的纽带，不仅见证了人类文明的发展，也孕育着丰富的文化内涵。海洋文化的繁荣兴盛，离不开对海洋的认知与理解，对海洋的热爱与保护。海洋文化的传承与创新是一个不断发展的过程，需要从多个方面着手。

海洋文化的传承要坚守中国传统文化的基因，发扬民族精神，传承海洋文化的精髓。海洋对中国人民而言，不仅是物质资源的丰富，更是精神家园的延伸。应当深入挖掘海洋文化中蕴含的智慧与情感，将其传承给后代，使其成为中华民族的宝贵财富。

海洋文化的创新需要立足当代社会的发展需求，融合现代科技与文化创意，推动海洋文化的蓬勃发展。在信息时代，可以借助互联网和新媒体手段，加强海洋文化的传播与交流，让更多的人了解海洋、关注海洋、热爱海洋。

海洋文化的传承与创新还需要注重跨文化交流与融合，吸收其他文化的优秀成果，拓展海洋文化的多样性和包容性。与其他国家和地区的交流合作，可以促进海洋文化的多元发展，推动世界海洋文明的共同繁荣。

海洋文化的传承与创新需要政府、社会和个人的共同参与和努力。政府应当加大对海洋文化的扶持力度，制定相关政策与措施，为海洋文化的传承与创新提供良好环境和支持。社会组织和文化机构应当发挥自身优势，开展海洋文化的研究、教育和推广工作。而个人也应当从自身

做起，积极参与海洋文化的传承与创新，为推动海洋文化的发展贡献自己的力量。

海洋文化的传承与创新是一项长期而艰巨的任务，需要全社会的共同努力和持续关注。相信在不断的探索与实践中，海洋文化必将焕发出新的光彩，为人类文明的发展注入新的活力。

海洋强国的内驱力

海洋文明是中国海洋强国建设的内在动力，也是中华民族多元现代文明的重要组成部分。随着时代变迁，学界对海洋文化概念的理解不断演变。因此，加强海洋文化建设需要正确认识中国海洋文明的内涵，并结合历史与当代概念的变迁，对海洋文明的概念进行审视、修正和重构，使之成为思考和研究的有效工具。同时，需要打破西方话语霸权，发展和创新海洋文明理论，以适应时代要求，推动中国海洋文明在新时代蓬勃发展，并取得新的成就。

在向海洋进军的 21 世纪，人们不断探寻人类与海洋、陆地和谐相处的方式，深入研究海洋和陆地的奥秘。在这漫长的过程中，形成了各具特色的海洋文化，产生了不同的海洋思维、观念和意识。海洋对于民族、国家的盛衰安危具有重要意义。构建海洋大国既承载了中华民族对海洋强大历史愿景的期待，也是实现民族复兴的必要条件。其对于保护和发扬中华海洋文化，深度探索其含义，对于提高公众的海洋认知，增强海洋文化的软实力，对于稳步推动海洋强国建设，实现国家统一，对于繁荣和民族复兴，有效地处理海洋权益争议，以及积极参与全球海洋事务等方面都起着至关重要的作用。

海洋意识是海洋活动人群集体心理的沉淀，是海洋文明的灵魂。海洋意识在发展中逐渐深化为海洋价值意识，并延伸出海洋权益意识、海洋安全意识、海洋主权意识、海洋健康意识、海洋战略意识等多方面内容。

当前，增强海洋意识的关键在于树立海陆一体生态整体观和发展观，促进陆海双向互动。海洋与陆地相辅相成，海洋资源与陆地资源同为中华民族生存和发展提供了重要支撑。面对未来资源枯竭的危机，海洋可以为陆地提供更多生存发展空间和丰富资源支持，陆海一体化发展可能为未来文明提供新的出路。要成为海洋科技先进、海洋经济繁荣、海洋军事强大、海洋生态环境健康发达的海洋国家，就必须坚持人、地、海和谐相处的文化整体观。

第二节　海洋历史与爱国主义教育

强化海洋历史教育

海洋教育史是关于人类开展航海、海防等教育活动的历史，为教育和海洋强国建设提供学术支持，体现了多学科交叉融合的特点。海洋教育史具有借鉴中外、面向未来、培养人才等特点，涉及多个领域。它以中国式现代化为实践基础，培养民众的海洋国家意识，为建设现代化国家提供教育史学资源。海洋教育史是中外教育史学的一个特色研究领域，满足了我国建设海洋强国的现实需求。

中国拥有广阔的海洋和长海岸线，这为海洋强国建设提供了基本条件。海洋已经成为中国人民生活和经济发展的重要空间，对社会发展产生了深远的影响。进入新世纪以来，中国将海洋视为国民经济新的增长点，并致力推动海洋经济高质量发展。海岸带逐渐成为人们生活和经济发展的重要区域，反映了海洋在中国社会经济中的重要地位。

中国近代史是一段抗击列强侵略的历史，也是中华民族争取独立和

自由的历程。从鸦片战争到中华人民共和国成立，中国人民历经数百次侵略战争。无数英雄人物为了民族的独立和自由，浴血奋战，铸就了中华民族的民族精神。建设海洋强国是中华民族伟大复兴的必然选择。培养海洋意识和情感，能够更好地认识和利用海洋资源，为建设一个繁荣昌盛的海洋强国奠定坚实基础。

完善海洋教育体系

党的十八大以来，以习近平同志为核心的党中央加快推进海洋强国建设。建设海洋强国是中国特色社会主义事业的重要组成部分，海洋在国家生态文明建设中的角色更加显著。习近平总书记关于海洋强国建设、海洋生态文明建设的重要论述，是在继承马克思恩格斯生态观和海洋观的基础上，结合新时代中国特色社会主义的伟大实践而形成的。进入新时代以来，海洋作为生态系统的重要组成部分，对于国家发展的重要意义不断加强。21 世纪是人类大规模开发利用海洋的时期，习近平总书记提出建设 21 世纪海上丝绸之路、构建海洋命运共同体等重要倡议，他强调建设海洋强国是实现中华民族伟大复兴的重大战略任务。深入学习、践行习近平总书记关于海洋强国建设、海洋生态文明建设的重要论述，对于建设富强、民主、文明、和谐、美丽的社会主义现代化强国，实现中华民族伟大复兴，构建地球生命共同体，都具有重要意义。

爱国主义作为民族精神的支柱，与国家、民族的进步紧密相连。深入推进爱国主义教育，不仅是必要的，更是刻不容缓的。这不仅能帮助青年学子深化对民族精神核心的认识，更能强化他们对中华民族团结统一纽带的理解。只有全方位地弘扬爱国主义精神，持续增强民族凝聚力，才能为全面建设小康社会、发展中国特色社会主义、实现中华民族伟大复兴注入强大的精神动力。海洋爱国主义教育，源自对海洋历史的全面认识，对海洋现状的深切关注，以及对海洋未来发展的深思熟虑。

高等教育有责任加强海洋爱国主义教育，这不仅有助于培养对国家、对民族怀有深厚情感的优秀人才，更是对民族未来发展的重要投资。

海洋情感源于对祖国辽阔海域的赞美与依恋，对灿烂海洋文化的自豪与钦佩，以及对海洋建设者的敬爱与尊重。青年学子通过亲身体验，自觉内化，深入理解这份情感，成为推动其爱国主义情怀的重要力量。海洋情感的具体表现是丰富的。它既包含对祖国海域和文化的赞美与自豪，又包含对海洋建设者的敬爱与奉献。它还包括强烈的民族自尊心、自信心，高度的使命感和责任感。当面对任何损害海洋的行为、人物或事件时，这种情感会转化为否定、憎恶、仇恨和义愤。当代中国青年应深切地认识到自己的生存与发展与这片深蓝海洋紧密相连。每个人都能从自己的生活中感受到海洋赋予的物质、文化、精神和心理的力量与财富。同时他们应认识到人生价值的形成、发展和实现都直接依赖海洋的发展。这种对海洋价值的亲身体验，正是海洋情感产生的源泉。

海洋意识是人们对海洋的基本知识、地位、作用和价值的理性认识。对于青年学生来说，接受深入的海洋教育，帮助他们树立正确的海洋意识，是至关重要的。海洋的面积约占地球表面面积的71%，蕴藏着丰富的物质资源、空间资源和能源。它在政治、军事和经济上都具有举足轻重的战略意义，是世界各国竞相开发的“蓝色疆土”。海洋国土是国家国土的重要组成部分，包括特定的海域及其上空、海床和底土。

爱国主义教育的深入推进，有助于增强民族凝聚力，为实现中华民族伟大复兴注入强大的精神动力。海洋爱国主义教育是其中重要的一环，它源自对海洋的深刻认识和对国家海洋利益的坚定维护。加强海洋爱国主义教育，可以培养出更多爱国、热情、负责任、有担当的优秀人才，为国家的长远发展贡献力量。

深入推进海洋意识、情感和爱国主义教育，有助于激发广大青年的爱国热情和责任意识，推动海洋事业的蓬勃发展，为实现中华民族伟大复兴的中国梦贡献力量。

普及海洋基本知识

我国是一个拥有广阔海域的海洋大国，其海岸线长达 18 000 千米，岛屿岸线长达 14 000 千米，拥有 6 500 多个面积超过 500 平方米的岛屿。根据《联合国海洋法公约》规定，我国管辖的海域面积约为 350 万平方千米，这些海域被视为我国巨大的“蓝色国土”，蕴藏着丰富的资源。专家预测，中国近海的石油和天然气资源储量分别占中国总储量的 23% 和 29%，海洋能源总量约为 4.41 亿千瓦。这些资源不仅为我国提供了丰富的水产品、原盐，还为沿海城镇的工业用水和生活用水提供了重要支持。

面对如此丰富的海洋资源，青年学子应持续关注并积极投身海洋经济发展中。海洋爱国主义教育也需要超越单纯的海洋权益概念，扩展到对国家海洋经济发展战略的关注和研究。海洋爱国主义教育应该从历史和现实中寻找契机，注重培养青年的海洋爱国情感。

普及海洋基本知识对于青年学子至关重要。通过海洋基本知识教育，他们可以深入了解海洋相关的理论和概念，学会珍惜和感恩海洋。面对当前海洋安全形势的新挑战，中国海监总队不断加强巡航维权，监视外国船舶，保护我国海洋权益。因此，海洋爱国主义教育的重要性显而易见。它不仅要培养青年学子的爱国情感，还要帮助他们树立起自尊心和自信心，理性认同中国海洋发展道路，为维护国家海洋权益和海洋事业发展努力。

海洋文化教育与传承是海洋爱国主义教育的理论基础，旨在培养青年学子对海洋的认识和情感。海洋文化是中华民族在海洋探索和利用过程中形成的精神和物质成果的总和，是民族文化的重要组成部分。通过总结历史经验，吸取教训，中国将能够更好地维护自身海洋权益，为建设海洋强国提供坚实的思想基础。

传承发扬海洋精神

要培养海洋精神，首先要深入了解历史，从中汲取智慧和力量。加强海洋文化教育与传承，对于培养青年学子的海洋意识和爱国情感至关重要。这不仅有助于他们全面了解海洋的历史、现状与未来，还能激发他们对海洋的热爱与责任感，从而积极投身海洋事业。只有这样，才能真正培养出既有知识又有情感、既有理想又有担当的现代青年，为我国的海洋事业注入源源不断的活力。

在构建海洋强国的征程上，塑造和推崇海洋文化至关重要。当今世界，各大海洋国家在海洋经济、科技和军事领域展开了激烈竞争。这种竞争格局与发展方向的决定因素之一，在于各国的海洋思维、意识与观念等文化元素。海洋文化，可谓是大国意识、战略与崛起理念的象征和精髓。在 21 世纪，对海洋文化的评价与追求应立足领海，也要关注整个海洋。2005 年，中国政府将每年 7 月 11 日定为“中国航海日”，旨在强化全国人民的海洋意识，加强对建设海洋强国使命的认知。这一举措对促进我国海洋事业的发展具有深远的历史意义。海洋教育在发现、选择、传播和创造海洋文化中发挥着不可或缺的作用。

在 21 世纪这个被誉为海洋世纪的时代，海洋竞争正逐渐成为未来竞争的主战场。因此，充分认识海洋人才在我国的重要地位与作用，高度重视高素质海洋人才的培养和储备，具有深远的战略意义。为了培养出真正具有海洋精神的人才，必须加强海洋人才的文化底蕴培育工作。文化作为一套完整的世界观、人生观和价值观等观念体系，有助于人们相互理解、沟通、交流和评价。它为人们提供了“意义”的基础，并在此基础之上共同理解世界。海洋人才的教育正是以海洋文化为媒介，通过人与文化的互动，培养人才的海洋思维和想象力，体验海洋情感。这正是海洋人才群体人格作为海洋文化最高意义上的体现。

观察世界海洋强国，它们通常拥有一支高素质的海洋管理队伍和

一批优秀的高级船员。这些人才大多受到本国海洋文化的熏陶。全球知名的船公司都有自己的企业文化，而这种企业文化正是来源于本国的社会文化，尤其是海洋文化。对海洋人才的教育必须凸显海洋文化的要求，帮助他们树立起独特的海洋观和海洋价值观。与其他工程专业不同，海洋专业人才具有很强的实践性，需要面对特定岗位。因此，除了理论学习、实验室教学和模拟器实践技能的训练，他们还需要在海洋文化教育方面找到自己的人生意义。由于专业和职业的特殊性，海洋人才往往更容易关注生活、思考未来，有时甚至陷入困惑之中。因此，他们更加需要树立海洋文化价值观，学会用这种价值观审视人生。只有长期沉浸在海洋文化的熏陶中，才能逐渐形成具有特色的海洋文化。

第三节　海洋意识培育与海洋素质教育

“海盲”现象与蓝色教育

早在明朝初期，我国就展现出了卓越的航海能力，郑和七下西洋的壮举更是令世界瞩目。然而令人遗憾的是，我国虽然是世界上最早利用海洋的国家之一，却在近代世界地理大发现的历史进程中缺席了。这一现象背后，一个重要的原因就是我国历史上长期缺乏对海洋的深刻认识和重视，即所谓的“蓝色贫乏症”。

在漫长的历史长河中，明清两代专制王朝实施了一种以陆地为主、限制海洋发展的被动防御战略。这种战略不仅限制了我国人民对海洋的探索和实践，更严重的是导致中华民族在海洋领域的权益逐渐丧失，有海而无防，任人宰割。

值得庆幸的是，自中华人民共和国成立起，社会各界及人民群众的海洋意识有了显著的进步。由于传统观念如“安土重迁”“重陆轻海”等根深蒂固，一些公民对海洋的知识仍然比较匮乏，海洋意识相对淡薄，观念也较为落后。这种现象在现代社会中表现为一种“海盲”现象，即对海洋的重要性、功能和权益缺乏足够的认识和理解。海洋教育与海洋强国战略之间存在着密切的本质的内在联系，海洋强国战略作为国家发展的重要方向，不仅关乎经济的繁荣，更关乎文化的传承与弘扬。而海洋教育，正是推动海洋强国这一进程的关键因素，不仅为海洋强国建设提供了坚实的思想基础，更为实现这一目标指明了方向。

受制于传统教育模式的影响和海洋意识的淡薄，我国的海洋教育还存在一些不足，这导致“海盲”现象成为我国向海洋强国迈进的一大障碍。一个对海洋一无所知、缺乏海洋意识的民族，是无法真正实现海洋强国的目标的。消除“海盲”，正如需要消除“文盲”“法盲”一样。只有全面提升国民的海洋意识和知识水平，才能真正实现从海洋大国向海洋强国的跨越。

当人们谈及海洋教育时，往往会将其简单地等同于专业性的海洋学习活动。然而，海洋教育的范围远不止于此，它是一个广泛而深远的领域。回顾我国在海洋教育方面的国家政策法规，1996 年制定的《中国海洋 21 世纪议程》可谓是一部具有里程碑意义的文件。这份文件以详尽的笔触，分 11 章深入探讨了我国未来海洋可持续发展的基本战略、战略目标、基本对策以及主要行动领域。其中，一个核心观点是强调要走科教兴海之路，注重培养海洋人才。1998 年的《中国海洋事业的发展》白皮书进一步强调了海洋科学技术和教育的关键作用。这份白皮书再次重申了加大海洋人才培养力度的必要性。这无疑提醒人们，在关注海洋人才培养的同时，还需要对海洋教育进行更为全面和深入的探讨。只有

这样，才能真正找到适合我国国情的海洋教育发展路径，为建设海洋强国注入强大的动力。

海洋意识与海洋素养教育

过去的海洋教育过于强调对个体海洋意识的培养，使得海洋教育的目标过于狭窄。海洋意识即个体对海洋自然特性、社会属性、价值和作用的认知和反映，类似于海洋知识或个体对海洋的基本认知，属于个体心理活动对客观实际的反映和理解。因此，总体而言，培养个体的海洋意识只是海洋教育的初始阶段性目标。

在各地开展的海洋教育活动中，一些中小学明确提出了培养海洋意识的目标。对于这种实践倾向，应该进行全面、纵向的认识。在20世纪八九十年代，特别是《联合国海洋法公约》正式生效后，我国公民海洋意识薄弱，海洋知识匮乏，没有意识到我国是一个海洋大国。因此，在这个阶段需要对公民进行“补课”和“扫盲”。将海洋教育称为海洋意识教育在这个阶段是合情、合理的，也是具有针对性的。随着海洋强国战略的实施和推进，海洋教育的基础作用越来越大，现在再将海洋教育等同于海洋意识教育就不再是“合情”和“合理”的了。

我国海洋素养培养目标的设定应该遵循继承与发展、比较与借鉴的原则，并以中国特色为基础。“海洋命运共同体”理念指出了个体海洋素养的基本共同性。根据我国国情和教育实际，我国海洋素养培养目标应该是共性与个性（国际性与国家性）的统一，个性应该是中国特色。因此，在遵循这一原则的基础上，确定并赋予海洋素养培养目标的内涵和指标需要依据心理学理论，并结合素质教育理论和海洋教育活动的实践来把握海洋素养培养目标的内容和要素。

首先，根据个体心理活动的规律，“知、情、意、行”是人类活动的四种基本形式。其中，“知、情、意”是个体内在心理活动，“行”是个体外在行为。其次，根据素质教育和德育揭示的基本规律，教育过程中存在一个由“知、情、意、行”四要素相互连接而成的统一培养律。海洋教育活动也应该遵循这一教育规律。

在确定海洋素养培养目标的内容和要素时，可以直接将“知、情、意、行”四要素引入，构建为“海洋认知素养”“海洋情感素养”“海洋意志品质”和“海洋行为素养”，并将它们列为四个海洋核心素养。此外，还需要加入“海洋道德素养”。总之，海洋素养培养目标应该指向人海和谐的终极目标。

加强全民海洋意识教育

为了加强全民海洋意识教育，需要充分整合各类公共教育资源和渠道。除了利用传统媒体如电视、广播、报刊，更要充分发挥以互联网为核心的新媒体传播平台在公民海洋意识教育中的作用。

新媒体凭借其开放、丰富、多元化的特点，已成为现代信息收集和交流的重要平台。通过新媒体，公众能够随时获取各种信息、查阅资料、进行讨论交流等活动。公民海洋意识教育可以利用这一平台实现其教育目标；相关教育系统可以有计划地利用新媒体平台传授海洋知识，引导民众系统了解海洋的历史和文化，认识海洋对国家和民族的重要意义，从而提升公众的海洋意识和责任感。

相关部门及全媒体通过文字、图片、影像等多媒体形式对信息进行融合、塑造和生动呈现，使民众能够在不同环境中了解全球的新闻动态和舆论资讯。在公民海洋意识教育过程中，充分运用新媒体的载体功能，将海洋知识、信息转化为教育内容，可以取得其他教育形式难以达到的效果。例如，“钓鱼岛是中国的”这一声音通过新媒体传播，民众可以通过多种渠道关注钓鱼岛事态的发展，并根据个人兴趣选择最适合的传播工具，获取有关钓鱼岛争端的最新动态。

新媒体建立在现代信息技术基础之上，是各种科技成果的综合运用和体现。其独特的传播方式、互动功能、快速便捷特性以及大众参与机

制对公民海洋意识教育产生深远影响。新媒体以声音、文字、图形、影像等复合形式呈现公民海洋意识教育内容，不受地域限制，可以实现全面覆盖。海洋知识信息通过新媒体的传播，潜移默化地改变着民众传统的海洋意识观念，逐步形成稳固的海洋强国意识。

第十章
保护海洋遗产，推进海洋研学

随着科技的飞速发展和经济全球化的推进，海洋逐渐成为人类探索和发展的重要领域。我国作为一个陆海兼备的国家，拥有广袤的蓝色国土资源，这为我国的经济社会发展提供了得天独厚的条件。为了充分利用这一优势，党的十八大报告作出了建设海洋强国的重大部署，明确了海洋事业在我国现代化建设中的重要地位。

海洋，这片浩渺的蓝色领域，既是自然界宏大而神秘的共同体，也是人类命运紧密相连的见证。对于人类的未来，海洋的保护与发展无疑占据着至关重要的地位。无数珍贵的海洋生物，丰富的海洋文化遗产，不仅仅是历史的见证，更是人们传承与发扬的宝贵精神财富。如何让这些海洋文化遗产“活”起来，发挥其应有的经济价值和教育价值，成为摆在人们面前的一个重要课题。

要实现海洋文化遗产的变现，需要对其进行深入的挖掘与整理。这包括对各种沉船、海底遗址、传统渔村等进行系统的调查与研究，了解其历史背景、文化内涵和经济价值。挖掘之后，更为重要的是对这些文化遗产进行有效的保护与传承。通过制定相关的法律法规，可以明确海洋文化遗产的保护责任与义务；同时，通过各种渠道和方式，如文化交流活动、博物馆展览等，使海洋文化遗产可以被更多的人所关注和了解。

在有效保护的前提下，可以面向社会积极开发和利用海洋文化遗产。如将传统的渔村改造成文化旅游景点，吸引游客前来体验；或者将海底遗址开发成潜水观光项目，让游客亲身体验海洋文化的魅力。要让海洋文化遗产真正规模变现，还需要进行有效的市场营销与推广。策划各种主题活动和节庆活动，如海洋文化节、渔村体验周等，可以提高海洋文化遗产的知名度和影响力；同时，与旅游、文化等相关产业进行深度融合，能够形成产业链和价值链。

对于中小学生来说，海洋研学不仅能增长知识，更能培养他们对海洋的敬畏与热爱之情。正因如此，海洋研学旅行作为研究性学习的一个分支，逐渐展现出广阔的发展前景和重大的现实意义。

海洋研学首先要从海洋知识的普及入手。通过编写适合中小学生阅读的海洋科普读物、开设海洋知识讲座等方式，可以使学生了解海洋的基本常识和科学知识。除了理论知识的学习，还应该多多组织丰富多彩的实践活动。比如，可以带领学生参观海洋博物馆、水族馆等场所，让他们亲眼看到各种海洋生物和海洋现象；或者组织海边实地考察活动，让他们亲身体验海洋的魅力和神秘。

在研学过程中，要注重海洋文化的传承。通过组织学习传统渔歌、舞蹈等表演形式，学生可以了解和感受海洋文化的独特魅力；或者邀请当地的渔民讲解捕鱼技艺和海洋故事，学生可以更加深入地了解海洋文化的内涵和价值。海洋研学也能潜移默化地培养中小学生的环保意识。通过讲解海洋污染的危害和保护环境的重要性，他们可以认识到保护海洋环境的紧迫性和责任感。通过不断探索和创新工作方式方法，这些宝贵的海洋文化遗产可以真正“活”起来，发挥出其应有的经济价值和教育价值。同时，也希望通过这些努力，更多的人可以了解和关注海洋文化、海洋环境，共同为构建一个和谐共生的海洋世界贡献力量。

第一节　与海共舞，海洋研学

培养涉海教育专门人才

中国拥有绵长的海岸线，国家的发展离不开海洋资源的开发与利用。而青少年作为国家的未来，其海洋意识的培养更是重中之重。研学旅行这一实践教学方式，将引导中小学生更加深入地了解海洋文化，培养海洋意识与能力。

人们不仅从广阔的海洋中探索生命的起源，更学到了包容与合作的精神。海洋文化，是人们身边宝贵的资源。这些文化底蕴厚重，与人们生活息息相关。挖掘与宣传这些海洋文化，将帮助中小学生更深入地了解家乡的海洋资源，培养他们的家乡自豪感。

在建设海洋强国的过程中，普及海洋知识、传播海洋文化、培养海洋人才成了关键环节。海洋研学旅行作为一种创新的教育方式，为这些目标的实现提供了有力支持。通过海洋研学旅行，学生可以深入了解海洋的奥秘，亲身感受海洋的魅力，从而激发对海洋的热爱和探索欲望。同时海洋研学旅行还能让学生在实践中学习和成长，培养创新思维和解决问题的能力，让他们在面对挑战时更加从容不迫。通过团队合作和互助，学生的综合素质和社会责任感也能得到提升。

海洋意识教育，不仅是一种知识和技能的教育，更是一种面向全体国民的全面教育。海洋研学旅行要加强海洋意识教育，它不仅关乎海洋知识的传授，更在于海洋观念的树立。在世界范围内，许多发达国家已经深刻认识到海洋意识教育的重要性，并积极将其融入国民教育中。

对于中国这样一个拥有漫长海岸线的国家来说，国民的海洋意识对于国家的发展和未来具有深远的影响。正因如此，增强国民海洋意识，特别是从中小学生抓起，显得尤为重要。因为青少年是国家的未来，是民族的希望。只有他们具备了足够的海洋知识和正确的海洋观念，才能确保国家在海洋领域持续发展和繁荣。

中小学阶段是一个人成长的关键阶段，也是职业规划的起步时期。在这个时期加强海洋意识的培养，不仅有助于学生了解和掌握海洋知识，更能为他们未来的职业规划提供宝贵的方向和资源。通过海洋意识教育，学生可以更加明确自己的兴趣和志向，为将来投身海洋事业做好准备。

因此，应当高度重视中小学阶段的海洋意识教育。为了有效推进这一教育，首先，要将海洋意识教育纳入中小学的课程体系，让学生从小就接触海洋知识，学校应提供相关的课程和活动，让学生有机会深入了解海洋的奥秘和价值。其次，还可以通过开展丰富多彩的海洋主题活动，如海洋知识竞赛、海洋文化讲座等，激发学生对海洋的兴趣，培养他们的探索精神和创新思维。社会各界应当共同参与，如可以结合海洋研学旅行，让学生亲身体验海洋的魅力和神秘。通过实践活动，学生能够更直观地了解海洋，培养对海洋的热爱和责任感。

培养中小学生的海洋意识是实施“海洋强国”战略的重要一环。研学旅行这一实践教学方式将帮助中小学生深入了解海洋文化，培养他们的家乡自豪感与环保意识。通过这些实践活动，我国不仅能够培养出一批批具备海洋知识和技能的优秀人才，更能塑造国民正确的海洋观念，为国家的海洋事业发展奠定坚实的基础。

完善海洋研学教育体系

海洋研学旅行，不仅仅是对海洋知识的探索和学习，更是一种对

大自然与人类命运共同体深刻理解与尊重的体现。在海洋强国战略背景下，海洋研学旅行作为一项重要的教育举措，不仅是知识的传授，更是精神的传承。学生通过参与海洋研学旅行活动，能够亲身感受到海洋的壮美与神秘，培养对海洋的热爱与敬畏之情。同时他们还能学习到海洋文化的精髓，传承海洋精神，成为具备海洋人格的新时代人才。

海洋研学旅行为参与者提供了实践学习的宝贵机会。在传统的学习环境中，学生往往只能从书本或课堂上获取知识。而海洋研学旅行则提供了一个全新的平台，使学生能够将理论知识与实际观察相结合，深化对海洋生态系统的理解。这样的学习方式不仅能增强记忆，还能让学生接触最前沿的海洋科技和研究成果，了解海洋经济、生态、文化等多方面的发展状况。

学生通过实地考察和亲身体验，能够更直观地了解海洋科学知识，提高对海洋生态系统的认识。这不仅有助于增强个人的科学素养，还有助于在社会层面形成尊重科学、崇尚知识的氛围。海洋研学旅行还有助于培养环境意识和可持续发展观念。面对海洋环境的脆弱性和保护的紧迫性，研学活动让学生们亲身体验到保护海洋的重要性，从而培养出强烈的环保意识。同时通过了解可持续发展的理念和实践，参与者将形成对人与自然和谐共生的深刻认识。

乡土资源是学科知识与生活经验的交会点。研学旅行将课堂延伸至实际情境中，可以弥补现行教材的不足。学生能亲身体验家乡的变化，感受海洋文化的魅力，进而激发他们对学习的热情。同时这种实践活动还能从一定程度上培养学生的情感态度价值观，使他们更加珍惜家乡的文化遗产。

海洋研学旅行的主体是由学生、教师和专业人士三部分人组成的。其中，学生是海洋研学旅行的主体，需要主动开展学习。在教师的引导下，学生将深入探索海洋的奥秘，培养解决问题的能力。

教师在研学旅行中扮演着组织者、引导者的角色。他们需要制订详细的研学计划，明确研学目标和任务，并引导学生积极参与其中。在旅行过程中，教师要关注学生的需求和兴趣，及时调整活动安排，确保学生能够充分体验和学习。教师还是知识的传递者和解释者。在海洋研学旅行中，学生会接触大量的海洋知识和信息，教师需要具备丰富的海洋知识背景，能够准确、生动地为学生讲解相关知识，帮助他们更好地理解和记忆，提高解决问题的能力，培养海洋强国意识。

除了教师与学生，专业人士的参与也是海洋研学旅行的重要组成部分。海洋研学旅行中的专业人士主要包括海洋科学家、教育工作者、导游和领队等。海洋科学家能够提供专业的海洋知识，帮助学生更好地理解和探索海洋世界；教育工作者则负责设计研学旅行的教育方案，确保学生在旅行中获得有效的学习体验；导游和领队则负责旅行过程中的组织、安排和安全保障，确保学生的安全和顺利参与。这些专业人士的参与，能够为学生提供更加全面、深入的海洋研学体验，促进他们的学习和成长。专业人士的介入能够让学生更加深入地了解海洋领域的知识和技能要求，为他们未来的职业发展提供有益的指导和帮助。

海洋研学旅行的客体广泛而多样，包含海洋科学、环境保护、海洋文化等多个方面。这一领域不仅涉及海洋生物、地质、物理等自然科学，还涵盖了海洋经济、航运、渔业等生产生活方面，更融入了丰富的海洋文化和艺术元素。要鼓励学生以开放的心态去探寻海洋的奥秘，发现新知，挑战旧识。在这一过程中，学生不仅能够增长知识、提升能力，还能够培养环保意识、团队协作精神和社会责任感。

促进海洋研学事业发展

作为区别于其他研学教育的核心标准，研学专题是否涉海是判断是否为海洋研学旅行的关键要素。如果研学旅行的地点仅仅局限于海边或海上，而没有以海洋为主题和核心来精心设计教育方案，那么这样的活动并不足以称为真正的海洋研学旅行。反之，哪怕实践的目的地并非直

接面向海边或海上，但只要研学活动紧密围绕海洋展开，比如深入研读并比较中外关于海洋的文学作品，这样的活动依然应被视为海洋研学旅行的重要组成部分。因此，海洋研学旅行的真谛并非仅仅在于地点的选择，更在于以海洋为核心，深入挖掘其教育价值。

从实践角度看，这一标准有助于推动内陆地区开展海洋教育，提高全民的海洋意识。无论是在沿海地区还是在内陆地区，只要是以海洋为核心的研学活动，都能有效地传播海洋知识，增强人们对海洋的认识和关注。

海洋研学旅行强调过程性，主张以类似科学研究的方式进行。海洋研学旅行之所以备受推崇，其核心在于过程性。它主张以类似科学研究的方式进行，通过模拟科学研究的完整流程，使学生在实践中深入探索和学习。海洋研学旅行应遵循科学研究的基本步骤：首先提出问题，通过思考和观察发现值得探究的海洋科学议题；接着分析问题，深入理解问题的本质和背后的科学原理；随后确定研究方法，选择适合的研究工具和技术手段；然后收集数据，通过实地观察、实验或调研等方式获取相关数据；最后解决问题，根据收集到的数据进行分析，得出结论并提出解决方案。

在海洋研学旅行的实践中，需根据具体的研学问题和条件，精心选择和应用恰当的研究方法。这些方法丰富多样，包括但不限于细致的观察、严谨的实验、深入的文本分析、广泛的问卷调查以及深度的访谈等。这样的活动有助于学生亲身感受海洋的魅力，从而激发他们探索海洋的热情和兴趣。

为了引导和促进海洋研学旅行事业的健康快速发展，需要明确其核心目标与价值。海洋研学旅行，承载着培养新时代人才的重要使命，其核心目标在于塑造具备国际视野和创新能力的人才。学生通过开展多样化的实践活动和研究项目，可以在亲身参与中感受海洋的魅力。同时还需要构建完善的课程体系和评价体系，确保海洋研学旅行的教学质量与实践效果。

为了提高研学旅行的教育质量，专业人才的培养至关重要。专业人才包括讲解员、导游和教师等，他们都需要接受专业的培训。提供专业知识、安全意识等方面的培训，可以确保研学旅行中的教师和导游具备相关专业知识和教育经验，从而确保旅游过程中的科学性和安全性。

在研学旅行课程设计方面，优质课程和活动的策划是不可或缺的。制定清晰的学习目标，将研学活动与学科知识、实践技能和核心能力紧密结合，是实现这一目标的关键。这样的设计能够确保研学活动既有足够的挑战性，又具有实践性，从而激发学生的兴趣和参与度。

此外，为不同类型学生的个性化需求制定研学主题也是必要的。选择符合学习需求和教学主题的目的地和资源，能够更好地满足学生的需求，增强他们的学习效果。

总体来说，专业人才的培养和优质的课程设计是提升研学旅行教育质量的两大关键因素。确保教师和导师的专业素养，以及策划具有挑战性和实践性的研学活动，可以为学生提供更加丰富、有趣和有意义的研学体验，助力他们全面发展。

运用这些研究方法可以深入了解海洋的奥秘和动态，探究海洋与人类之间的互动关系。这样的研究不仅有助于提升学生对海洋的认识和理解，还能为解决与海洋相关的实际问题提供科学依据和策略。

此外，发展海洋研学旅行还能为经济发展注入新的活力。随着人们对海洋的兴趣和关注度日益提高，海洋研学旅行逐渐成为一个新兴产业。研学旅行的过程涉及交通、住宿、餐饮等多个领域，这为相关产业提供了新的发展机遇。为了满足海洋研学旅行的特殊需求，还需要开发具有针对性的教育产品和服务，这进一步推动了产业的创新与发展。同时发展海洋研学旅行这一项目将带动出一个与旅游密切相关的新兴的经济产业，从而引起整个研学旅行产业结构的调整。

青少年是国家的未来和希望，当代青少年只有学习好、成长好，传承好海洋文化，加强海洋意识和海权意识，肩负起海洋强国的使命担当，才能为国家的海洋事业发展，为实现中华民族伟大复兴，为构建全球“海洋命运共同体”贡献自己的青春力量！

第二节　山东省海洋文化遗产及利用的个案研究

一、山东省海洋非物质文化遗产的基本情况

海洋非物质文化遗产价值体系构建的基础是摸清我国海洋非物质文化遗产的基本状况。山东省，作为文化璀璨的大省，亦是非物质文化遗产的璀璨之星。据山东省文化和旅游厅最新数据，山东省近年来深入挖掘，普查出的各类非物质文化遗产线索已有惊人的 120 多万条（包含重复项目）。更令人瞩目的是，这里拥有联合国教科文组织认证的“人类非物质文化遗产代表作名录”项目 8 个，国家级非物质文化遗产名录项目数量达到 186 项，位居全国第二。而在省级、市级、县级层面，非物质文化遗产名录更是丰富，分别达到了 1 073 项、4 121 项和 12 758 项（均为独立单项），充分展现了山东省非物质文化遗产的深厚底蕴和广泛分布。

山东省的 186 个国家级非物质文化遗产项目更是彰显了其在非物质文化遗产保护领域的卓越成就。目前，这里有国家级传承人 88 名，这些文化瑰宝的传承人，承载着中华民族文化的厚重历史。同时，省级、市级、县级传承人数量也分别达到了 426 名、2 553 名和 8 025 名，他们共同守护着山东非物质文化遗产的宝贵财富，为传统文化的传承与发

展注入了新的活力。这些数据不仅彰显了山东省在非物质文化遗产保护方面的努力和成果，也展示了一个充满文化魅力和生命力的山东。

同时，山东省作为中国沿海省份，拥有丰富的海洋非物质文化遗产。有关山东省海洋非物质文化遗产的概况如下。

渔歌：山东省沿海地区拥有悠久的渔业历史，渔歌是当地渔民在打鱼、划船时演唱的歌曲。长岛渔号是一种山东省的传统民歌，起源于长岛县渔业区的砣矶岛，距今已经有 300 多年的历史，保留了渔号原汁原味的海风海浪气息。全曲没有任何器乐伴奏，以“吆喝”为主，表现了海岛人民齐心协力、不畏艰险、崇尚集体的强大群体力量，是海岛人从原始走向文明的历史足音，是一首没有曲谱的海上信天游，具有句符短小、节奏紧凑、情绪豪放、平和严谨、乡土气息浓郁等特点。渔歌以淳朴的旋律和真挚的情感表达了渔民对海洋的感恩和对生活的热爱。

海上丝绸之路遗存：山东省沿海地区是古代海上丝绸之路的重要一段，留下了许多遗存。如山东半岛的古代港口城市——威海，是海上丝绸之路的关键节点。威海市的成山头遗址是一处古代海上丝绸之路的重要遗址，这里保存着明清时期的炮台和防御工事，反映了当时山东地区的海上防御和军事活动。又如威海湾的刘公岛，是甲午战争期间中国北洋舰队的主要基地之一，这里保存着丰富的甲午战争历史遗迹，展示了当时中国与日本进行的海上战斗和交流情况。

船舶制造技艺：山东省沿海地区的船舶制造技术源远流长，比如烟台市的龙号渔船和威海市的黑龙渔船，都具有独特的造型和工艺，代表着当地渔民智慧和勇敢的海上精神。山东省注重船舶制造技艺的传承和保护，一些船舶制造技艺已被列入山东省非物质文化遗产名录，并得到相关部门的保护和支持。同时山东省举办了一些船舶制造的展览和比赛活动，以促进船舶制造技艺的传承和发展。

灯塔文化：山东省作为中国的文化灯塔省份之一，拥有丰富的灯塔文化。灯塔是指用于引导航行船只的塔式建筑物，具有重要的海上交通

指引和安全保障作用。比如烟台山灯塔，是山东省的标志性灯塔之一，也是全国首个以灯塔为地标的城市，它位于山东半岛东北部的烟台市，是中国较为现代的灯塔之一。烟台山灯塔不仅具有导航功能，还集旅游和海上交通指挥于一体。

渔村文化：山东省沿海地区有许多传统渔村，以威海市的东楮岛村为代表，东楮岛村的老渔民们以海为生，以海谋生，海洋的一切都是他们可利用的资源。他们以海草来制作屋顶，建造出具有特色的海草房，这种房屋的基座和墙面用砖石块垒砌而成，屋脊高高隆起，当地人用质感蓬松的海草盖起屋顶，色调清浅舒适的草屋显得十分梦幻，是极具地方特色的传统建筑。山东省的传统渔村保留了传统的建筑、生活方式和文化传统，展示了渔民的智慧和对海洋的依赖。

如上是山东省海洋非物质文化遗产的一些概况，这些文化遗产丰富了山东省的文化底蕴，也成为当地文化旅游的重要资源。

中国非物质文化遗产博览会永久落户山东省济南市。中国非物质文化遗产博览会在国内影响广，是具有大规模、高规格、高价值、多项目、全品类的国家级非物质文化遗产博览会。首届中国非物质文化遗产博览会于 2010 年 10 月在济南市举办。自 2016 年第四届中国非物质文化遗产博览会开始，该博览会永久落户山东济南，现已成功举办多届。济南不断创新办会思路，积极探索新的模式，使非物质文化遗产博览会的规模和影响不断扩大，成为展现非物质文化遗产保护成果、引领非物质文化遗产保护方向的重要平台，也成为展示城市形象、增进对外交流的重要渠道，取得了非常好的经济、社会效益，为推动全国非物质文化遗产保护工作做出了贡献。

山东省在非物质文化遗产传承工作上展现了高度的责任感和扎实的行动力。山东省文化和旅游厅数据显示，山东艺术学院、山东工艺美术学院、临沂大学这 3 所院校作为国家级非物质文化遗产研培基地，与聊城大学等 6 所省级非物质文化遗产研培院校共同发力，已成功举办了

60 余期非遗传承人培训班。这些培训班直接培训了超过 2 900 名非物质文化遗产传承人，通过他们的参与和学习，进一步延伸培训的人数达 22 000 多人。

山东省海洋非物质文化遗产的价值构成

价值是客体对主体所表达的积极意义和有用性，包含着客体自身的主体选择性，也包含着研究对象自身的属性和特征所必须尊重的客观意义。不同的价值认知主体对非物质文化遗产可能有不同的理解和解读，这就决定了非物质文化遗产对不同认知主体产生的价值也会不同。对于海洋非物质文化遗产价值生成的本质，需要首先考虑作为其主导者的国家权力所有者利益的实现，然后正确认识非物质文化遗产价值生成的实际结构。对山东省海洋非物质文化遗产价值的解读与价值体系的构建应着眼于我国海洋强国的现实需求，这些需求包括保障国家安全、开发海洋资源、维护海洋环境、推动海洋经济发展、开展科学研究、促进海峡两岸文化认同等。其价值驱动可以从本体价值与空间价值两个方面来陈述。

一、本体价值

非物质文化遗产，其本体价值深植于它客观存在的普遍性价值之中。参考我国非物质文化遗产领域现有的权威文件和丰富文献资料，不难发现，非物质文化遗产在历史、文化、艺术和科学这四个维度上的基本价值已得到了广泛确认和认可。山东省的海洋非物质文化遗产同样具有上述四方面的本体价值。

（一）历史价值

海洋非物质文化遗产是历史文化的活化石，反映了沿海地区民众在不同历史时期的生产生活状态，对于研究历史变迁具有重要意义。例

如，山东人的“闯关东”，在海洋非物质文化遗产体系中就得到了很好的体现。

山东人“闯关东”是指20世纪初，山东省的大量人口涌向东北地区（也称为关东地区）寻求生计的历史现象。这一现象主要发生在清末民初时期，由于山东地区的经济困难和政治动荡，许多山东人选择离乡背井，前往东北地区寻找更好的生活机会。“闯关东”的山东人主要从事农业、工业和商业等领域的劳动，他们在东北地区开垦荒地、建设工厂、经营商店等，推动了东北地区的经济繁荣。他们在东北地区也保留了自己的文化传统，如山东方言、山东菜等，丰富了东北地区的文化多样性。“闯关东”现象的历史价值在于展示了山东人民的勤劳、勇敢和适应能力，同时体现了中国人民在困难时期寻求生活出路的坚强意志和不屈精神，这一历史现象也对中国的人口流动和区域发展产生了深远的影响。

（二）文化价值

海洋非物质文化遗产是沿海地区民众世代相传的传统文化表现形式，蕴含着丰富的历史文化资源、经济开发资源和教育科学资源，体现了海洋文化的独特魅力和深厚底蕴，对于传承和弘扬海洋文化具有重要作用。蓬莱八仙文化是山东省海洋文化在海洋非物质文化遗产中的一大特色。蓬莱是位于山东半岛东部的一个城市，被誉为中国神话中仙境的所在地，而蓬莱八仙则是中国古代神话中的八位仙人，被认为是蓬莱山的居住者。蓬莱八仙文化以蓬莱山为核心，融合了道教、佛教、儒教等多种文化元素，充满神秘而浪漫的氛围。八仙文化在中国民间广泛流传，成为民间故事、戏曲、绘画、雕塑等艺术形式的重要题材。八仙被描绘成仙风道骨、神态各异的仙人形象，他们的故事中蕴含着智慧、善良、仁爱等道德价值观。八仙文化的精神内核包括追求长生不老、修身养性、仁爱和智慧等，它代表了中国人民对美好生活的向往和追求，也体现了中国传统文化中对道德修养和人与自然和谐相处的思考。

海洋非物质文化遗产在文化层面的基本价值，是深刻而多元的。这些非遗项目不仅生动地映射出沿海先民的精神世界，更将他们的智慧与情感外化为处理人与人、人与海洋以及人与外部世界关系的道德规范与行为准则。

（三）艺术价值

山东省的表演艺术类非物质文化遗产，具有丰富的艺术价值，包括戏曲、舞蹈、曲艺等多种形式，其中以山东梆子、山东大鼓、山东秧歌等最为著名。

山东梆子是山东省的传统戏曲剧种，具有悠久的历史和独特的艺术风格。它以其独特的唱腔、表演形式和剧情内容，深受观众的喜爱。山东大鼓是山东省的另一种传统戏曲剧种，以其激情四溢的唱腔和鼓点，表达了山东人民的豪情和精神风貌。山东秧歌是山东省的传统舞蹈形式，以其欢快的舞姿和独特的编排，展现了山东人民的勤劳和乐观向上的精神。这些表演艺术形式不仅具有浓厚的地方特色，还承载了山东人民的历史记忆和文化传承。它们通过音乐、舞蹈、表演等艺术手段，传递了山东人民的情感和价值观，展示了山东省深厚的文化底蕴。

山东省的表演艺术类非物质文化遗产具有独特的艺术价值，不仅是山东省海洋非物质文化遗产的重要组成部分，还是中华民族传统文化的瑰宝之一。保护和传承山东省的表演艺术类非物质文化遗产对于弘扬中华优秀传统文化，推动文化艺术发展具有重要意义。

（四）科学价值

非物质文化遗产在帮助解读人类历史上所创造的各种科技成就时具有独特的认识价值。它区别于物质文化遗产，具有跨学科、跨领域的文化特点，科学含量高，是不同历史发展时期社会生产力的发展状况、科

学技术的最好体现。保护非物质文化遗产，可以为后人获取科学发展的相关资料、科学方法等提供保障。

山东省的非物质文化遗产具有丰富的科学价值，可以为人们提供关于自然环境、历史文化和科学技术等方面的重要信息和研究素材，对于推动科学研究和文化传承具有重要意义。首先，这些非物质文化遗产反映了山东地区的自然环境、生态系统和人类与自然的相互关系，对研究人类与自然的关系具有重要意义。其次，山东省的非物质文化遗产记录了人类社会的历史变迁和文化演变过程，研究这些非物质文化遗产可以深入了解山东地区的社会结构、经济发展、宗教信仰、价值观念等方面的变化。此外，山东省的非物质文化遗产还蕴含着丰富的科学知识和技术。例如，山东的传统农耕技术、渔业技术、海洋资源开发技术等，积累了丰富的经验和智慧，对于研究农业、渔业、海洋科学等领域具有重要的参考价值。同时，山东的传统工艺技术，如陶瓷制作、木雕、金属工艺等，展示了人类对材料和工艺的理解和运用，对于研究材料科学、工艺学等领域具有借鉴意义。

二、空间价值

人类已经进入了“海洋世纪”，其标志就是人类的生活和活动空间不再仅仅局限于陆地之上。随着科技的进步和对海洋资源的深入探索，海洋成了人类发展的新领域，展现了其无比广阔的空间价值。“海洋世纪”的到来，意味着人类的活动范围得到了前所未有的拓展。从传统的渔业、航运，到现代的海洋能源开发、深海矿产开采，再到海洋科研、海洋生态保护，人类在海洋中的活动日益多样化。海洋不仅为人们提供了丰富的食物资源、便捷的交通通道，还蕴藏着丰富的能源和矿产，成为支撑人类社会可持续发展的重要基石。同时，“海洋世纪”也带来了对海洋空间的全新认识和利用。随着对海洋环境的深入了解，人类开始更加科学地规划和管理海洋空间，确保海洋资源的可持续利用。海洋空间规划、海洋保护区设立、海洋生态修复等措施的实施，彰显了人类在“海洋世纪”中对空间价值的深刻把握。

“海洋世纪”的到来还促进了国际合作与交流。面对共同的海洋挑战，各国需要加强合作，共同应对海洋污染、海洋生态破坏等问题，维护全球海洋环境的健康与稳定。这种跨国界的合作不仅有助于提升人类对海洋的认知和保护水平，也进一步凸显了海洋空间在全球范围内的重要价值。“海洋世纪”的到来为人类带来了前所未有的发展机遇和挑战。它拓展了人类的活动空间，丰富了人类的生活资源，也要求人类更加科学、合理地利用和管理海洋空间。在这个充满机遇与挑战的新时代里，人类需要携手共进，共同探索海洋的奥秘，实现海洋与人类社会的和谐共生。

“海洋世纪”是在时间维度上对海洋空间价值的再认识。作为地球表面广袤无垠的蓝色领域，海洋空间上的重要性与价值正随着我国海洋强国战略的深入实施以及“一带一路”倡议的积极推进而日益凸显，逐渐引起学界的广泛关注和深入研究。山东省的非物质文化遗产具有丰富的空间价值，不仅是山东省的重要文化景观和旅游资源，也是人们情感认同和社区发展的重要支撑。

首先，这些非物质文化遗产是山东省独特的文化符号和标志，代表着山东地区的历史、传统和文化特色。它们在地理空间上具有独特的定位和辨识度，成为山东省的重要文化景观和旅游资源。例如，山东的梆子、大鼓、秧歌等表演艺术形式以及山东的传统工艺品，都成了山东省各地的文化展示和旅游推广的重要内容。其次，山东省的非物质文化遗产在社会空间中承载着人们的情感和认同。这些非物质文化遗产代表了山东人民的历史记忆和文化传承，是他们身份认同和集体意识的重要组成部分。这些文化遗产通过展示、传承和演绎，激发了人们对家乡、传统和文化的归属感和自豪感，促进了社会凝聚力提升和文化认同。最后，山东省的非物质文化遗产还具有社区和城市发展的空间价值。这些

文化遗产不仅是城市和社区的重要文化资源，还是社区文化建设和城市形象塑造的重要元素。保护和利用这些非物质文化遗产，可以促进社区和城市的文化创意产业发展，提升城市的软实力和文化品质，推动城市的可持续发展。保护和传承这些非物质文化遗产，可以促进地方文化的繁荣和传承，同时为社区和城市的发展提供重要的文化资源和动力。

（一）文化认同价值

通过历史的沉淀和人类的创造，海洋非物质文化遗产承载着沿海先民传承的文化记忆，具有重要的民族文化身份认同价值。其具有跨地区、跨国界的空间传播特点，使得这种身份认同在国家层面具有战略重要性。

妈祖是中国海洋女神，也是山东省的守护神之一。妈祖信仰源自福建莆田湄洲岛，随后逐渐传播至福建、江浙、广东、贵州、湖南、山东、辽宁以及港澳等地，形成了广泛的妈祖文化影响圈。妈祖文化在山东省的传播主要是通过妈祖庙会和妈祖信仰的传承。山东省各地都会举办妈祖庙会，吸引大量信众和游客前来参观和祭拜，庙会期间，会有各种庆祝活动，如舞狮、舞龙、民俗表演等，展示妈祖文化的丰富内涵。山东省的许多渔民和海洋相关行业的人士都信奉妈祖，将她视为保佑渔民平安出海、丰收的神灵。他们会在船上或家中设立妈祖神龛，定期举行祭祀仪式，表达对妈祖的敬仰和感恩之情。山东省还会举办妈祖文化节，通过展览、演出、论坛等形式，推广妈祖文化，增强人们对妈祖的认知和认同。

妈祖文化通过以上方式，在山东省得到了广泛传播和认同。它不仅是山东省海洋文化的重要组成部分，也是山东人民对海洋敬畏和依赖的象征，同时促进了山东省的文化交流和旅游发展。

（二）和平发展价值

从马斯洛的需求层次理论角度来审视我国历史上形成的海洋非物质文化遗产，可以发现，在古代海洋社会围绕“渔盐之利、舟楫之便”形成时，海洋的首要目的是满足沿海先民对鱼、盐等海产品的基本需求。中国海洋非物质文化遗产具有满足人类基本食物与安全需求、带有海洋农业特点的内在基本特征，不具有侵略与扩张的特质，这种内在发展模式奠定了和平发展的基调。随着时间的推移和人类的传承，海洋非物质文化遗产逐渐融入沿海先民在和平中追求生存与发展的内在精神特质，这种“和平发展”的基调贯穿于中国海洋发展的整个历史过程中。

山东省海洋非物质文化遗产具有重要的和平发展价值，主要体现在以下几个方面。

促进多元文化交流：山东省海洋非物质文化遗产代表了该地区独特的文化传统和技艺，通过传承和弘扬这些非物质文化遗产项目，可以吸引来自世界各地的人们前来交流学习，促进跨文化交流和互相理解的发展，增加文化多样性。

弘扬海洋文化：山东省的海洋非物质文化遗产项目涵盖了多个方面，如渔业技艺、航海术、传统船只制作等，这些都是与海洋生产和海上活动密切相关的技能和知识。传承和保护这些非物质文化遗产项目，可以加深人们对海洋文化的认识和理解，推动海洋文化的传承和发展。

促进海洋经济发展：山东省拥有丰富的海洋资源和开放的海岸线，具有巨大的海洋经济发展潜力。海洋非物质文化遗产项目的传承和发展可以推动相关产业的创新和升级，提高海洋经济发展的质量和效益。

维护海洋生态环境：山东省的海洋非物质文化遗产项目与海洋生态环境密切相关，传统的渔业、海洋捕鱼等技艺都需要依赖健康的海洋生态系统。传承和保护这些非遗项目，可以提高人们对海洋生态环境的保护意识，促进可持续的海洋资源利用和生态环境的保护。

（三）教育价值

海洋强国建设需要加强海洋力量的培育和培养国民的海洋意识。缺乏意识就意味着缺乏自觉。缺乏强烈的海洋意识将导致缺乏海洋强国建

设的内在动力和行动自觉。要解决我国国民整体海洋意识不强的问题，需要从当前海洋发展的实际需求中找到解决方案，也需要从丰富多样的海洋文化中获取启示。作为海洋文化重要的展示形式，海洋非物质文化遗产在培养国民的海洋主权意识、海洋文化意识和海洋资源意识方面可以发挥积极作用。

山东省位于中国的季风气候区域，拥有丰富的海洋资源和海洋文化。提高山东省居民对海洋的认知和理解，进一步强化海洋意识，增强海洋主权保护意识，有效维护国家海洋权益，开展海洋意识教育十分重要。在海洋主权意识教育方面，加强对《联合国海洋法公约》等相关国际法律法规的宣传教育，让人们了解国家在海洋领域享有的权益和全球海洋治理的原则。同时通过举办海洋文化节、海洋科普活动、海洋主题展览等形式，培养人们对海洋文化的热爱和认同。在海洋文化意识教育方面，可以将海洋号子、木船制造技艺、海阳绿茶制作技艺、莱州玉雕、莱州草辫、烟台面塑等丰富多样、具有突出价值的海洋非物质文化遗产从沿海地区传播至内地，从民间传统走向学校教育，使民众能够通过多种方式深入了解我国丰富而深邃的海洋文化。在海洋资源意识教育方面，可以通过举办海洋非物质文化遗产展览、组织海洋非物质文化遗产体验活动、开展讲座和研讨会等形式加强，使国民认识到我国丰富的海洋资源，进而增强其海洋资源意识。

（四）创意价值、典型价值与整体性价值

人类创造力指的是将个人、社区、群体在文化、艺术、科技等领域的创意转化为非物质文化遗产项目，以满足人类多样化需求的能力。创意是非物质文化遗产的本质属性，海洋非物质文化遗产中蕴含着沿海先民丰富的想象力和创造才华。在当前海洋强国建设的战略背景下，海洋非物质文化遗产的创意价值体现在三个方面。第一个方面，海洋非物质文化遗产中的创意不是静止不变的，而是随着时代和环境变化而不断更

新的。因此，需要在保护原生态的基础上，结合实际发展需求，积极探索海洋非物质文化遗产的传承和发展之路。第二个方面，非物质文化遗产中的创意智慧可以为其他领域的发展提供有益启示，具有创意的延伸价值。古代海船智慧设计对现代科技的启发是一个很好的例证，如水密隔舱设计在航空航天领域的应用。第三个方面，充分发挥非物质文化遗产作为海洋文化符号的创造性转换价值，赋予其新的时代内涵和表达形式。例如，将海洋非物质文化遗产中抽象的剪纸文化、八仙文化与现代创意产业融合，打造具有时代和地域特色的海洋文化产品。

典型价值是指在国家战略层面上，某些个体或部分海洋非物质文化遗产所具有的突出价值，在海洋强国建设的背景下主要体现为民族认同价值和和平发展价值。山东省海洋非物质文化遗产具有传承性、独特性与审美性。山东省海洋非物质文化遗产包括渔民技艺、船只制作、捕鱼方法等，传承了当地海洋文化的精髓；山东省海洋非物质文化遗产具有独特的艺术风格和技术，展示了山东地区独有的海洋文化特色，具有强烈的地域特色；山东省海洋非物质文化遗产以其精湛的工艺、美妙的艺术表现形式，为人们带来视觉和审美享受，成为艺术品收藏和展览的宝贵资源。

整体性价值是指它并非仅仅依赖于某一特定的海洋非物质文化遗产项目或其中的某个部分，而是源于遍布不同地域、类型各异的众多海洋非物质文化遗产项目所共同展现出的深厚内涵。这种价值涵盖了教育价值及创意价值等多个层面，是一个综合而全面的体现。实现整体性价值，无疑是一项具有深远意义的系统工程，需要具备长远的眼光和全面的规划。深入挖掘和整合各地海洋非遗资源不仅能够更好地传承和弘扬海洋文化，更能够激发创新活力，推动海洋文化产业的高质量发展。

山东省海洋非物质文化遗产的典型价值和整体价值在传承海洋文化、展示地域特色、提升审美享受、推动文化发展和经济繁荣等方面具有重要作用。我们既要重视具有典型价值的海洋非物质文化遗产，也要关注各地区不同类型的具有整体性价值的海洋非物质文化遗产。

参考文献

[1] 安飞 . 中美海运第二次握手：谈中美双边海运协定的草签 [J]. 中国船检，2003（9）：20–22.

[2] 暴明莹 . 关于斯瓦希里文化研究的若干问题 [J]. 浙江师范大学学报（社会科学版），2008（6）：7–12.

[3] 曹来发，朱正堂 . 巨型计算机 [J]. 海洋技术，2000（4）：34.

[4] 陈军，陶占良 . 能源化学 [M]. 北京：化学工业出版社，2004.

[5] 陈昱冰，许凌 . “一带一路” 倡议下连云港国际枢纽海港建设研究 [J]. 对外经贸，2022（7）：20–23，44.

[6] 崔乃文 . 古代中华文明交流互鉴的影响与意义 [J]. 人民论坛，2023（20）：104–106.

[7] 董金明 . 大国航路 [M]. 上海：上海教育出版社，2019.

[8] 董志文 . 话说中国海上丝绸之路 [M]. 广州：广东经济出版社，2014.

[9] 杜东冬 . 向海图强：中国海洋科技 [M]. 南京：江苏凤凰文艺出版社，2023.

[10] 封新路 . 连云港集装箱多式联运的政策效果评价研究 [D]. 上海：上海海关学院，2023.

[11] 甘水玲 . 沿海城市滨海旅游业消费环境综合评价研究：以东海区八大沿海城市为例 [D]. 上海：上海海洋大学，2019.

[12] 高建平 . 国民海洋意识研究 [M]. 北京：海洋出版社，2017.

[13] 耿灿，庞江雪，付永虎，等 . 滨海地区生态产品价值核算研究：以

连云港为例 [J]. 自然资源情报，2023（7）：36–44.
[14] 韩曙平 . 连云港滨海旅游存在的问题及对策思考 [J]. 特区经济，2009（2）：46–47.
[15] 郝志刚，李娟 . 海洋强国建设背景下海洋非物质文化遗产价值体系构建 [J]. 齐鲁学刊，2020（3）：91–98.
[16] 何德章 . 魏晋南北朝时期南北水路交通的拓展 [J]. 武汉大学学报（人文科学版），2004（2）：150–157.
[17] 何帆，朱鹤，张骞 . 21 世纪海上丝绸之路建设：现状、机遇、问题与应对 [J]. 国际经济评论，2017（5）：116–133，7.
[18] 何志标，江天凤 . 长江航运史 [M]. 武汉：长江出版社，2019.
[19] 何志标 . 魏晋南北朝时期长江流域的水战与造船 [J]. 北部湾大学学报，2022（5）：45–52.
[20] 胡文龙 . 中国船舶工业 70 年：历程、成就及启示 [J]. 中国经贸导刊（中），2019（11）：28–34.
[21] 姜飞，童海明，赵玉薇，等 . 深海传感器数据的自动收集与比对 [J]. 气象水文海洋仪器，2020（3）：60–63.
[22] 康建军，刘学苹，罗洪盛 . 地理课堂教学的理论创新与实践设计 [M]. 北京：台海出版社，2021.
[23] 孔如红，翟士军 . 国际货物运输与保险实务 [M]. 成都：西南交通大学出版社，2012.
[24] 李安山 . 中国非洲研究评论（2012）：总第二辑 [M]. 北京：社会科学文献出版社，2013.
[25] 李红阳，祖艳侠，赵阳，等 . 江苏沿海地区科技开发的路径选择 [J]. 江西农业学报，2011（4）：177 –179.
[26] 李书凯 . 海洋平台海水淡化技术的运用和发展 [J]. 化工管理，2023（28）：50–52.
[27] 李伟，赵镇南，王迅，等 . 海洋温差能发电技术的现状与前景 [J]. 海洋工程，2004（2）：105–108.
[28] 李哲，路春娇 . 近现代中国人生活图典：交通卷：三 [M]. 西安：陕

西科学技术出版社，2017.
[29] 梁斌 . 中国远洋运输简史 [J]. 海洋世界，2009（4）：48–51.
[30] 刘鸿武，暴明莹 . 东非斯瓦希里文化研究 [M]. 杭州：浙江人民出版社，2014.
[31] 刘基余 .GPS 卫星测量技术的新发展 [J]. 海洋测绘，1994（4）：4–10.
[32] 刘基余 .GPS 卫星测量技术在海洋开发中的应用展望 [J]. 海洋技术，2000（4）：35–39.
[33] 刘训华，励琳 . 海洋教育史：概念、体系与战略视野 [J]. 河北师范大学学报（教育科学版），2023（6）：22–28.
[34] 鲁中石 . 你一定爱读的世界军事故事：超值彩图版 [M]. 北京：中国华侨出版社，2018.
[35] 陆俊山 .COSCO 航运旗舰 [M]. 北京：企业管理出版社，2004.
[36] 鹿守本 . 海洋管理通论 [M]. 北京：海洋出版社，1997.
[37] 罗传栋 . 长江航运史：古代部分 [M]. 北京：人民交通出版社，1991.
[38] 骆阳，张可莉 . 连云港市滨海旅游资源价值评估研究 [J]. 市场周刊（理论研究），2016（12）：59–61，63.
[39] 吕靖 . 保障我国海上通道安全研究 [M]. 北京：经济科学出版社，2018.
[40] 马勇 . 从海洋意识到海洋素养：我国海洋教育目标的更新 [J]. 宁波大学学报（教育科学版），2021（2）：5–8.
[41] 梅宏 ."百年未有之大变局"中 21 世纪"海上丝绸之路"建设理念与路径 [J]. 浙江海洋大学学报（人文科学版），2022，39（4）：1–8.
[42] 牛鱼龙 . 中国物流百强案例 [M]. 重庆：重庆大学出版社，2007.
[43] 曲金良 . 中国海洋文化史长编：典藏版 [M]. 青岛：中国海洋大学出版社，2017.
[44] 彤新春 . 中国交通业发展研究 [M]. 武汉：华中科技大学出版社，2019.
[45] 上海财经大学 500 强企业研究中心 .500 强企业报告：2006 年中国 100 强 [M]. 上海：上海财经大学出版社，2007.

[46] 尚继武 . 连云港渔业文化旅游开发的困境与对策 [J]. 连云港师范高等专科学校学报，2021（3）：1–8.

[47] 苏佳纯，曾恒一，肖钢，等 . 海洋温差能发电技术研究现状及在我国的发展前景 [J]. 中国海上油气，2012（4）：84–98.

[48] 谭书龙 . 魏晋南北朝舟船发展述论 [J]. 内江师范学院学报，2005（3）：136–140.

[49] 唐志拔 . 中国舰船史 [M]. 北京：海军出版社，1989.

[50] 王芳 . 对海陆统筹发展的认识和思考 [J]. 国土资源，2009（3）：33–35.

[51] 王华锋 ."21 世纪海上丝绸之路" 建设的时代价值与意义 [J]. 学理论，2020（2）：38–39.

[52] 王煌 . 走向深蓝：综合版 [M]. 南京：江苏凤凰文艺出版社，2023.

[53] 王慧麟，安如，谈俊忠，等 . 测量与地图学 [M].3 版 . 南京：南京大学出版社，2015.

[54] 王学锋，陈扬 . 中国航运史话 [M]. 上海：上海交通大学出版社，2021.

[55] 位巍，刘成名 . 海洋温差能发电技术要点 [J]. 中国船检，2021（12）：74–80.

[56] 吴纲，尹杰 . 品牌影响中国：下册 [M]. 北京：北京工业大学出版社，2013.

[57] 吴永斌 . 海洋文化融入大学生思想政治教育的实现路径探析 [J]. 文化创新比较研究，2023（3）：146–151.

[58] 武力 . 新中国产业结构演变研究：1949—2016[M]. 长沙：湖南人民出版社，2017.

[59] 席龙飞，宋颖 . 船文化 [M]. 北京：人民交通出版社，2008.

[60] 席龙飞 . 中国古代造船史 [M]. 武汉：武汉大学出版社，2015.

[61] 席龙飞 . 中国造船简史 [M]. 大连：大连海事大学出版社，2018.

[62] 肖钢 . 大能源：中国式低碳 [M]. 武汉：武汉大学出版社，2015.

[63] 肖钢，马强，马丽 . 海洋能：蓝色的宝藏 [M]. 武汉：武汉大学出版社，

2015.

[64] 邢丹 . 中国海上执法力量变迁记 [J]. 中国船检，2013（4）：15-18，105.

[65] 徐黎一 . 更加有力推进美丽连云港建设 [N]. 连云港日报，2022-03-01（4）.

[66] 徐质斌，张莉 . 蓝色国土经略 [M]. 济南：泰山出版社，2003.

[67] 杨国桢 . 建构中国海洋文明的概念话语体系 [J]. 东南学术，2024（1）：65-72，247.

[68] 杨国桢 . 中国海洋权益空间 [M]. 北京：海洋出版社，2019.

[69] 杨京平 . 生态系统管理与技术 [M]. 北京：化学工业出版社，2004.

[70] 杨振姣，闰海楠，王斌 . 中国海洋生态环境治理现代化的国际经验与启示 [J]. 太平洋学报，2017（4）：81-93.

[71] 叶向东，陈国生 . 构建“数字海洋”实施海陆统筹 [J]. 太平洋学报，2007（4）：77-86.

[72] 尹伶俐 . 论海洋爱国主义教育的基础 [J]. 齐齐哈尔师范高等专科学校学报，2011（4）：7-10.

[73] 尹伶俐，贾文武 . 海洋文化传承与爱国主义教育：以广州航海学院为视角 [M]. 北京：中国书籍出版社，2015.

[74] 余春 . 极地船舶：船舶大家庭里的新宠儿 [M]. 上海：上海交通大学出版社，2022.

[75] 于效群，王东室，冯玉民，等 . 当代中国的海洋事业 [M]，北京：中国社会科学出版社，1985.

[76] 袁瑛 . 清朝海军兴衰初探 [J]. 海洋开发与管理，1999（2）：70-72.

[77] 张静芬 . 中国古代的造船与航海：增订版 [M]. 北京：商务印书馆，1997.

[78] 张蕾，张国航，毛凌野 . 中国海洋卫星二十年 [N]. 光明日报，2022-05-16（8）.

[79] 张神根 . 足迹：共和国记忆 1949—2019：全彩插图本 [M]. 北京：新华出版社，2020.

[80] 张诗雨，张勇 . 海上新丝路：21 世纪海上丝绸之路发展思路与构想 [M]. 北京：中国发展出版社，2014.

[81] 张炜，方堃 . 中国海疆通史 [M]. 郑州：中州古籍出版社，2003.

[82] 张永忠，王圳，丛日杰，等 .《连云港市滨海湿地保护条例》实施成效问题与对策 [J]. 绿色科技，2020（22）：54–55.

[83] 张月，仇燕苹 . 连云港滨海旅游竞争力分析 [J]. 中国商贸，2012（6）：185–186.

[84] 中国海洋学会 . 中国海洋学会 2019 海洋学术（国际）双年会论文集 [M]. 北京：海洋出版社，2019.

[85] 中国社会科学院工业经济研究所 . 中国工业发展报告（2021）：建党百年与中国工业 [M]. 北京：经济管理出版社，2021.

[86] 周碧松 . 国防科技创新和武器装备发展：国防和军队建设卷 [M]. 北京：经济科学出版社，2017.

[87] 朱建君，修斌 . 中国海洋文化史长编：魏晋南北朝隋唐卷 [M]. 青岛：中国海洋大学出版社，2013.

后 记

本书是团队的学术训练成果，是聊城大学本科生导师制落地开花的一个结果，也是从读书笔记到编著著作的一次初尝试。每隔一个周日的早上 8 点，团队成员都会被闹钟叫醒，参加各种主题的线上或者线下学术会议，每一位成员或是主持人，或是发言人，或是评议人，讨论的内容古往今来、天上地下，主题繁杂，但都是学生喜欢的、当下热门的、生动有趣的。在 2022 年到 2024 年政治地理学和文化地理学的学术训练中，先后有 6 位本科学生主持的大学生创新创业项目获得立项，因为团队活动关于海洋、蓝色国土、科普教育等主题词的讨论逐渐多了起来，所以笔者进一步引导团队的研究生和本科生开展了以下课题：

2024 年度山东省青年自然科学研究课题“科技史视阈下海洋强国的民族精神培育”（24ZRK001），康建军主持，参与人：杨钧、李浩然、高亦菲、姜雅雯。

2024 年度山东省青少年教育科学规划项目“蓝色国土”爱国主义国情教育实施路径研究（24AJY080），康建军主持，参与人：谷召飞、李闪、祝腾飞、史霄斌、王振鹏、杨钧、邢永佳。

2024 年度山东省大学生学术课题“美洲文学传统的地缘特征与现代转向”（24BSH275），贾青文主持，参与人：董良宇、李谦、范亚茹、马晨征、赵佳慧、任虹；“太平洋岛国民族文学的地缘书写与景观叙事”（24BSH276），李咏慧主持，参与人：谢君、谷召飞、陈卓、纪铭钰、张靖妍、孔哲涵。

2024 年度聊城市哲学社会科学规划课题“妇女儿童事业高质量发展研究”专项“内陆区域学生海洋意识培养路径研究”（ZXKT2024240），侯丽主持，参与人：林英华、李闪、谷召飞、史霄斌、温家豪、邢彤彤。

2024 年山东省艺术重点课题“蓝色国土”理念培育：从“墨中巨浪”到“纸上波涛”（L2024Z05100400），侯丽主持，参与人：谷召飞、王旭辉、杨钧、郑秋硕。

以上课题的研究与其说提高了学生的水平，不如说治愈了大伙的懒惰。在与团队共成长的过程中，希望每一位成员都不被遗漏，哪怕是被裹挟着不由自主地跟从，也比原地踏步来得好。

以下是本书的写作分工，一方面是为了表现合作共赢，另一方面也是为了文责自负。当然在每一章文稿的写作中，其他成员也有或多或少的贡献，但在节这一层面上就不再细碎区分了。

章节	内容	撰稿人
第一章	认识海洋历史、倾听远古跫音	康建军
第二章	中外“大航海时代”的变革	侯丽、谢君
第三章	当代中国的海运和商贸发展历程	康建军、李咏慧
第四章	从“海上丝绸之路”到“海洋命运共同体”	邢永佳、王振鹏
第五章	当代中国滨海港口与城市建设	史霄斌、杨钧
第六章	成为世界公民，加强海洋环保	杨钧、史霄斌
第七章	提振海洋科技，经略海洋经济	李闪、唐龙源
第八章	建设强大海军，保卫蓝色国土	谷召飞、李浩然
第九章	挖掘海洋文化，完善科普教育	祝腾飞、邢永佳
第十章	保护海洋遗产，推进海洋研学	王振鹏、高亦菲

课题组成员在调研过程中发现内陆地区县市的中小学生对于海洋的认知极其模糊，而目前的国际形势和地缘政治已经让蓝色国土上升为热门的话题。无论是读者还是作者，急需尽快弥补关于海洋知识的漏洞，这也是本书写作的一个重要缘由。在科普写作和宣传的过程中，姜雅雯、邢彤彤和团队其他学生也协助做好了本书在喜马拉雅读书平台、B站和其他宣传网站的科普音频和视频工作，目前已经上线 200 余个视频和音频作品，点击量超过 10 万。有兴趣的读者可以延伸阅读。

在本书的写作过程中，著者借鉴了诸多已有的成果，均已列在参考文献中，如有遗漏、尚祈见谅。著者在撰写本书过程中得到了聊城大学教务处、科技处、人文社科处、地理与环境学院、黄河学研究院诸位领导和老师的帮助，在此一并致谢。希望所有热爱海洋的人们携起手来，为宣传蔚蓝色的国土付出自己的努力，也希望天空晴朗、海水湛蓝，世界上永无战争和争执纷扰。

著者

2024 年 8 月 8 日